NORDPOLARMEER
Ochotskisches Meer
Japanisches Meer
Rose
Türkei
Rose
Iran
Oud
Bangladesch
Jasmin
Ägypten
PAZIFISCHER OZEAN
Rotes Meer
Jasmin, Rose, Sandelholz
Indien
Benzoe-Harz
Laos
Arabisches Meer
Golf von Bengalen
Zimt
Sri Lanka
Weihrauch
Somaliland
Äquator
Patschuli
Indonesien
Vanille
Madagaskar
INDISCHER OZEAN
Sandelholz
Australien

ARCHE

Dominique Roques

Essenzen der Welt

Eine Reise auf den Spuren natürlicher Düfte

Aus dem Französischen von Kirsten Gleinig

ARCHE

Die Originalausgabe erschien 2021 unter dem Titel
Cueilleur d'essences. Aux sources des parfums du monde bei Editions Grasset & Fasquelle, Paris.
Die Rechte wurden vermittelt durch MelseneTimsit & Son, Scouting and Literary Agency.

MIX
Papier aus verantwortungsvollen Quellen
FSC® C083411
www.fsc.org

Klimaneutral
Druckprodukt
ClimatePartner.com/15723-2101-1002

ISBN 978-3-7160-2807-0

Deutsche Erstausgabe
1. Auflage 2022

Lektorat: Angelika Künne, Erfurt

Gesetzt aus der Minion
Satz: Pinkuin Satz und Datentechnik, Berlin
Druck und Bindung: CPI books GmbH, Leck
Printed in Germany

www.arche-verlag.com
www.facebook.com/ArcheVerlag
www.instagram.com/arche_verlag

Für meinen Vater,
der mir den Weg der Bäume wies.

»Halte ein bei Handelsplätzen der Phönizier
Und erwirb die schönen Waren,
Perlmutter und Korallen, Bernstein, Ebenholz
Und erregende Essenzen aller Art,
so reichlich du vermagst, erregende Essenzen«

Konstantinos Kavafis, *Ithaka*

Inhalt

Prolog

Die Sammler der Welt

Düfte sind vertraut und geheimnisvoll zugleich. Sie rufen immer einen Teil unseres Geruchsgedächtnisses wach, Bruchstücke von Kindheitserinnerungen, die sehr intensiv sind, obwohl sie weit zurückliegen. Niemand kann sich dem entziehen. Jeder trägt ein Leben lang den Hauch von Flieder, den Duft eines ginstergesäumten Weges oder den Geruch eines geliebten Menschen in sich. Ich erinnere mich noch genau an ein Erlebnis als Kind im Wald. Im Mai war unter den großen Eichen in Rambouillet der Waldboden über und über mit Maiglöckchen bedeckt, die die ganze Luft mit ihrem Duft erfüllten. Ich war entzückt und verwirrt von diesem Geruch, der meine Mutter heraufbeschwor, die das üppige Parfum »Diorissimo« trug, eine Hommage an die kleinen weißen Glocken. Dieser intimen Vertrautheit im Spiel der Düfte mit unseren Erinnerungen steht eine geheimnisvolle Kraft gegenüber, die eine Komposition beim Öffnen eines Flakons lebendig werden lässt – ein Parfum beruhigt uns zunächst, indem es uns von uns selbst erzählt, anschließend bezaubert es uns, indem es uns von sich erzählt.

»Hier hast du Zweige, Blätter, Früchte, Blumenspenden« – dieser berühmte Vers von Verlaine zeigt melodisch die große Bandbreite an natürlichen Rohstoffen für Parfums. Ich ergänze: Wurzeln, Rinde, Holz, Flechten, Samen,

Knospen, Beeren, Balsam und Harz – die Welt der Pflanzen in all ihren Ausprägungen ist reich an Essenzen und Extrakten, aus denen die Parfümerie entstanden ist. Bevor man im neunzehnten Jahrhundert synthetische Duftmoleküle entwickelte, waren Naturprodukte drei Jahrtausende lang die einzigen Rohstoffe für Parfums. Wenngleich sie inzwischen zu einem Luxusprodukt geworden sind, gilt die Liebe der Parfümeure nach wie vor ganz entschieden ihnen. Sie verleihen ihren Kreationen Vielfalt und Komplexität, und einige sind schon für sich genommen ein Parfum.

Bevor sie sich auf unserer Haut verflüchtigen, erzählen die Kompositionen innerhalb weniger Augenblicke all die Geschichten ihrer vielen Bestandteile. Geschichten von Laboren bei den chemischen Komponenten, Geschichten von Blumen, Gewürzen oder Harzen bei den Naturprodukten. Destilliert oder extrahiert fließen die Pflanzen als ätherische Öle, Absolues oder Resinoide[1] in die Komposition eines Parfums ein und werden durch synthetische Duftstoffe ergänzt. Bei der Werbung für eine Marke werden sie stets in den Vordergrund gerückt, denn auf ihre Duftfülle gründet sich jedes wahre Parfum.

Die Essenzen haben jeweils ihre eigenen Geschichten. Sie entstehen im Zusammenspiel einer Region mit ihrer Landschaft, ihren Böden und ihrem Klima, sie sind das Produkt von Menschen, die dort tief verwurzelt sind oder nur vorübergehend leben. Die Parfumherstellung brauchte schon immer und braucht nach wie vor Holz-

1 Zu den Definitionen von Fachbegriffen vgl. das Glossar am Ende des Buches.

fäller, die Duftgehölz fällen – Zedern-, Adler- oder Sandelholz. Menschen, die Wildpflanzen, Wacholderbeeren, Zistrosenzweige und Tonkabohnen oder Säfte und Harze, Weihrauch, Benzoe und Perubalsam sammeln. Bauern, die Pflanzen kultivieren, um deren Blüten, Blätter und Wurzeln zu gewinnen, Rosen und Jasmin, Vetiver und Patschuli. Leute, die Zitrusfrüchte wie Bergamotte und Zitronen pressen. Menschen, die diese Fracht transportieren, damit handeln und so das Erbe der Kameltreiber aus Arabien und der Seefahrer, die Indien mit dem Mittelmeer verbanden, lebendig halten. Schließlich Menschen, die sich darauf verstehen, Rosenwasser herzustellen – früher, seit dem siebzehnten Jahrhundert, Alchimisten, heute Destillateure und Chemiker. Eine bunt zusammengewürfelte, über den ganzen Erdball verstreute Gemeinschaft, die in Wüsten und Wäldern sammelt, die mit Hacke oder Trecker pflügt, die geheim oder öffentlich mit der Ware handelt, die entweder nicht weiß, was mit ihren Produkten passiert, oder auf ihren Feldern Besuch von großen Parfümeuren und Vertretern der renommiertesten Marken empfängt.

Diese Vielfalt bildet, ohne dass sie sich dessen bewusst ist, eine großartige historische Gemeinschaft, durch die Lavendel, Rose und Weihrauch zu uns gelangten. Sie ist geprägt von verschlungenen Pfaden, wechselnden Orten, bewahrten, überlieferten, verlorenen und wiederentdeckten Traditionen. Und doch haben alle, die Teil des Entstehungsprozesses von Parfum sind, eines gemein: Sie nähren die ungebrochene Begeisterung der Menschen für die Düfte der Natur. Wenn eine madagassische Bäuerin die Blüte einer Vanille-Liane bestäubt, liegt darin ein gewisser

Zauber. Sie muss die Bewegung Tausende Male wiederholen, damit sich Schoten bilden und reifen, die gesammelt und anschließend extrahiert werden können, um sich am Ende in den köstlichen Duft zu verwandeln, der aus einem Fläschchen mit Vanille-Absolue strömt.

Dieses Buch erzählt von drei Jahrzehnten, in denen ich rund um die Welt zu den Ursprüngen der Düfte gereist bin. Ich bin weder Chemiker noch Botaniker, sondern nach einem Betriebswirtschaftsstudium in der Parfümerie gelandet und damit der Anziehungskraft gefolgt, die Bäume und Pflanzen seit jeher auf mich hatten. Ich habe diesen Weg aus Neigung und aus Neugier eingeschlagen, er ist zur Leidenschaft geworden, und seit dreißig Jahren ist es meine Aufgabe, Dutzende von Aromen für die Parfumindustrie zu suchen, zu finden, zu kaufen und manchmal auch zu produzieren. Auf den Rosen- und Patschulifeldern, in den Wäldern von Venezuela und den Dörfern von Laos haben mich Menschen in die Düfte ihrer Regionen eingeführt. Sie haben mich gelehrt, auf die Geschichten zu hören, die die Essenzen und Extrakte erzählen, wenn man einen Flakon öffnet, und so bin ich mit der Zeit zu einem Entdecker von Duftquellen geworden.

Bei einem Aromen- und Duftstoffhersteller bin ich damit betraut, unsere Parfümeure mit Essenzen und Extrakten von mehr als hundertfünfzig natürlichen Rohstoffen aus etwa fünfzig Ländern zu versorgen. Meine Rolle besteht darin, die Mengen und die Qualität sicherzustellen, aber auch darin, neue Ingredienzien zu suchen, um die »Palette« der Parfümeure zu erweitern. Innerhalb des industriellen Prozesses bin ich das erste Glied der Kette, die von den blühenden Feldern bis zu den Flakons in den Parfümerien führt. Am anderen Ende stehen die Parfummarken, die für ihre neuen Düfte die Parfümeure verschiedener Kompositionsgesellschaften in den Wettkampf schicken, die berühmten »Nasen«, die Schöpfer komplexer, geheimer Rezepturen: der Parfumkonzentrate. Die Zunft der Parfümeure birgt große Talente und Persönlichkeiten, die ständig neue Düfte für die renommiertesten Marken ersinnen, und ich stelle meine Erfahrung in ihren Dienst.

Am Anfang habe ich für ein Familienunternehmen in den Landes (im Südwesten Frankreichs) Destillations- und Extraktionsanlagen in den Ursprungsländern wichtiger Duftstoffe aufgebaut. Als eines der ersten Unternehmen hatte es sich in den Achtzigerjahren bei der Herstellung natürlicher Pflanzenextrakte für Niederlassungen direkt vor Ort entschieden. Spanien, Marokko, Bulgarien, Türkei oder Madagaskar – überall musste für die nötige Ausstattung gesorgt werden, der Anbau und die Ernte mussten organisiert und Teams für die Produktion angeheuert werden. Dabei habe ich geschichtsträchtige Orte gesehen, auf traditionellem Wissen beruhende und zuweilen vom Aussterben bedrohte Tätigkeiten kennengelernt und tiefe Beziehungen geknüpft.

Seit zehn Jahren entdecke ich neue Duftquellen für eine Schweizer Firma, ebenfalls ein Familienunternehmen, eines der weltweit wichtigsten in der Herstellung von Duftstoffen und Aromen. Um die Naturstoffe für unsere Parfümeure zu beschaffen und die Bandbreite der Düfte zu erweitern, habe ich im Laufe der Zeit ein Kontaktnetzwerk mit den Produzenten in der ganzen Welt aufgebaut, wobei ich mit sämtlichen Berufen rund um die Entstehung von

Parfum in Berührung gekommen bin. Im Zuge dieser Begegnungen ist meine Leidenschaft für Düfte entstanden.

Aufgrund der unterschiedlichen Herkunft unserer Produkte ist man beim Entdecken neuer Duftquellen mit einer Vielzahl von sozialen, wirtschaftlichen und politischen Realitäten konfrontiert. Ich habe mit vielen, oftmals isoliert lebenden Gemeinschaften zusammengearbeitet, die Wirbelstürmen und Trockenheit ausgesetzt sind und manchmal von ihrer eigenen Regierung im Stich gelassen werden. Schon sehr früh ist mir bewusst geworden, welche Rolle und Verantwortung unserer Industrie bezüglich der Zukunft dieser Menschen zukommt. Dieses Bewusstsein ist nach wie vor Antrieb und Leitgedanke dabei, wie ich meinen Beruf ausübe.

Die Idee zu diesem Buch entstand während einer Reise vor nicht allzu langer Zeit, als ich vor einem Weihrauchbaum in den Bergen der Republik Somaliland stand. Der Erntearbeiter, der mich begleitete, hatte gerade den Stamm eingeritzt, aus dem kleine milchige Tropfen zu perlen begannen. Mit dem betörenden Duft dessen, woraus einmal Weihrauch werden würde, trug der Wind mir das Gefühl zu, genau in diesem Moment Zeuge einer außergewöhnlichen und seit mehr als dreitausend Jahren andauernden Geschichte zu sein: der Entstehung natürlicher Duftstoffe. Der Geruch des frischen Harzes versetzte mich Jahre zurück, als ich in den Zistrosenfeldern von Andalusien erste Berufserfahrungen sammelte. Mit einem Schlag begriff ich, dass ich – von der Zistrose bis hin zum Weihrauch – das Glück gehabt hatte, dreißig Jahre lang die Erben einer mindestens dreißig Jahrhunderte alten Geschichte zu erleben. Mir wurde klar, worüber ich gerne schreiben wollte:

über die Entwicklung der Parfumrohstoffe im Laufe der Zeiten, über das Leben der Menschen, die sich ihnen nach wie vor widmen, über ihr immenses Wissen und ihre Traditionen, über die Schönheit der Orte, an denen sie ihre Düfte herstellen, und über ihre unsichere Zukunft. Jedes Kapitel dieser Geschichte ist anders und einzigartig, aber alle haben eines gemein: Die Arbeit der Menschen findet ihre Krönung in den Düften, die uns überwältigen. Nichts verdeutlicht das besser als das, was ich im Tal der Rosen in Bulgarien gelernt habe: Um ein Kilo Rosenessenz herzustellen, müssen eine Million Blüten mit der Hand gepflückt werden.

Dieses Buch ist den Sammlern der Welt gewidmet.

Die Tränen Christi

Andalusien, Zistrose

An einem Aprilnachmittag in Andalusien in der Comarca El Andévalo erblickte ich auf einmal hinter einer Kurve ein Feld mit blühenden Zistrosen. Ich war geblendet von dem Anblick, in dem bereits der Zauber dessen lag, was ich hier entdecken würde: den Duft dieser Region und die Menschen, die mit ihm zu tun haben. Ende der Achtzigerjahre begann die mit Zistrosen übersäte Hügellandschaft direkt hinter der Stadt Huelva, gleich bei den ersten Dörfern des Hinterlandes. Die Straße führte zwischen den Eukalyptusplantagen hinauf und schlängelte sich zwischen weit ausladenden Zweigen und in der Sonne glänzenden Blättern hindurch. Noch ein Dorf, dann tauchten vereinzelt große, grüne Steineichen auf, erhaben aufragende Wachposten, die ihre Schatten auf die sonnenglühende Erde warfen, auf der die Zistrose wuchs.

Nach der eintausenddreihundert Kilometer langen Fahrt von Frankreich hierher war ich durch die Müdigkeit noch stärker sensibilisiert für die mir unbekannte Landschaft. Ich kam nach Andalusien, um hier eine Destillations- und Extraktionsanlage zu bauen. Es war meine erste Begegnung mit der Welt der Düfte, alles war neu für mich: der Beruf, das Land, seine Gerüche und Traditionen. Ich sprach nur ein gebrochenes Spanisch, mit dem ich mich aber trotzdem würde verständlich machen müssen. Ich musste ein Team anheuern, eine kleine Fabrik aufbauen und für deren Belieferung sorgen, um den Bedarf an Zistrosenextrakt eines großen Parfümeriekonzerns zu decken – keine leichte Aufgabe.

An jenem Frühlingstag waren die Hügel übersät mit großen weißen Flocken, als wäre ein Schneeschauer über die Felder gezogen, bevor er der andalusischen Sonne gewichen war. Die Blütezeit der Zistrose liegt zwischen März und April. Die mohnähnlichen weißen Blüten, zart wie Seidenpapier, halten nicht länger als zwei bis drei Tage. Ich ging los, um in dieses Bild einzutauchen. Stängel an Stängel, eine schwer zugängliche, dichte Vegetation. Die Zistrosen reichten mir bis zur Taille, an manchen Stellen noch höher, und die Blätter an den Zweigen schimmerten bereits. Sobald die Pflanze blüht, sondert sie ein Harz ab, das berühmte Labdanum, das den gesamten Sommer über den Jahrestrieb bedeckt, um ihn vor der Hitze zu schützen. Über den Hügel waberte ein köstlicher Geruch, noch nicht so intensiv wie im Juli, aber doch betörend. Das Zistrosenharz riecht ebenso stark, wie es klebt. Ein lebhafter, fast animalischer, erstaunlich kräftiger Geruch. Zistrosenextrakt ist sehr verbreitet in der Parfumherstellung, seine Ambra-Note unentbehrlich für orientalische Duftakkorde. Labdanum gehört zum Wesen des legendären Parfums »Mitsouko« von Guerlain von 1919, das mit der Kombination aus floralen Noten und exotischen, würzigen Düften die damals revolutionären Chypre-Kompositionen begründete. Die Blüten sind prächtig, duften aber nicht: fünf weiße Blütenblätter, in der Mitte gelbe Staubgefäße und unten an jedem Blütenblatt ein karmesinroter Fleck, den die Andalusier die »Tränen Christi« nennen. Die Blüte der Zistrose ist Teil ihrer Kultur.

In Andalusien begegnete ich dem, was mich all die Jahre danach überall dort beschäftigen und faszinieren sollte, wo Düfte entstehen. Die Parfums, die die Pflanzen uns bescheren, haben ihren Ursprung weit weg von den Parfümerien, dort, wo die Natur den Lauf der Zeit bestimmt. Sie sprießen aus der Erde, werden geerntet, verarbeitet, transportiert und ergeben am Ende auf geheimnisvolle Weise ein Elixier in einem Flakon. Wenn man ein Parfumfläschchen öffnet, entsteht jedes Mal ein Moment der Freude und Überraschung, ein kurzer Augenblick, in dem die einzelnen Bestandteile von sich erzählen können. War es der Duft des Labdanums, die zarte Schönheit der Blüten oder das Gefühl, Eintritt ins Reich einer einzigartigen Pflanze zu erhalten? Jener Frühlingsnachmittag war für mich der Beginn einer Reise zu den Düften und Gefühlen, die bis heute andauert.

Ich erinnere mich noch gut an Josefa. Zusammen mit ihren Töchtern beaufsichtigte sie als Mutter einer Gitano-Familie das Auskochen des Labdanums. In der Gluthitze des andalusischen Sommers stand sie mit Strohhut auf dem Kopf und Forke in der Hand in einem von Harzflecken übersäten Trainingsanzug und dem rauchgeschwärzten Gesicht mitten im Feld und machte sich an den Fässern zu schaffen, in denen die Zistrosenzweige kochten. Als sie mich kommen sah, rief sie laut: »Ah, der Franzose, was macht dein Spanisch?« Wir unterhielten uns über die Hitze – Sonne und Feuer zusammen waren beinahe unerträglich – und über das Labdanum, das sie für mich produzierte. »Bei dem miserablen Preis, für den du es uns abkaufst, müsstest du uns eigentlich mit Parfum aus Paris eindecken! Wann kommt das neue Chanel?«, fragte sie lachend. In dem Wort Parfum klang bei ihr die Vorstellung einer Luxuswelt mit, die sie selbst nicht kannte. Ihr Satz brachte die große Kluft zwischen ihr und den Parfumflakons zum Ausdruck, zwischen dem Anfang einer Geschichte und ihrem unbekannten Ende.

Die Zistrose, *Cistus ladaniferus*, ist ein Strauch, der von selbst überall rund ums Mittelmeer wächst, vom Libanon bis nach Marokko. Auf Brachflächen mit saurem Milieu siedelt er sich rasch an. Mancherorts fühlt die Zistrose sich so wohl, dass sie Hunderte, ja Tausende Hektar bedeckt. Früher fand man solche Flächen auf Zypern und auf Kreta, heute in Spanien, vor allem im Südwesten Andalusiens, wo die Felder sich weit bis nach Portugal hinein unter die Korkeichen ausdehnen.

Labdanum ist einer der ersten Aroma-Rohstoffe, der wegen seines Duftes verwendet wurde. Es wurde bereits 1700 v. Chr. auf den Schrifttafeln in Mesopotamien erwähnt. Die Ägypter kannten es und verbrannten es zusammen mit Weihrauch und Myrrhe. Wie es in der Antike gesammelt wurde, ist eine schöne Geschichte: Wenn die Ziegenherden, die auf Kreta und Zypern über die Felder streiften, am Abend zurückkehrten, war ihr Fell voller Harz, das die Schäfer herauskämmten, um daraus die Masse herzustellen, die anschließend verbrannt wurde. Später wurde das Harz mithilfe von mit Lederriemen bespannten Harken gesammelt, mit denen man auf die Zweige schlug, bevor das Harz mit einem Messer davon abgeschabt wurde. Wenn ich von meinen Besuchen in den Feldern mit Harz an meiner Kleidung zurückkehrte, stellte ich mir gerne vor, wie die zypriotischen Schäfer abends ums Feuer saßen und das Harz von ihren Lederriemen kratzten, um daraus Kugeln zu formen, die Vorgänger unserer Räucherstäbchen.

Wie ich von Josefa und den Gitanos lernen sollte, ist die Harzproduktion noch immer eine extrem harte Arbeit, für die Natriumkarbonat und Schwefelsäure benötigt werden. Vor dem Krieg in der Region um Salamanca beheimatet, verschob sie sich nach dem Krieg in Richtung Südspanien und der großen Flächen mit Zistrosen in der Extremadura und in Andalusien und schließlich bis an den Rand der Halbinsel am Atlantik.

El Andévalo gehört zum Hinterland der Provinz Huelva nahe Portugal. Eine Region, deren Geschichte vom Bergbau geprägt ist, dem Abbau von Zinn und Silber in der Antike, von Eisen- und Kupferkies im neunzehnten Jahrhundert. Doch in den Achtzigerjahren schlossen die Minen in Minas de Riotinto, wovon schon bald nur noch das vom Eisenerz rot gefärbte Flusswasser und der von der weltweit größten Bergbaugesellschaft übernommene Name existierten. Zurück blieb eine Region mit metallhaltigem Boden, den man manchmal beben zu spüren meint und auf dem hartgesottene Bergarbeiter und Bauern lebten. Eine Region mit starken Traditionen und einer Bevölkerung, die sich ihrer gemeinsamen Wurzeln bewusst ist. Bergbau, Jagd, Pferde, Tanz und Flamenco-Gesang, weiße Dörfer mit Kopfsteinpflasterstraßen, in denen sich bei den alljährlichen Pilgerfahrten die Menschen versammeln und ihre Gemeinschaft aufleben lassen.

Das Dorf, das wir damals als Standort für die Fabrik auswählten, heißt Puebla de Guzmán. Es vereint alles, was zu einem typischen Knotenpunkt im Hinterland gehört, einem Ort der Begegnung: den Bergbau mit einer riesigen Grube unter freiem Himmel, in der nur noch die Schreie der Krähen widerhallen; die Zucht des Iberischen Schweins, aus dem der berühmte *Pata-Negra*-Schinken gemacht wird; die Pferde, die in Puebla ebenso wie in Cádiz oder in Jerez dressiert werden und die man am Wochenende stolz vorführt; die Jagd auf Rebhühner, die gerne in den von Zistrosen bewachsenen Hügeln nisten; die Bars, in denen man am Morgen geröstetes, mit Olivenöl beträufeltes Brot isst; die Feste, bei denen alle Generationen die *Sevillanas* tanzen und stets ein Sänger und ein Gitarrist zugegen sind und einen *cante flamenco* anstimmen, der untrennbar zu Andalusien gehört.

Ich hatte ein Team von einem Dutzend Arbeitern aus dem Dorf eingestellt. Nach der Schließung des Bergbaus waren sie froh, eine Beschäftigung zu finden. Sie waren verwurzelt in der Arbeiter- und Gewerkschaftsbewegung – traditionsbewusste Andalusier, verlässliche Handwerker. Ein Jahr nach Beginn der Bauarbeiten lief die Produktion in der Fabrik an. Ein riesiger Berg Reisigbündel glänzte in der Sonne vor der Halle und wartete darauf, zerkleinert und destilliert zu werden. Bis weit ins Land hinein roch es von hier aus nach Zistrosen, und die Spaziergänger auf dem Weg waren beim Anblick der Fabrik stolz darauf, dass ihr Dorf den Schritt vom Bergbau zur

Parfumherstellung vollzogen hatte. Die Verarbeitung der Zistrose würde den Abbau von Pyrit ersetzen. Ihr Land war eindeutig etwas Besonderes.

Der Mann, der mir dieses Land zeigte, heißt Juan Lorenzo und ist Schweinezüchter, Jäger und Verwalter landwirtschaftlicher Betriebe. Ihm verdankt unsere Fabrik die Belieferung mit Reisig und Harz. Der wortkarge Juan Lorenzo war schon damals ein Urgestein von El Andévalo, er liebte seine Heimat und wusste alles über die Zistrose. Mit seiner Schirmmütze, dem klaren Blick und Händen, die von der Feldarbeit zeugten, verkörperte er auf großartige Weise dieses Land, und als ich irgendwann den andalusischen Dialekt verstand, verbrachten wir wunderbare Augenblicke miteinander. Er wohnte auf einem in den Hügeln unter Steineichen versteckten Hof, ein weißes Gebäude vollkommen einsam am Ende der Straße Richtung Mine gelegen, wo er ein paar Pferde und etwa hundert Schweine bester Herkunft züchtete. Die Qualität des Schinkens bemisst sich nach den Tagen, die die Schweine auf der Weide unter den Eichen verbringen. Ende der Achtzigerjahre war der *jamón de bellota* längst nicht so bekannt wie heute, sondern fast noch ein Geheimtipp, ein regionales Produkt, das die Touristen mit seinem einzigartigen Geschmack überzeugte, den die Eicheln Fleisch und Fett verleihen.

Juan Lorenzo machte mich nach und nach mit den lokalen Gegebenheiten vertraut. Seit jeher ist »la Puebla« das Herzstück eines riesigen Gebietes, in dem die Zistrose wächst. Schneidet man sie nicht zurück, erreicht die Pflanze eine Höhe von zwei Metern, und ihre Stängel bilden ein sehr hartes Holz aus, das traditionell von Bäckern zum Heizen des Brotbackofens verwendet wird. Seit Jahrzehnten spiegelt die Umgebung hier das Gleichgewicht zwischen landwirtschaftlicher Nutzung und Schafzucht wider. Die Zistrose wächst unter den Steineichen, mit deren Eicheln die Schweine im Winter gemästet werden. Wenn sie zu alt wird, reißt man sie heraus, pflügt die Erde um und sät Weizen oder Hafer. Im darauffolgenden Jahr kommt die Zistrose auf den Brachflächen erneut hervor und bildet innerhalb von zwei, drei Jahren einen gleichmäßigen Bewuchs mit jungen Stängeln aus. Diese Art der Bewirtschaftung kommt den großen Landgütern in der Region entgegen, Höfen von mehreren Tausend Hektar Fläche, die reichen Einzelunternehmern oder großen Jagdgesellschaften aus Sevilla oder Madrid gehören. Die Region ist berühmt für ihr Wild, und das Labdanum spielt dabei eine wichtige Rolle. Denn die Zistrose bietet Rebhühnern und Hasen Schutz, und wo Steineichen stehen, sind auch Wildschweine nicht weit.

Doch von Juan Lorenzo lernte ich, was ich bis dahin nicht wusste: Das Harz der Zistrose, das Labdanum, ist das Geschäft der Gitanos. Sie sind schon ewig in Andalusien ansässig, nachdem sie sich am Ende einer jahrhundertelangen Migration ihrer Vorfahren von Nordindien und Pakistan aus hier niedergelassen haben. Von ihrer tragischen Geschichte ist nur wenig bekannt. In diesem Teil Andalusiens gab es Dörfer mit einem großen Bevölkerungsanteil an Gitanos, die Zistrosen sammelten und Labdanum herstellten. Einige Jahre später würde ich in Bulgarien bei der Anpflanzung von Rosen weitere Roma-Dörfer kennenlernen. Am anderen Ende Europas sind die bulgarischen Roma genauso wichtig für die Rosenproduktion wie die Gitanos von Andévalo für das Labdanum – eine bemerkenswerte Parallele der Roma-Gemeinschaften und ihrer Rolle in beiden weit voneinander entfernten europäischen Ländern. Nach der Sesshaftwerdung sind diese Familien zum einen in der lokalen Kultur, zum anderen in ihrer eigenen verwurzelt. Still und bescheiden behalten die Gitanos ihre Geschichte für sich. Auf meine Fragen zu ihrer Vergangenheit – Seit wann produzieren Sie Labdanum und haben Ihre Väter schon dasselbe getan? – antworteten sie nur mit Scherzen und Lachen. Viel lässt sich nicht darüber in Erfahrung bringen. Der Beruf des »Labdanum-Kochers« ist in der Region noch relativ jung und reicht nur bis in die Fünfzigerjahre zurück. Lange wurde die Zistrose an den Ufern des Tajo gesammelt, bevor sich die Ernte Richtung Süden verschob, wo der Bestand der Pflanze sich heute so ausdehnt wie sonst nirgends in Europa. Die Zistrosenpflücker im Westen sind ebenso wie die Rosenpflücker im Osten Außenseiter und Ausgegrenzte, überall übernehmen Roma diese Aufgabe. Nur selten wird gewürdigt, welche Rolle ihre Gemeinschaften bei der Entstehung der legendären Düfte spielen. Aber kommt es ihnen darauf an?

Als Verwalter musste Juan Lorenzo die geeigneten Parzellen für den Bewirtschaftungsplan seiner Flächen auswählen. Ein Tag mit ihm begann früh – in der Bar mit mehreren kleinen sehr starken Kaffees, Brot mit Olivenöl und Käse aus der Region. Selbstverständlich stießen die Gitanos dazu, und es entspannen sich lange Verhandlungen. Nicht auf Spanisch, sondern auf Andalusisch, dem Dialekt, der manche Silben verschluckt und den Worten dadurch noch mehr Vehemenz verleiht. Wir fuhren zu den Feldern, die zu riesigen Anwesen gehörten, und begutachteten die Qualität der Zweige und die Mengen sowie die Zugänglichkeit des Ortes. Juan Lorenzo hatte seine eigene Strategie, Zistrosen zu bekommen, ohne dafür zu bezahlen, und zwar im Tausch gegen Arbeitsstunden auf den Feldern, auf denen Weizen gesät werden sollte. Er kannte sämtliche Clans der Gitano-Dörfer in der Region, und diese Beziehungen waren unverzichtbar, denn das Geschäft mit dem Labdanum ist Familiensache. Er nahm mich überall hin mit, und meine Stellung als ausländischer Projektleiter schien Verbindlichkeit zu vermitteln. So bestellten wir eine bestimmte Anzahl an Fässern mit Labdanum, die die Familien über den Sommer produzieren würden.

Ich erlebte mit, was hier jedes Jahr geschah: Weitab der Ortschaften, mitten in der Landschaft, am Ende eines kilometerlangen Weges wird für den Sommer eine Produktionsstätte für das Labdanum von ein oder zwei Gitano-Familien eingerichtet, die einen Passierschein erhalten haben, um auf die Felder eines größeren Anwesens zu gelangen. Dafür ist eine Wasserstelle in der Nähe nötig, am besten ein kleiner Bach, der auch im Sommer Wasser führt, was man an dem von wildem Oleander gesäumten Ufer erkennt. Ein solcher Sommerbetrieb besteht aus etwa zehn alten 200-Liter-Ölfässern, in deren Nähe eine Grube ausgehoben werden muss, um zum Schluss das Kochwasser aufzufangen.

Vormittags, wenn es noch nicht zu heiß für die Arbeit ist, werden die Reisigbündel geschnitten. Zistrosen zu schneiden hört sich erst einmal leicht an. Aber dabei schnell und gut zu arbeiten, ohne sich zu verausgaben, ist eine Kunst. Das Werkzeug, das dafür benötigt wird, ist eine dicke Sichel mit Sägezähnen. Nur der obere Teil der Zweige wird abgeschnitten, der Jahrestrieb, der rot vom Harz und noch biegsam ist. Dabei sollte nicht zu weit unten ins Holz hineingeschnitten werden, wo es schwer zu brechen und unergiebig ist. Die Handbewegungen der erfahrenen Arbeiter beim Schneiden sind beeindruckend. Sie ergreifen mehrere Stängel und brechen und schneiden die Zweige zugleich mit der Sichel, und zwar sehr schnell. Die Büschel bleiben am Boden liegen, bis es genügend für ein Bündel sind. Zum Zusammenbinden der Reisigbündel tragen die Erntearbeiter Schnüre am Gürtel. Unter der Vormittagssonne arbeiten sie sich gebückt Stück für Stück durch das Feld, dann laden sie ihre Reisigbündel mit einer Forke auf einen Eselskarren, bis nichts mehr darauf passt. So wie es bei der Heu- oder Getreideernte bis vor fünfzig Jahren vielerorts in Frankreich auf dem Lande üblich war. Hier hat sich das Leben der Landarbeiter nicht verändert. Und das, obwohl die Zistrose sich deutlich schwerer schneiden lässt als Getreide.

Die Karren werden in der Nähe der Fässer entladen, wo die Frauen bereits das Auskochen der Zistrosen vorbereitet haben, das bis zum Abend dauert. Um die mit Wasser und Natron gefüllten Behälter zu erhitzen, werden die ausgekochten Zweige der Vortage verwendet: Sie werden um die Fässer herum angehäuft und in Brand gesetzt – ein erstaunlicher Anblick in der Nachmittagshitze, wenn Flammen und Rauch unter der Sonne aufsteigen und schließlich den Inhalt der schwarzen Fässer zum Kochen bringen. Mit Forken füllen die Frauen die am Vormittag geschnittenen Reisigbündel hinein. Nach einer Stunde ist das Harz der Stängel und Blätter gelöst, und man kann das Feuer löschen und die Zweige herausnehmen. Bleibt noch die schwierigste Aufgabe, die dem Familienoberhaupt vorbehalten ist. In kurzen Hosen, Flip-Flops und einem harzverschmierten Hemd nimmt er ein Fass mit Schwefelsäure, füllt den Inhalt vorsichtig in einen Eimer und schüttet ihn anschließend in sämtliche Fässer. Alles qualmt und brodelt, je mehr die Säure den Inhalt der Gefäße neutralisiert und das Harz ausfällt. Am Boden des Fasses entsteht ein dickflüssiger Fladen Labdanum. Beim Durchrühren mit einem Stock entweichen Wasser und Luft, bis es eine buttrige Konsistenz und eine schöne beige Färbung annimmt.

Fasziniert beobachtete ich diese Szenen wie aus einem anderen Zeitalter und erkannte hinter der sichtbaren Gelassenheit des Mannes das stille Erbe vieler Generationen, für die das Leben immer hart und das Risiko eine Art Spiel mit dem Schicksal gewesen war. Am Ende des Tages wurden die zwei oder drei Fässer in unsere Fabrik geliefert, wo das Harz nach der Trocknung zu edlen Aroma-Derivaten weiterverarbeitet wurde. Der Duft der Zistrose ist so intensiv, dass er die Pflücker den ganzen Sommer über umgibt, und er begleitete auch mich zurück nach Frankreich in die Landes.

Die Geschichte der Gitanos und des Labdanums wird schon bald der Vergangenheit angehören. Abwasser, Feuer mitten im Sommer, Säure und Natron, keinerlei Sicherheitsmaßnahmen – all das konnte nicht ewig so bleiben. Die Behörden der Provinz und der Region haben nach und nach die Produktion reglementiert, und inzwischen produzieren einige ortsansässige Unternehmen Labdanum in sicheren Werkstätten und entsorgen das dabei entstehende Abwasser. Noch gibt es viele Gitanos, die selbst Labdanum herstellen, doch eines Tages werden sie sich mit der Ernte der Reisigbündel begnügen müssen, eine harte, aber gut bezahlte Arbeit. Seit einiger Zeit sind die Gitanos nicht mehr allein mit ihren heiligen Zistrosen: Rumänen sind zu ihnen gestoßen, die ursprünglich Erdbeeren und Orangen an der Küste der Provinz Huelva gepflückt haben und aufgrund der besseren Bezahlung weiter hinauf in die Hügel gekommen sind. So treffen hier zwei Gemeinschaften aufeinander, deren gemeinsamer Ursprung inzwischen zu weit zurückliegt, als dass sie ihn spüren würden.

Juan Lorenzo fragte mich oft, wie das Harz oder das Öl aus seinen Zweigen in die Flakons der Luxusparfums gelange. »Wirst du in Paris und New York von uns erzählen?«, wollte er wissen. »Du musst die Parfümeure mit hierher bringen, dann werde ich ihnen zeigen, warum El Andévalo der schönste Ort auf der ganzen Welt ist.« Selbstbewusst versprach ich es, traute mich aber nicht zuzugeben, dass ich die Parfümeure ebenso wenig kannte wie er … Das Unternehmen, bei dem ich damals beschäftigt war, hatte seinen Sitz in den Landes, weit weg von Grasse oder Genf, und ich wusste nichts von der Parfumindustrie, wie sie funktionierte und wer darin welche Rolle spielte. Mit ein paar Markennamen täuschte ich darüber hinweg, und die Tatsache, dass ich Franzose war, half mir dabei. Doch im Laufe der Zeit und mit dem zunehmenden Erfolg der Fabrik kamen tatsächlich Parfümeure nach Puebla, und

Juan Lorenzo war mir dafür sehr dankbar. Es war großartig zu sehen, wie er unsere begeisterten Gäste mit leuchtenden Augen und tadelloser Schirmmütze auf dem Kopf zu den Produktionsstätten und den Pflückern führte. Und der Höhepunkt am Abend war der Schinken von seinem Bauernhof.

Puebla de Guzmán ist berühmt für seine *romeria*, die Pilgerfahrt, die jedes Jahr Ende April zu Ehren der *Virgen de la Peña*, der Kirchenpatronin, stattfindet. Schon bei meinem ersten Besuch im Ort hatte ich davon gehört. Mit mehreren Zehntausend Pilgern aus ganz Andalusien und Hunderten Reitern war das Fest der ganze Stolz des Dorfes, sozusagen seine Existenzberechtigung. Ein Jahr nach unserer ersten Begegnung lud Juan Lorenzo mich ein, offiziell an der Pilgerfahrt teilzunehmen, was bedeutete, dass ich die traditionelle andalusische Kleidung anzog und mich zwei Tage lang aufs Pferd setzte. Am Morgen der Feierlichkeiten versammelten sich alle Reiterinnen und Reiter, um in einer Prozession den kilometerlangen, von Zistrosen gesäumten Weg hinaufzureiten bis zur Bergspitze, die von der Kapelle der Heiligen Jungfrau gekrönt wird. Die Frauen, die im Damensitz ritten, trugen Reiterinnenkluft, diejenigen, die hinter ihren Reitern aufsaßen, Flamencokleider. In meinem Sattel auf einem schönen Pferd, mit dem flachen Hut auf dem Kopf, der grauen Weste und ledernen Beinschützern fühlte ich mich wie in einem Kostümfilm. Ich folgte Juan Lorenzo inmitten unseres Zuges abseits der Straße den Berg hinauf, eine elegante, farbenfrohe, stille Karawane auf einem Pfad zwischen Eukalyptus und Zistrosen. Als wir an der Einsiedelei ankamen, stiegen die Reiter ab und banden ihre Pferde im Schatten der Steineichen fest. Die Statue der Jungfrau Maria wird nur ein Mal im Jahr hervorgeholt und von einem Dutzend Auserwählter getragen, deren Wahl kompliziert und streng abläuft und und eine Ehre ist, auf die manch einer zehn Jahre wartet. Nach und nach füllte sich der Kapellenvorplatz mit Tausenden von Menschen, und als schließlich die Träger mit der Statue erschienen, war die leidenschaftliche Stimmung auf dem Höhepunkt. Es wurde geweint, gebetet, gesungen, alle wollten die Statue berühren, und der Zug kam kaum voran. Ich empfand all das als überwältigend und unwirklich zugleich. Alles, was ich in den vergangenen Monaten über die Kultur und das Leben vor Ort erfahren hatte, wurde in dieser großartigen, aus dem Alltag und der Zeit gefallenen Zeremonie mit Sinn gefüllt. Die Zistrose hatte mich hierher geführt, wie an das Ende einer Geschichte.

Schließlich gelang es uns, näher zu treten. Da war sie, die Jungfrau, auf ihrem Thron, eine große Statue in prächtigem Gewand, die nun auf Schulterhöhe hochgehoben wurde. Auf ihrem goldbestickten dunkelroten Mantel prangte eine große Zistrose, prachtvoll und für alle sichtbar. Große weiße Blütenblätter auf einem goldenen Stängel und mittendrin fünf rote Flecken: die »Tränen Christi«.

Ich war ergriffen. Hier oben auf dem Hügel verkörperte die Blume auf dem Mantel ganz selbstverständlich den zauberhaften Duft der Zistrosenfelder im Sommer, wenn die Luft vibriert und die Sonne das Harz auf den Blättern glänzen lässt – ein feiner Film, wie geschmolzenes Metall, das aus der überhitzten Erde der einstigen Bergbauregion von El Andévalo aufsteigt.

Blau in Hülle und Fülle

Haute-Provence, Lavendel

»Ich kenne Lavendel seit meiner Kindheit, aber etwas so Gutes habe ich glaube ich noch nie gerochen.« In seinem mit dickem Teppichboden ausgestatteten Büro in Neuilly, das Teil eines Gebäudes aus Glas und Aluminium ist, nahm der Parfümeur Fabrice sich Zeit für die Begutachtung. Zwischen den Fingern hielt er einen Teststreifen aus Papier, dessen Spitze er in ein kleines Fläschchen mit Öl tauchte. Er führte ihn unter seiner Nase entlang, hin und her, legte ihn ab, nahm ihn erneut zur Hand, schwieg. Der Teststreifen ist das Werkzeug des Parfümeurs, die Verbindung zwischen Flakon und Nase, eine erste Annäherung vor dem Riechen auf der Haut. Ich beobachtete, wie er sich auf die neue Probe konzentrierte, die ich ihm mitgebracht hatte. Fabrice stammt aus Grasse und ist einer der großen Parfümeure, er ist spezialisiert auf Duftrohstoffe natürlicher Herkunft und pendelt zwischen Paris und seiner Heimatstadt. Er ist schüchtern und wortkarg, aber seine hellblauen Augen leuchten jedes Mal auf, wenn ein neuer Duft ihn überrascht. In Neuilly gehört er zu dem Team in unserer Firma, das neue Kreationen für die

Luxusparfümerie entwickelt. In Grasse prüft er, welche neuen Duftnoten interessant sein könnten, um damit in unseren Laboren zu arbeiten. Egal ob es um neue Pflanzen oder neue Extraktionsmethoden geht, Fabrice urteilt als olfaktorischer Richter über all das. Vor mir war sein Tisch übersät mit kleinen Glasfläschchen, Dutzenden Proben, an denen er täglich für eines seiner vielen laufenden Projekte arbeitete, die von Robotern abgewogen und gemischt wurden.

Allein oder in der Gruppe – Parfümeure arbeiten immer an mehreren Parfumkompositionen gleichzeitig. Sie richten sich dabei nach den »Briefings«, mit denen eine Marke die Note beschreibt, die sie für das nächste geplante Parfum sucht. Ihre Rezepturen sind komplexe Gebilde, ausgeklügelte Zusammenstellungen Dutzender Bestandteile, natürlicher ebenso wie synthetischer. All diese Ingredienzien werden chemisch und olfaktorisch genau dokumentiert und müssen über das Jahr hinweg ihren ganz bestimmten Duftcharakter wahren, den der Parfümeur in Erinnerung behält. Mögliche Qualitätsschwankungen dürfen das Gleichgewicht einer Rezeptur nicht verfälschen, und genau das ist eine Schwierigkeit für meine Aufgabe bei der Beschaffung. Qualität und Zuverlässigkeit sind unter allen Umständen zwingend erforderlich für den, der die Naturprodukte einkauft. Wenn der Kunde es wünscht, müssen die Parfümeure ihre ursprüngliche Idee immer wieder abwandeln, bevor sie ein Projekt tatsächlich umsetzen können. Ihr Alltag ist ebenso von Frust und Enttäuschung begleitet wie von dem Ruhm, den Zeitschriften und Öffentlichkeit den »Nasen« zuschreiben.

Fabrice ist bekannt für seine Kreationen bei Marken wie Diptyque, Réminiscence oder L'Artisan Parfumeur, die für eine hochwertige Parfümerie stehen. Hier entfaltet er sein Talent in kunstvollen Duftgebilden aus Naturprodukten, die ihm bereits große Erfolge bei Paco Rabanne, Jean Paul Gaultier und Azzaro beschert haben. Er war mir eine große Hilfe beim Riechenlernen. Eigentlich sind eine echte Ausbildung und jahrelange Praxiserfahrung in diesem Beruf unerlässlich, doch ich habe zumindest einige Grundkenntnisse erworben, um auf den Feldern und in den Betrieben die grünen oder süßen Facetten eines Blumenduftes zu erspüren, die gebrannte Note in frischen Essenzen wiederzuerkennen und mich mit einem eher anschaulichen als beschreibenden Vokabular vertraut zu machen. So spricht man von metallischen oder erdigen Noten, von frisch geschnittenem Heu, Kuhstall, salziger Haut, neuem Leder … Fabrice hat mir einen kleinen Schatzkoffer mit auf den Weg gegeben, den ich immer bei mir trage. An jenem Tag sprachen wir über Lavendel, der, obwohl ihn jeder kennt, immer wieder aufs Neue entdeckt sein will. In der provenzalischen Julisonne duftet er nach dem vielleicht bekanntesten und erschwinglichsten Parfum überhaupt, einem Parfum, bei dem man an Sommer denkt, an Wäscheschränke, an die Frische von Kölnischwasser. Lavendel ist der Lieblingsduft der Franzosen und das Symbol der Provence, der Duft des Südens, Südfrankreichs und des Mittelmeers. Unter dem weiten, stets unwiderstehlich blauen Himmel changiert die Farbe der Lavendelfelder, die weder richtig blau noch richtig lila sind. Je nach Lichteinfall und Tageszeit, je nach Ausrichtung und Größe der Anpflanzungen ändern sich die

Nuancen. Heute wird Lavendel überall auf der Welt angebaut, doch seine Wurzeln liegen hier. Seit jeher ist Lavendel *das* französische Produkt, wenn es um Aromen geht. Alle mögen ihn und erkennen seinen Duft.

Als Fabrice mit strahlenden Augen und provenzalischem Akzent von den Blütenständen des Lavendels sprach, musste ich unweigerlich an den Himmel der Haute-Provence denken: »Ein schöner Lavendel riecht kräftig, frisch, stechend und aufregend. Er riecht nach Sauberkeit, nach Sonne auf weißer Wäsche.« Wir wussten beide, dass Bulgarien inzwischen der große Lavendelöl-Lieferant für die Parfümerie war und Frankreich bei der Produktion den Rang abgelaufen hatte. Schwer zu akzeptieren für jemanden, der aus der Provence stammt, und er fragte: »Ich bekomme regelmäßig bulgarische Produkte zu riechen, aber die meisten sind recht flach und haben eine pilzige Note, fast wie Roquefort. Der Lavendel, den du mir hier zeigst, ist klar und edel. Woher kommt die Probe?« Also erzählte ich ihm alles: Wie die Produzenten aus der Provence um jeden Preis den französischen Lavendel retten wollten, der von der ausländischen, günstigeren Konkurrenz bedroht war. Wie ich Jérôme kennengelernt hatte, der seit drei Jahren eine neue Kreuzung anbaute und mich erwartungsvoll gefragt hatte, ob ich seine Proben nicht unseren Parfümeuren vorstellen könnte. Fabrice war begeistert. »Das ist toll, das will ich unbedingt sehen …« In Sekundenschnelle war die Sache besiegelt, wir würden zusammen in den Süden fahren, nach Manosque, und von dort aus hinauf zu den Feldern von Jérôme. Im Regal hatte Fabrice neben den Flakons seiner erfolgreichen Parfums einige alte Fotos stehen, die die Blumenernte in Grasse zeigten – Jasmin, Nachthyazinthe und Rosen – und einen alten Alembik für Lavendel auf einem Karren. Der Sohn eines Parfümeurs fühlt sich als Erbe dieser langen Geschichte, die er selbst bis heute weiterschreibt. In Paris ist Fabrice ein wenig im Exil.

Für mich als Enkel einer provenzalischen Großmutter bedeutete die Reise nach Manosque vor allem eine Begegnung mit meinen Kindheitserinnerungen an die Ferien im Süden, an ein Haus, dessen Schränke allesamt nach Lavendel dufteten. Meine Großmutter hatte als Schülerin in Digne-les-Bains Anfang des Jahrhunderts den Siegeszug des Lavendels miterlebt. Wenn sie davon erzählte, verfiel sie immer in den Dialekt ihrer Heimat. Sie erzählte von Lavendel, von Olivenzweigen und von kandierten Früchten zu Ostern. Vor dem Ersten Weltkrieg drangen die Grundschullehrer nach dem Unterricht darauf, dass die Kinder ihre Eltern dazu anhalten sollten, Lavendel zu pflanzen. Die Familien sollten sich für die Sache der Region einsetzen.

Selbstverständlich steht Manosque auch für seinen großen Schriftsteller, Jean Giono. In *Provence* schreibt er, erlesener Lavendel wachse nur im Hochland, in den Ausläufern der Montagne de Lure, und darin verkörpere sich der Geist der Haute-Provence. Historisch verortet er ihn vor allem zwischen Alpen und Provence in armen steinigen und windigen Regionen mit Schafen. In den ersten Jahrzehnten des zwanzigsten Jahrhunderts lebte eine ganze Region für den Lavendel. Alles drehte sich um den Anbau, die Alembiks, die Märkte in Digne und Manosque, auf denen das Öl gehandelt wurde. Giono schreibt: »Zur

Erntezeit des Lavendels duften die Nächte. Die Farbe der Spreu der geschnittenen Blüten leuchtet im Sonnenuntergang. Die einfachen Destillieröfen, die neben den Zisternen stehen, lassen rote Flammen in den Nachthimmel lodern.«

Doch die Geschichte reicht noch deutlich weiter zurück. Bereits in der Antike ernteten die Schäferfamilien der Regionen mit der Sichel die *baïassières*, große Flächen von wildem Lavendel, der in Büscheln an den Berghängen wuchs. Die ersten erhaltenen Alembiks gehen auf das siebzehnte Jahrhundert zurück. Seit 1850 war die Nachfrage nach Lavendelöl so groß, dass die Destillation sich veränderte und ausweitete. Auf die kleinen, einfachen Alembiks, die am Feldrand aufgestellt wurden, folgten Modelle, die von Dorf zu Dorf über Land transportiert wurden, um auf Wunsch die Lavendelbündel zu destillieren, die die Bauern brachten. Diese Alembiks gehörten fast ein ganzes Jahrhundert zum Leben in der Region. Die Eselskarren mit den Kupferbottichen wichen nach und nach den Lastern, doch die Funktionsweise blieb dieselbe. Um 1890 begann man mit der Anpflanzung von Lavendelfeldern, um auf die Nachfrage der Industrie zu reagieren. Angesichts der schrecklichen Verluste während des Ersten Weltkrieges fehlte es hinterher an Arbeitskräften für die Ernte des wild wachsenden Lavendels in den Bergen, die damit ein Ende fand. Julien, der Bruder meiner Großmutter, wurde 1915 an der Somme im Alter von zwanzig Jahren getötet. Sie sprach nie darüber, lieber erzählte sie uns von ihren Erinnerungen rund um den Lavendel.

Mit der Kultivierung verschwand der Lavendel nach und nach aus den Bergen, und der Duft der Blütenstände veränderte sich. Das Öl verlor etwas von seinem Charakter, es galt als weniger »edel«. Das war der Preis für den riesigen Erfolg des Lavendels, der über ein Jahrhundert hinweg eng verbunden war mit der Entwicklung der Parfümerie in Grasse und dem spektakulären Aufstieg ortsansässiger Unternehmen und ihrer Parfumhäuser. Die Zwanziger- und Dreißigerjahre waren zugleich der Höhepunkt des Lavendels, das Goldene Zeitalter von Grasse und das der natürlichen Rohstoffe. Große Namen wie Schimmel, Lautier und Chiris wurden bis in die Sechzigerjahre mit der Stadtgeschichte in Verbindung gebracht. Um ihren Bedarf an Öl zu decken, siedelten diese Firmen allesamt große Destillerien in der Haute-Provence an. Der Lavendel trug dazu bei, aus Grasse die Welthauptstadt des Parfums zu machen.

Als Fabrice und ich in Manosque ankamen, führte unser Weg zunächst hinauf Richtung Valensole. Vor dem Zweiten Weltkrieg war das große Plateau nur eine Steinfläche, auf der Eichen und Pinien wuchsen, Schafe weideten und Mandelbäume angepflanzt wurden. Im Februar, wenn die Mandelbäume blühen, war der Anblick des Plateaus bezaubernd, doch der Frost machte die Ernte jedes dritte Jahr zunichte. Mandeln waren ein Produkt elender Verhältnisse. Meine Großmutter erinnerte sich, dass die Frauen, die zum Knacken angestellt waren, mit den Schalen bezahlt wurden, einem Nebenprodukt ihrer Arbeit, das sie zum Heizen verwendeten. Die Mandeln waren vor allem für die Nugatherstellung vorgesehen, und immer, wenn wir früher mit meinen Großeltern auf dem Weg nach Südfrankreich in Montélimar Nugat kauften, dachten wir an diese Arbeiterinnen. Kurz vor dem Krieg hatten ein paar Leute die bahnbrechende Idee, das Plateau urbar zu machen, und 1938 hielten die Traktoren Einzug in Valensole, die ersten in der französischen Landwirtschaft. Seit 1950 sah man in dem flachen Landstrich die Möglichkeit, Lavendel und Getreide in großem Stil anzubauen. Innerhalb weniger Jahre wurden die Mandelbäume gefällt, Tausende Hektar Land von Steinen befreit, und Valensole war mit riesigen Feldern duftender Blütenstände bedeckt.

Ein halbes Jahrhundert später ist nichts mehr, wie es war, auch wenn die meisten Besucher sich dessen nicht bewusst sind. Die Felder von Valensole, die auf den berühmten Lavendel-Postkarten zu sehen sind, sind heute überraschenderweise mit Lavandin bepflanzt. Lavandin ist verwandt mit Lavendel und eine Kreuzung aus zwei Sorten. Als ertragreichere und resistentere Variante beherrscht Lavandin das Plateau seit den Siebzigerjahren. Sein deutlich günstigeres Öl hat sich trotz des kampferartigeren Duftes in der Industrie als wichtige natürliche Quelle durchgesetzt. Lavandin wird von der Gebrauchsparfümerie für Reinigungsmittel, Waschmittel und Shampoos verwendet. Beide Namen – Lavendel und Lavandin – werden nach wie vor in einer verwirrenden Weise verwendet, um die Touristen nicht zu enttäuschen. Die beiden Pflanzen ähneln sich, und man muss sich schon ein wenig auskennen, um sie zu unterscheiden. Die Stängel des Lavendels sind kürzer, er ist blauer, auf ihm beruht das historische Prestige und der feine Duft. Lavandin ist unverzichtbar für die industrielle Parfümerie, und er macht heute den Großteil der Anpflanzungen und Dekorationsartikel in der Region aus. Um echten Lavendel zu finden, muss man weiter hinauf, in die Höhenlagen, dorthin, wo er ursprünglich wuchs.

Zwischen dem Durance-Tal und der Verdon-Schlucht bieten im Juli Tausende blühende Hektar einen zauberhaften und weltweit einzigartigen Anblick, eine unermessliche Weite intensiver Farben, Wogen in Zartlila und Violett, die sich am Horizont mit dem azurblauen Himmel treffen. Mitte Juli ist Erntezeit für den Lavandin, Tag und Nacht – ein grandioses Bild, wenn die Traktoren in das blau-lila Blütenmeer eintauchen und hinter sich die blassgrünen Streifen der geschnittenen Büschel zurücklassen. Die abgeernteten Blüten werden direkt in Transportbehälter geblasen, die als Alembik dienen: In einer nahe gelegenen Destillerie wird der Dampf direkt in die Behälter eingeleitet.

Langsam durchquerten Fabrice und ich die Farbenfülle und ließen das Plateau hinter uns, fuhren über Serpentinenstraßen weiter hinauf, die sich zwischen Eichen hindurchschlängelten, bis zum Hof von Jérôme, zwischen dem Mont Ventoux und Banon. Hier, hoch oben, weit über den Lavandin-Flächen, gab es noch Provence-Lavendel. Jérôme, dessen Vater und Großvater ebenfalls Landwirte waren, freute sich sehr, uns an diesem Julimorgen mitten in der Ernte zu begrüßen. Die Lavendelfelder prägten das gesamte Tal – Bänder von intensivem Blau-Lila auf einem Bett aus hellen und weißen Kieselsteinen, in denen Bienen schwirrten – und boten einen spektakulären Blick auf den majestätischen Mont Ventoux. Ein leichter Wind trug das Geräusch der Erntemaschine von weiter unten herüber. Fabrice und ich tauschten einen Blick und waren beide ganz erfüllt.

»Ich weiß, was diese Pflanze den Menschen hier bedeutet hat. Das wird zu oft vergessen«, sagte Jérôme, und Fabrice nickte. Als jemand, der aus Grasse stammt, musste er es wissen. Jérôme hatte sich entschieden, weiterhin Lavendel anzubauen, überzeugt davon, dass der Markt die bessere Qualität seines Öls gegenüber den bulgarischen Produkten schätzen würde, und die Tatsache, dass Fabrice hergekommen war, gab ihm recht. Er hatte die Auflagen für das Bio-Zertifikat erfüllt, höchste Qualität war ihm wichtig, und er hatte gerade in eine neue Destillieranlage investiert. Er setzte auf Diversifizierung – auf Salbei, Thymian, Strohblumen und vor allem auf edlen Lavendel. Seit drei Jahren zählte er als Produzent ätherischer Öle zu den Vorreitern, die die neue Sorte anbauten, an der ich Fabrice in Paris hatte riechen lassen – ein wahrer Schatz. Und Jérôme war stolz, ihn uns zu präsentieren. Seine Produktion war für uns reserviert, seine Investitionen und seine Beharrlichkeit begannen sich auszuzahlen.

Oberhalb des Hofes liefen wir einen Gebirgsrücken entlang. Das Feld war abgelegen, ein wenig versteckt, und ich bewunderte den klaren Blick auf die Alpen in der Ferne. Jérôme zeigte uns sein Stück Land: zwanzig Reihen am Hang, eine hinreißende blaue geometrische Formation, die sich vom einfarbigen Grün der Täler ringsum abhob. »Er ist fast so weit«, sagte Jérôme, während er die Blüten zwischen den Fingern rieb und daran roch. Sie hatten einen reinen, tiefen Duft, ohne Kampfer-Note, befand Fabrice. »Dein Lavendel riecht nach Bergluft, darin liegt der Unterschied.« Der Parfümeur streifte durch die Reihen. Seine blauen Augen schweiften Richtung Alpen, er tauchte ein in den Lavendel, und seine Nase versetzte ihn in Kreativmodus. »Lavendel ist in der Parfümerie nicht mehr im Trend, aber mit dieser Note kommt das ursprüngliche erlesene Aroma zurück.« Fabrice hatte eine Idee für ein Projekt, das kurz vor dem »Finale« stand. Jérôme war anzumerken, wie sehr ihn der Besuch des Parfümeurs freute, und er malte sich aus, dass seine Ernte sich am Ende in einem Markenflakon wiederfinden würde. Blieb die Frage nach der Menge: Konnte Jérôme tatsächlich so viel produzieren, dass seine Lieferung für ein neues Parfum ausreichte? Die beiden Provenzalen unterhielten sich. Ihre Worte waren zeitlos, aber dabei schmiedeten der Lavendelbauer und der Parfümeur einen Plan, der ganz und gar gegenwärtig war. Während Fabrice zwischen den Lavendelbüscheln entlangschlenderte und vollkommen darauf konzentriert war, in der Schönheit dieses Feldes auf eine neue Idee zu stoßen, wurde in Paris auf den Plakaten einer groß angelegten Werbekampagne sein neuestes Parfum angepriesen, das er für Azzaro kreiert hatte. Weit weg von dem Ort, an dem seine Bekanntheit eine Rolle spielte, schlug er hier gemeinsam mit Jérôme ein neues Kapitel in der langen Geschichte des Lavendels auf, des Duftes der Haute-Provence. Botschafter zu sein zwischen Landwirten und Parfümeuren – vielleicht ist das der tiefere Sinn meiner Tätigkeit, die mehr ist als nur ein Beruf.

Mitten im Sommer war das Summen der Honigbienen deutlich zu hören. Fabrice zeigte immer offenkundiger, wie sehr die Schönheit des Ortes ihn faszinierte.

Und Jérôme erklärte uns, dass ein Landwirt hier in den Bergen auch Landschaftsgestalter war. Mithilfe seines Lavendels, seiner Eichen und Bienenstöcke träumte er davon, zu dem zurückzukehren, was die Region vor hundert Jahren geprägt hatte, und auf diese Weise vielleicht etwas davon zu retten. Farben und Düfte – der Wind trug eine stille Gebirgssymphonie mit sich davon. Bevor Jérôme auf dem Feld seines Großvaters wehmütig wurde, brachen wir auf. Stundenlang diskutierten wir auf dem Hof über seine Ernteprognosen. Am Ende würde ich seine gesamte Produktion kaufen. Und ein paar Monate später würde seinem Lavendel ein ganz besonderer Platz in einer wunderschönen Kreation von Fabrice für L'Artisan Parfumeur zukommen: »Bucoliques de Provence«. Zu diesem Parfum würde Fabrice mir später erzählen, dass der Lavendel von Jérôme genau das Mosaiksteinchen gewesen sei, nach dem er gesucht hätte, um die Landschaft der Provence heraufzubeschwören.

Lavendel beim Überlebenskampf in den Bergen, Lavandin im Überfluss auf dem Plateau – die Blüten der Haute-Provence von einst finden heute unterschiedliche Verwendungen. Als der Nachmittag sich dem Ende neigte, fuhren wir erneut über das Plateau. Hinter dem Dorf Valensole parkten mehrere Touristenbusse am Straßenrand, mitten im Nirgendwo, in einem Meer aus Lavandin. Wie in einer surrealen Choreografie stiegen etwa zwanzig Paare in Hochzeitskleidung aus den Bussen. Chinesinnen in weißen Kleidern und mit Sonnenschirm liefen lachend zwischen den lila Reihen hin und her und schossen Fotos mit dem Handy. Ein paar Jahre zuvor hatten Hunderte Millionen Fans die Geschichten aus der chinesischen Fernsehserie *Träume hinter einem Kristallvorhang* verfolgt, in der die Protagonisten in der Provence heirateten. Jetzt kamen die chinesischen Touristen, um die Lavandinfelder mit eigenen Augen zu erleben. Sie machten Selfies, pflückten Sträuße, lächelten vor dem rötlich-blauen Blütenhintergrund. Als Symbol der modernen Landwirtschaft in der Haute-Provence lockte der Lavandin inzwischen Ströme des modernen Tourismus an, eine seltsame Paarung in Weiß und Lila.

Am nächsten Tag, als wir mit Jérôme wieder zwischen seinen Eichen entlangliefen, kam mir die Geschichte vom *Mann, der Bäume pflanzte* in den Sinn. Die Kurzgeschichte von Jean Giono beginnt 1913 mit der Beschreibung einer eintönigen Gestrüpplandschaft aus wildem Lavendel, durch den ein Schäfer streift, die Taschen voller Eicheln, eine Eisenstange als Stock. Der Mann pflanzt ganz allein auf diesem Boden einen Wald, von dessen Wachstum Giono erzählt und mit dem sich die Gegend verändert. Ich fragte mich, was aus dieser Region werden würde, in der der blaue Lavendel dem zartlila Lavandin gewichen war, aus der die Mandelbäume verschwunden waren, aber in die immer mehr Touristen kamen.

Ein Ausflug in die Höhenlagen half dabei, Gionos Worte und seine Vorstellung der Gegend wachzurufen, die sich ein wenig zu weit oben verbirgt, als dass die Touristenbusse hinauffuhren. Mit seinen Eichen und seinem Lavendel hatte Jérôme das Erbe dieser Geschichte angetreten, er kultivierte Aromen, die zwar nicht mehr wild wuchsen, aber deren Duft einzigartig blieb. Sie gediehen neben Bäumen, die dort standen, wo einst der Schriftsteller von ihnen geträumt hatte.

Rosen in allen Himmelsrichtungen

Persien, Indien, Türkei und Marokko

Ich habe mich zwanzig Jahre lang mit Duftrosen für die Parfumherstellung beschäftigt, die unter den Tausenden von Zierrosen sehr selten sind. Ich habe Rosen gepflanzt und sie destilliert, Rosenöl ausgesucht und eingekauft. Ich habe Rosen in vielen Ländern blühen sehen, in denen sie entlang der alten Seidenstraße Wurzeln geschlagen haben. Die Rose ist der Inbegriff des Duftes, die Parfümerie ist ohne sie nicht denkbar. In der Antike wurde sie in allen möglichen Formen verehrt – es gab frische und getrocknete Blüten, Duftöle, mit Rosenaroma versetzte Springbrunnen und Weine. Im Laufe der Zeit hat sich eine ganz bestimmte Rose als Parfumrose herausgebildet: die *Rosa damascena* aus der Region um Shiraz im Iran. Von Persien aus gelangte sie über die bekannten Routen nach Damaskus, im Mittelalter ein großes Handelszentrum des Mittelmeerraumes, von wo aus die Kreuzzüge sie unter dem Namen Damaszenerrose nach Europa brachten. Als die Perser um das achte Jahrhundert herum das Rosenwasser erfanden, verbreiteten sie diesen Duft über acht oder neun Jahrhunderte hinweg von China bis nach

Europa, bis im siebzehnten Jahrhundert die Entdeckung von Rosenöl in Indien die Verwendung von Rosen in Parfums ermöglichte.

Ich habe Erinnerungen an Rosen in allen Himmelsrichtungen. Egal ob bei einer Stippvisite oder einem langen Aufenthalt, ich habe es immer geliebt, die Rosen dort zu riechen, wo sie Wurzeln geschlagen haben, dort, wohin die Karawanen im Zuge der Geschichte ihre Samen verstreut haben, weit weg von Shiraz. Ich finde die Rose überall verführerisch: in abgeschiedenen Gärten, wo sie es sich wie eine Prinzessin bequem macht, an Gebirgsausläufern oder am Rande der Wüste. Wo auch immer sie wächst, fließt Wasser in der Nähe, sie ist von Pappeln, Nussbäumen oder Obstbäumen umgeben, wiegt sich neben Getreide oder Luzerne im Wind, lockt Schwalben an und lässt Nachtigallen singen. Die jungen Mädchen, die sie pflücken, können nicht widerstehen, sie sich ins Haar zu stecken. Die Gärtner hegen und pflegen sie, um am Morgen an ihr zu schnuppern und täglich den Duft ihres Öls in den Alembiks zu riechen. Jedes Frühjahr bricht sie für drei Wochen in einem zarten Rausch auf, um sich danach wieder zur Ruhe zu begeben und zu schlafen.

In Persien ist die Liebe zu Rosen tief verankert, sie sind Teil der Geschichte und Kultur seit mehr als eintausend Jahren, wer hier lebt, trägt die Rose im Herzen. Ich fuhr als Erstes nach Shiraz, in die Stadt der Rose und der Nachtigall. Beide sind seit jeher in der persischen Poesie miteinander verbunden. Auf dem Basar von Isfahan fand ich später zwischen Gewürzen aus aller Welt getrocknete, dunkelrosa, fast schon violette Blütenknospen, die nach

Blumen und Heu dufteten. Die Händler bieten außerdem verschiedene Flaschen und Flakons mit Rosenwasser an, deren farbenprächtige Etiketten miteinander wetteifern. In Qamsar, der Hauptstadt der Rosenwasserproduktion im Iran, erlebte ich, wie Dutzende bescheidene Produzenten die Blüten in den Höfen ihres Hauses in kleinen, ganz einfachen Alembiks aus Kupfer destillieren. Das Rezept für Rosenwasser ist ebenso alt wie simpel: Man lässt frische Blüten und Wasser zusammen aufkochen und kondensiert den Dampf, indem man ihn über kaltes Wasser leitet. Die wasserlöslichen Stoffe der Blüten werden vom Dampf aufgenommen und parfümieren das aufgefangene Wasser. In den Hälsen der bauchigen Flaschen schwimmt manchmal ein dünner Goldfilm, der nicht wasserlöslich und ein Zeichen guter Qualität ist. In der islamischen Kultur ist Rosenwasser als Reinigungsmittel allgegenwärtig und wird zum Händewaschen verwendet oder auch, um die Wände der Häuser oder Moscheen zu besprenkeln. Es gehört zum Alltag im Iran.

Ich bereiste das iranische Hochland, eine riesige, windgepeitschte Steinfläche, die in der Ferne von blauen Gebirgszügen gesäumt wird und geprägt ist von Pistazienbäumen, Granatapfelplantagen und Lehmdörfern im Schatten von Sidarbäumen. Vom Norden bis in den Süden begeisterten mich die Rosenplantagen, grüne Bänder mitten in der Wüste, mit Blüten besetzt, deren Farbe durch die Höhe und die trockene Luft ganz besonders intensiv erscheint. Hoch oben im Gebirge, oberhalb von zweitausend Metern, schaukeln die Rosenstöcke mit ihren blütenschweren Stängeln vollkommen still im Gebirgswind.

Am Ende eines Wüstenpfades, im Nirgendwo, an einem Ort, der einer Oase gleicht, traf ich Menschen, die hier Rosen züchten. Als ich abends mit ihnen ums Feuer saß, wurde mir klar, dass sich, abgesehen von dem kleinen Radio neben der Teekanne, nur wenig geändert hatte seit der Zeit der Karawanen. Über dem Feuer begann ein Vogel in einem Sidarbaum zu singen. Bolbol, die Nachtigall, war da, ganz selbstverständlich. Seit mehr als eintausend Jahren singt sie in den Rosengärten ganz Persiens, und ebenso lange schon ist Rosenwasser der Lebenssaft dieses Landes.

Es gibt eine schöne Geschichte, die von der Entstehung des Rosenöls erzählt, das seit vier Jahrhunderten Teil unserer Parfums ist: 1611 feiert der Großmogul Jahângîr im nordindischen Agra seine Hochzeit mit Nûr Jahân, einer außergewöhnlich schönen und intelligenten Perserin. Durch einen Hinweis ihrer Mutter entdeckt Prinzessin Nûr einen goldenen Ölfilm an der Oberfläche der heißen, mit Rosenwasser für die Festlichkeiten bereiteten Bäder – Rosenöl. Sie schenkt die kostbare Flüssigkeit ihrem Ehemann, der ausruft: »Was für ein intensiver Duft, ein einziger Tropfen auf der Hand genügt, um den gesamten Raum damit zu füllen, als gehe eine ganze Tonne Blüten gleichzeitig auf. Ich wüsste keinen anderen Duft, der mit ihm vergleichbar wäre. Er ist Balsam für die Seele und belebt den Geist.«

Drei Stunden von Agra und dem Taj Mahal entfernt begab ich mich auf Spurensuche nach dem Öl von Nûr in einer Destillerie, in der sich, abgesehen von ein paar elektrischen Glühlampen, seit den Moguln nichts verändert zu haben schien. Auf dem großen Bauernhof aus Lehm, wo alle barfuß in Lendenschurz und Turban arbeiteten, hockte ein Destillateur vor einem großen Kupferbottich und formte mit den Händen eine Schnur aus Lehm als Dichtung für seinen Alembik. Bambusstäbe waren mit Seilen so verflochten, dass sich ein Muster ergab, ein wahres Kunstwerk. Das in feinen Kupfertöpfen gesammelte Öl wurde in einem von den Lehmwänden kühlen Raum aufbewahrt. Getrocknete Kuhfladen heizten das Feuer unter den Alembiks an. Die Destillerien, die auf die Erbauungszeit des Taj Mahal zurückgehen, haben etwas Majestätisches, beinahe Mystisches, zu Ehren von Jahângîr und Prinzessin Nûr, der Entdeckerin des Rosenöls.

In der Türkei betreute ich mehrere Jahre lang eine Fabrik, in der Rosenextrakt hergestellt wurde. Rund um die Stadt Isparta sicherten seit den Dreißigerjahren etwa fünfzig Dörfer die Produktion von Duftrosen des Landes. Die Türken brauchten beinahe fünfzig Jahre, um dic Rose wiederzuentdecken, die die Osmanen im Zuge der Unabhängigkeit Bulgariens verloren hatten, denn dort befanden sich die liebsten Rosengärten der Sultane. Ich erinnere mich an Ahmed, unseren Kontaktmann in einem weit abgelegenen Dorf am Ende eines Tals. An den Hängen wuchsen die sorgfältig gepflegten Parzellen mit Rosen wie Teppiche zwischen Getreide und Aprikosenbäumen. Im Schatten von Nussbäumen standen Bauernhäuser aus Stein, Strohlehm oder Holz. Die Frauen webten und gingen aufs Feld, die Männer unterhielten sich im Café, rauchten viel, tranken Tee und spielten Domino. Ahmeds Geschäft bestand aus einem kleinen, blau gekalkten Raum mit einem Tisch und einer Waage. An der Wand eine Sepiafotografie vom Landesvater Mustafa Kemal Atatürk mit seiner Ziegenfellmütze und dem Wolfsblick. Er war es, der die Rose in den Zwanzigerjahren in Isparta wieder aufleben ließ, indem er eine große Kooperative und mehrere Destillerien gründete. Ahmed lud mich zum Mittagessen auf seine Holzterrasse im Schatten eines Nussbaums ein, dessen Alter nur schwer zu schätzen war, und stellte mir seine jüngste Tochter vor. Songül war etwa zehn Jahre alt, ihr Name bedeutete »die letzte Rose«. Und als sie mich mit ihrem durchdringenden Blick ansah, erkannte ich darin die Entschlossenheit der Türken, die Gärten zu kultivieren, die sich die Sultane einst gewünscht hatten, und den Stolz der Osmanen, die Königin der Blumen in ihrem Land zu destillieren.

Weit weg von Shiraz, im Süden Marokkos, mit Blick auf das Atlasgebirge, blühen jedes Jahr im April die Damaszenerrosen. Niemand weiß mehr, wann und warum die Rose hierhergelangte und hier gedieh. Ende der Dreißigerjahre errichteten die französischen Kolonisten zwei Fabriken zur Extraktion der Blüten in der kleinen Ortschaft El Kelaâ. Sie hatten gelernt, dass die Bauern ihre Anpflanzungen mit Rosenhecken einfassten und dass die Blütenknospen gesammelt, getrocknet und für Henna verwendet wurden. Die Fabriken waren etwas ganz Besonderes in der Wüste und sind es noch heute. Auf Stein und Sand gebaut, sind sie Teil einer Befestigungsanlage, des *ksar* – eines großen, von Gebäuden mit hohen Mauerzacken und Ecktürmen eingefassten Hofes. Von den Fabriken, die die Felder am Ufer des Flusses unterhalb überragen, hat man einen ergreifenden Blick auf den Atlas. Jahrelang fuhr ich dorthin, um die Ländereien unserer Fabrik zu beaufsichtigen, was einem Abtauchen in eine andere Zeit gleichkam, wie in einem Traum. In der Werkstatt befanden sich die Extraktionsanlagen, große Trommeln aus schwarzem Gusseisen, wie riesige Waschmaschinen. Fünfzig Jahre nach dem Bau der Fabrik war noch alles an seinem Platz, der große Kessel für Schweröl ebenso wie der riesige Tresor. Mit den alten Verzeichnissen, in die in Schönschrift der Einkauf der Blüten und die Produktion eingetragen wurden, mit den Flakons von Firmen, die es längst nicht mehr gab, und den Möbeln aus den Fünfzigerjahren herrschte noch immer eine Atmosphäre wie damals.

Kehrt man den Fabriken den Rücken und steigt hinab zu den Rosenhecken, so gelangen die beiden Flüsse des Tals in den Blick. Sie sind von Gärten eingefasst, die ein üppig blühendes Mosaik in der Wüste bilden. Je nach Jahreszeit fließt hier Wasser durch winzige Kanäle auf kleinen Bohnenfeldern, die von Rosensträuchern und Obstbäumen umgeben sind. Früh am Morgen laufen junge Mädchen in Berberkleidung mit ihren Körben an den Hecken entlang, die Gesichter zum Schutz vor der Sonne in Tücher und Hüte gehüllt. Verstohlen sammeln sie vermeintlich wilde Rosen. Auf den Feldern erheben sich hier und da die beeindruckenden Umrisse der *ksar*, die einstmals nahe am Wasser gebaut wurden. Diese Wüstenschlösser aus roter oder ockerfarbener Erde, die in der Sonne strahlen, sind heute verlassen. Wenn ihr Dach einstürzt, verschwinden die *ksar* nach und nach im Regen. Ihre Ruinen mitten in einer paradiesischen Landschaft, die Mauern aus Erde und Stroh, die langsam und wie zu ihrem eigenen Bedauern dahinschmelzen, bieten einen melancholischen Anblick. Die Stille wird nur von den Vögeln und dem Geräusch des Wassers durchbrochen. Der Wind weht in den Weiden, Kinder kommen vorbei und treiben ein paar Kühe vor sich her, gefolgt von alten Frauen, die riesige Ballen Luzerne auf dem Kopf tragen, während die jungen Mädchen die gesammelten Blüten zum Abwiegen hinaufbringen.

Manchmal dachte ich, die Rose aus Damaskus wäre nur bis hierher gelangt, bis in diese wunderschöne Oase. Doch dann kam ich nach Bulgarien, in das Land, dessen Nationalsymbol die Rose ist.

Die Vögel von Schipka

Die Rose in Bulgarien

Meine erste Begegnung mit der Rose in Bulgarien fand 1994 statt, kaum fünf Jahre nach dem Mauerfall und dem offiziellen Ende des kommunistischen Regimes. Ich nahm damals an einer internationalen Tagung teil, die vom staatlichen Monopol Bulgarska Roza, dem einzigen Produzenten und Anbieter von Rosenöl des Landes, mitten in Bulgarien, in Kazanlak, der historischen Hauptstadt der Königin der Blumen, organisiert wurde. Für die wenigen ausländischen Besucher stand als Erstes ein Besuch des Rosenmuseums auf dem Programm.

Das etwas außerhalb der Stadt gelegene staatliche Roseninstitut, das nach der Wende über keine Mittel verfügte, erhielt mehr schlecht als recht den Betrieb aufrecht mit einem Team von Diplom-Landwirten, dem Anbau von Duftpflanzen und vor allem seinem Museum. Es war ein bemerkenswerter Besuch. Eine argwöhnische Museumswärterin öffnete widerwillig das menschenleere Gebäude und ließ uns in den offensichtlich selten besuchten Keller hinunter, wo in ein paar feuchten Räumen versucht wurde, die große Geschichte der Rose in Bulgarien über vier

Jahrhunderte hinweg nachzuzeichnen. Es war rührend, wie vollkommen veraltet das Ganze war: Eine Sammlung historischer Fotos der ersten Destillerien von 1860 mit einer Reihe kleiner Alembiks auf Holzfeuern, eine Aufnahme der ersten Großexporteure, die stolz ihre Labore und die auf den Parfümeriemessen in Wien, Paris oder London gewonnenen Medaillen zeigen. Handgeschriebene Verzeichnisse, die die Ölproduktion eines jeden Dorfes im Tal zu Beginn des Jahrhunderts dokumentierten. Und *konkums*, die seit jeher für den Export verwendet worden waren, eine Art flache, runde Flasche, zunächst aus Kupfer, dann aus Zinn, die in ein Stück Stoff geschlagen und mit einem Band in den bulgarischen Nationalfarben sowie mit einem Wachssiegel versehen war. Das Museum stellte einen außergewöhnlichen *konkum* von zweihundert Litern aus, ein Einzelstück, das seit fünfzig Jahren leer war und noch immer nach Rosen roch. Die Ausstellung dokumentierte die Geschichte eines Goldenen Zeitalters, das auf so verstaubte Weise präsentiert wurde, dass man peinlich berührt war. War die wortkarge Frau, die uns durch die Ausstellung führte, tatsächlich stolz auf den Kapitalismus der Jahrhundertwende? Die ersten bulgarischen Helden des Rosenöls zu dieser Zeit waren Unternehmer, mit deren Vermögen es nach der Einführung des Kommunismus 1947 endgültig zu Ende war. Die Frau hatte deutlich mehr über die zweite Hälfte der Ausstellung zu erzählen, die dem Ruhm der Nachkriegsjahre gewidmet war: große Felder und große Traktoren, Brigaden von Blütensammlern, Modernisierung und staatliche Fabriken. Der krönende Abschluss war eine Fotoausstellung zu den Rosenfesten aus den Siebzigerjahren, insbesondere eine ganze Galerie von Porträts der Rosenköniginnen. Damit endete die Ausstellung, als wäre hier die Zeit stehen geblieben. Auf meine Fragen zur aktuellen Situation der Rosenölproduktion hatte die Führerin zwar vage Antworten parat, die aber keinen Widerspruch duldeten. Es gab drei staatliche Gesellschaften, und sie produzierten das beste Öl der Welt, weil die Bulgaren nach wie vor die besten Spezialisten in Sachen Anbau und Destillation von Rosen waren. Ich traute mich nicht, sie zu fragen, warum bulgarisches Rosenöl von den internationalen Märkten verschwunden war und in den Rezepturen der Parfümeure nicht mehr auftauchte, sondern durch türkisches Öl ersetzt worden war.

Das Museum verkaufte ein kleines Buch, das die Ursprünge und die Geschichte des Ölrosenanbaus in Bulgarien erläuterte und warum diese mehrere Jahrhunderte währende Tradition Teil des nationalen Kulturerbes war. Die Felder im Rosental existieren seit dem siebzehnten Jahrhundert. Damals wollte das Osmanische Reich, das nach immer mehr Rosenwasser und -öl verlangte, nicht mehr ausschließlich von Persien abhängig sein, das als Wiege der *Rosa damascena* seit dem Jahr 1000 Rosenwasser produzierte. Mitte des sechzehnten Jahrhunderts beauftragte der Sultan Murad III. seinen Gärtner damit, den Anbau von Rosen insbesondere in der Stadt Kazanlak in seiner Provinz Edirne voranzutreiben, um den Palast in Konstantinopel zu versorgen. Diesem Umstand verdankt die Stadt ihren Reichtum, denn sie wurde über drei Jahrhunderte hinweg zur Produktionsquelle des gesamten Reiches. Als die Bulgaren 1908 ihre Unabhängigkeit zurückerlangten, erhoben sie mutig Anspruch auf die Erfindung des modernen Rosenöls, denn sie hatten die Technik der doppelten Destillation entwickelt, auf deren Grundlage noch heute das Öl hergestellt wird, das die zeitgenössischen Parfümeure verwenden. Bis in die Zwanzigerjahre hinein genoss die bulgarische Rose international einen hervorragenden Ruf – ein Goldenes Zeitalter, das das Museum mithilfe von Erinnerungsfetzen zu bewahren suchte.

Das Museum in Kazanlak erzählte zwei Geschichten: die eines glorreichen Jahrhunderts, in dem es für die Parfümerie nur eine einzige Rose gab, nämlich die aus dem Tal von Kazanlak; und die aktuelle Geschichte, die so bewegend war, weil sie alles dafür tat, den demütigenden Niedergang zu kaschieren, von dem ich bald mehr erfahren sollte.

Der Verfall von Kazanlak war erschütternd. Arsenal, die große Waffenfabrik, die der Motor der Stadt war, erholte sich nicht vom Zerfall der UdSSR, und Hunderte Arbeiter waren auf der Straße. Neben grauen Häuserblocks, brachliegenden und vor sich hin rostenden Fabriken rund um die Stadt und dem Kongresspalast aus stalinistischem Beton hatte die Stadt abgesehen von ein paar leer stehenden hübschen türkischen Häusern aus dem neunzehnten Jahrhundert und den Linden, die die Straßen säumten, nichts zu bieten. Lediglich der süße Honigduft von den Lindenblüten im Juni ließ an die gute alte Zeit vor sechzig Jahren denken, als die Stadt noch Welthauptstadt des Rosenöls war.

Ich erinnere mich sehr gut an diese ersten Tage in Bulgarien. Die Tagung hatte etwas Surreales, alles war darauf angelegt, die wenigen ausländischen Gäste davon zu überzeugen, dass die Rosenölproduktion des Landes florierte. Alles war bestens inszeniert: Wir besuchten stillgelegte Fabriken, in denen ein Kessel, der am selben Morgen angeheizt worden war, ein wenig Dampf verströmte und wo einige extra für den Tag angeheuerte Arbeiter so taten, als würden sie ein paar Säcke Blüten destillieren, die man auf die Schnelle besorgt hatte. Abends hielten die Verantwortlichen von Bulgarska Roza angemessene Reden auf die internationale Brüderlichkeit, gespickt mit reichlich Trinksprüchen auf die Völkerfreundschaft. An einem Abend gab es in einer Hütte für die Bärenjagd mitten in einem großen Rotbuchenwald im Tal, die dem ehemaligen Ministerpräsidenten Jugow gehörte, ein schönes Fest nach dem Essen, das wirklich ergreifend war. Denn die Bulgaren sind Slawen, die im Süden leben, Menschen des Mittelmeerraums, die Trinken und Tanzen lieben. Je später es wurde, desto mehr wichen die zurechtgelegten Worte traditionellen Gesängen, die immer ernster wurden, bis ich schließlich den Eindruck hatte, hier singt ein Volk von seiner Geschichte. Die Tränen in den Augen waren wohl nicht allein dem Rakija, dem Nationalgetränk, geschuldet, sie erzählten auch vom verletzten Stolz der Menschen in der Rosenregion und von der Sehnsucht nach einer Zeit, die sie zwar nicht erlebt, aber doch verinnerlicht hatten.

Die Apparatschiks von Bulgarska Roza wichen mir nicht von der Seite und tarierten aus, wer von den Gästen als potenzieller Käufer infrage kam. Mitte der Neunzigerjahre war die Produktion fast zum Erliegen gekommen. Das wenige Öl, das noch destilliert wurde, kam in die Keller des Zentrallabors in Sofia in den Landestresor, wo

Rosenöle jeglichen Alters gelagert wurden. Das gesamte System war sowohl technisch als auch finanziell vollkommen undurchsichtig. Es wurde gemunkelt und wild spekuliert über die mehr oder weniger offiziellen Verkäufe und darüber, welche Mengen Öl von welcher Qualität im Zentrallabor eingelagert waren, das Jahre brauchen würde, um normal zu funktionieren.

Ich wollte die Fabriken und Felder sehen – eine Bitte, die ungelegen kam, aber der man schließlich nachgab, selbstverständlich unter der Bedingung, dass ich begleitet wurde. So wies man mir Vessela zu, eine junge Ingenieurin, die Französisch sprach und ihr Land mit klarem Verstand beurteilte. Sie arbeitete für einen Hungerlohn in einem Labor für ätherische Öle. Da ihr Vater eine Arbeitserlaubnis für das Ausland hatte, hatte sie mehrere Jahre ihrer Kindheit in Marokko verbracht und kannte Frankreich. Sie wollte der Rose unbedingt zu neuem Auftrieb verhelfen, wobei sie genau wusste, dass das nur möglich wäre, indem man das bestehende System veränderte. An der Universität hatte sich die Polizei unauffällig an sie gewandt, um ihr eine Eliteausbildung vorzuschlagen. Sie hatte verstanden, dass dies der erste Schritt zu einer Karriere als Spionin wäre, und den Mut gehabt, abzulehnen. Ihr war bewusst, dass die Behörden sie seither im Auge hatten. Sie befürwortete entschieden eine Öffnung zum Westen, wartete auf eine günstige Gelegenheit, und unsere Begegnung kam genau zum rechten Augenblick. Während der Tagung hatte sie sich entgegen den Vorgaben dazu entschieden, mir die Wahrheit über die Rosenproduktion im Land zu sagen. Durch Vessela begriff ich, dass man die Produktion wieder ankurbeln konnte, wenn man nur die nötigen finanziellen Mittel dafür hatte. Als ich aus Bulgarien zurückkehrte, war ich überzeugt davon, dass man hier investieren und selbst Produzent werden sollte, möglichst als Erster. Doch eine ausländische Firma im Rosental war genau das, was die Bulgaren vor Ort nicht wollten.

Ich stellte Vessela ein. Und sie machte mich mit Nikolaï bekannt, einem sympathischen Diplom-Landwirt, der auf den Anbau von Rosen spezialisiert und natürlich arbeitslos war. Nikolaï redete nicht viel und trank vor dem Essen ein kleines Glas Rakija, das ihn entspannte und ihm Lust machte, über Rosen zu sprechen, ein Thema, über das er alles wusste – wo und wie sie anzupflanzen waren, die Böden, auf denen sie sich besonders wohlfühlten, die richtige Ausrichtung, die Anlage der Reihen im Hinblick auf den Wind. Vor allem hatte er Erfahrung, wie man die Ernte der Blüten mit mehreren Hundert Pflückern organisierte. Die beiden waren das perfekte Gespann: Nikolaï, der Techniker mit seinem wertvollen Wissen, mürrisch und besorgt, und Vessela, die unerschrockene Optimistin, die es verstand, alle zu motivieren und Hindernisse aus dem Weg zu räumen. Sie hatten als Jugendliche beide Tomaten, Paprika und Rosen gepflückt, als »Freiwillige« bei der kollektiven Ernte geholfen wie alle Oberschüler des Landes. Sie konnten es nicht mitansehen, dass die Rosenfelder nach und nach verwilderten. Gemeinsam pflanzten wir neue Rosen an, bauten eine Destillerie auf und produzierten Öl. Wir waren Komplizen, vereint durch den romantischen Ehrgeiz, die bulgarische Rose zu retten.

Die ersten Jahre waren ein echtes Abenteuer. 1995 kam es für Ausländer gar nicht infrage, eine Fabrik zu kaufen oder eine eigene Firma zu gründen. Die einzige Lösung: eine bereits existierende staatliche Destillerie zu mieten, die aus Geldmangel stillgelegt war. Nikolaï war unser Strohmann. So konnten wir das Destillieren planen, unter der Voraussetzung, dass wir genügend Rosen und eine Mannschaft mit versierten Leuten aus der Gegend für drei Wochen fanden. Wie erwartet, wurden wir stark ausgebremst. Im ersten Jahr verbot mir die Polizei den Zugang zur Destille, die wir gemietet hatten, weil ich aus dem Ausland kam – unter dem Vorwand, die bulgarische Technologie sei einzigartig und geheim. Um das Militärgeheimnis zu schützen, lösten sich zwei Polizisten am Eingang ab, und obwohl wir uns sympathisch waren, kam ich nicht in die Fabrik, während dort destilliert wurde. Die Destille, die wir ausfindig gemacht hatten, war seit fünf Jahren nicht mehr in Betrieb gewesen. Wir mussten die Hühner vertreiben und den Dampfkessel aus einer alten Lokomotive wieder aktivieren. Die Alembiks aus Kupfer hingegen halten ewig, und sie rochen noch ein wenig nach Rosen. Nikolaï war es gelungen, Rosen zu kaufen, die wir ernten konnten, und genügend Leute dafür anzuheuern, während Vessela mehrere erfahrene Destillateure davon überzeugt hatte, für uns zu arbeiten. Die meisten waren Frauen ohne Arbeit und Rücklagen, die sich nach den Zeiten sehnten, in denen die Produktion noch florierte. Sie gaben ihr Bestes, und so schafften wir es, zwanzig Kilo Öl herzustellen, ein unverhofftes Ergebnis. Die Pacht, die Anstellungen, alles lief auf Nikolaïs Namen, alles war bulgarisch. Die Ausfuhr des Öls nach Frankreich war sehr schwierig, aber Vessela vollbrachte wahre Wunder, und es klappte. Innerhalb des überschaubaren Kreises von Fachleuten schlug unsere Initiative ein wie eine Bombe. Wir hatten einen Keil ins Monopol getrieben, und alle ahnten, dass nichts mehr sein würde wie zuvor. Vessela erhielt Drohungen und war von Offiziellen aus dem beruflichen Umfeld als Volksverräterin angezeigt worden. Die Schikanen dauerten zwei oder drei Jahre an, bis die ersten Zeichen wirtschaftlicher Liberalisierung zutage traten und die Bulgaren ihren Platz in den neu entstehenden Firmen fanden und ihren Nutzen daraus zogen.

Im Laufe von fünf Jahren entwickelte sich das Land enorm, überall gründeten sich Privatunternehmen, um sofort alles zu kaufen, was der Staat veräußerte. Russische Mafiamethoden waren gang und gäbe in Bulgarien, aber der Rosensektor war zu klein, um Aufmerksamkeit und Begehrlichkeiten zu wecken. Eines Tages im Jahr 2000 besuchten wir eine Destille in einem kleinen Dorf, in dem vor allem Roma lebten, östlich von Kazanlak am Ufer der Tundscha, die durch das Rosental fließt. Ein wunderschöner Ort, wie man ihn nur auf dem Land in Bulgarien findet, ein Paradies aus Feldern und Wäldern mit Vögeln und einfachen blühenden Heckenrosen. Die Fabrik war natürlich vollkommen verlassen, aber es gab zehn große Alembiks und ein Haus im Schatten von Linden, Kirsch- und Nussbäumen. Darin lebten Hunderte Nachtigallen. Wir kauften das Anwesen und sanierten alles. Und die Nachtigallen fühlten sich weiterhin wohl und blieben. Sie begleiteten die Rosenernte, jedes Jahr im Mai und Juni.

Um eine Destille zu betreiben, braucht man Blüten, viele Blüten. Mindestens drei Tonnen Rosen für ein Kilo Öl. Mit anderen Worten: eine Million Rosenblüten, jede einzeln gepflückt. Ausschließlich von gekauften Blüten abhängig zu sein war kompliziert und risikobehaftet. Also pflanzten wir etwa einhundert Hektar Rosen an. Im Winter brauchten wir zwei- bis dreihundert Leute aus dem Dorf, die froh über ein wenig Arbeit waren. Es war kalt, und die Männer brachten eine Flasche Rakija mit. Viele alte Frauen arbeiteten hart, mit der Hacke bedeckten sie die Stecklinge mit Erde. Und die jungen Leute beluden Kipplaster mit Steinen. Nirgendwo sonst habe ich eine derart starke Verbundenheit mit der Erde bei jener Arbeit erlebt, die die Grundlage der Parfumherstellung ist. Uns war kalt, die Hände der Arbeiterinnen waren rot vom Wind der Balkanregion. Ich dachte an die drückende Hitze damals inmitten der Zistrosen, an die Männer und Frauen, die mühevoll alles für den unvergleichlichen Duft vorbereiteten. Die Stecklinge, die kaum aus der Erde ragten, würden vier oder fünf Monate später Blätter tragen und im darauffolgenden Jahr blühen. Viele der Arbeiter würden zur Ernte wiederkommen, manche von ihnen auch die Alembiks unserer Destille befüllen. Die bulgarischen Dörfer fernab der Städte lebten während dieser Jahre, in denen mit den staatlichen Subventionen auch die Arbeitsplätze im Arsenal verschwunden waren, in bitterer Armut. Das Pflücken der Rosen und die Kirschernte wurden wie alle Saisonbeschäftigungen mit Ungeduld erwartet.

Die Rosen auf unseren Feldern, Parzellen von fünfzehn bis zwanzig Hektar am sanften Hang des Tales, wuchsen. Ab dem zweiten Jahr blühten sie, im dritten waren die Sträucher mannshoch, und bald darauf begann das Pflücken. Damit wurden wir Teil der Geschichte des Rosentals. Es erstreckt sich über einhundert Kilometer und ist ein außergewöhnlicher Ort wegen seines leichten Bodens, seiner gemäßigten Höhe und vor allem wegen seines Klimas. Die Frühlingsnächte sind kühl und sorgen für Feuchtigkeit und Tau am Morgen, um die Knospen vor einem vorzeitigen Aufbrechen in der Sonne zu schützen.

Das Pflücken der Blüten ist normalerweise den Dörfern vorbehalten, die an die Felder grenzen. In vielen davon ist der Bevölkerungsanteil der Roma sehr hoch. Es gibt etwa eine Million Roma in Bulgarien, mehr als zehn Prozent der Bevölkerung – ein kompliziertes und heikles Thema. Die Roma leben am Rand der Gesellschaft, und die Frage, ob diese Situation gewollt ist oder erlitten wird, ist, in Bulgarien ebenso wie anderswo, Gegenstand einer endlosen Debatte. Die Mehrheit der Bevölkerung im Land betrachtet sich als von den Thrakern abstammende Slawen, sie mögen die Roma nicht und erkennen sie nicht als »Bulgaren« an. Die zahlreichen Roma-Gemeinschaften im Tal leben zum Großteil von der Ernte – Pilze, Kamille, saisonale Früchte und natürlich Rosen. Vor fünfundzwanzig Jahren war das Pflücken vor allem Sache der Dorfbewohner, insbesondere der Frauen, denen man nachsagte, sie seien bessere Pflückerinnen. Im Laufe der Zeit ging die Bevölkerung der Dörfer zurück, und heute sind es vor allem die Roma, die die Ernte gewährleisten. Man muss dafür früh aufstehen und von sechs Uhr bis zum Mittag arbeiten. Ein guter Rosenpflücker erntet fünfundvierzig Kilo an einem Vormittag, drei Säcke mit jeweils fünftausend Blüten, alle einzeln mit Daumen und Zeigefinger abgezupft. Ich erinnere mich noch, wie die Männer und Frauen jeglichen Alters beim Ernten plauderten und sangen. Eine Frau stimmte aus voller Brust ein herzzerreißendes

Lied an. Sie erzählte mir, dass sie aus Russland immigriert sei, ihr Gesang von der Wolga sei eine Erinnerung an ihre Heimat. Auch im Winter arbeite sie auf dem Feld, aber dann singe sie nicht wegen der Kälte, jetzt gerade singe sie für die Rosen. Die Roma ernteten gemeinsam in kleinen Gruppen, die jüngeren waren lustig, machten Witze, und die Mädchen setzten sich Kränze aus Rosen ins Haar. Am Ende der Reihen warteten die Karren darauf, beladen zu werden. Sie wurden von kleinen Pferden gezogen, die mit roten Pompons als Glücksbringer geschmückt waren. Darauf wurden die durchsichtigen Plastiksäcke gestapelt, in denen die Blüten sich nur langsam erwärmten. Je schneller sie in die Fabrik gelangten, desto besser für die Verarbeitung zu Öl.

Nikolaï hatte alles im Blick, was sich auf den Feldern abspielte, er war Ansprechpartner für mehrere Hundert Pflücker, musste die Teams organisieren und ihnen die Reihen zuweisen. Die Roma kamen oder kamen nicht, je nach Wetterlage. Wenn es regnete, waren alle unschlüssig: Die Arbeit war mühsam, aber die feuchten Blüten wogen deutlich mehr, und schließlich wurde man pro Kilo bezahlt. Wenn die Blüte auf dem Höhepunkt war, bot sich ein einzigartiger Anblick von Tausenden rosa Punkten, die sich in der Sonne öffneten, und die Organisation der Ernte war eine echte Herausforderung. Ab sieben Uhr morgens explodierten die Knospen förmlich und ergaben ein Blütenmeer, das unbedingt vor dem Abend geerntet werden musste. Am nächsten Tag wären die nicht gepflückten Rosen verblasst, die gelben Staubgefäße schwarz, und ein Großteil des Öls der frischen Blüte wäre in der Sonne verdunstet.

Alle drei Tage wurde der Lohn ausgezahlt, und jedes Feld hatte seinen eigenen Sammelpunkt zum Wiegen, nach Möglichkeit unter einem Nussbaum. Im Auto, das darunter parkte, lag viel Geld, und die unauffällig bewaffneten Wachen, die Nikolaï zur Bank begleitet hatten, hielten sich im Hintergrund. Es herrschte eine angespannte Stille, alle warteten, bis sie an der Reihe waren, hielten ihre Wiegemarke in der Hand und unterhielten sich mit gedämpfter Stimme. Nikolaï ließ die Hände der verantwortlichen Frauen nicht aus den Augen, die rasch die Geldbündel zählten.

Jedes Jahr um den zwanzigsten Mai begann in der Fabrik die Produktionsphase, und Vessela führte das Regime in der Destillerie. Sie hatte eine Mannschaft zusammengestellt, die drei Wochen lang Tag und Nacht arbeitete und vor Ort übernachtete. Jede Saison war wieder eine neue Herausforderung. Die Blüten mussten kontinuierlich angeliefert werden, es durfte keine Unterbrechung geben, es galt die Säcke vorzubereiten, um keine Zeit beim Befüllen der Alembiks zu verlieren. Während dieser Wochen ging es hektisch zu, die Fabrik glich einem Bienenstock, und Vessela war die Königin. Die Nachtigallen begleiteten diese Tage mit einer Choreografie wie im Zeitraffer, an Tagen mit guten Erträgen waren sie noch munterer und geschwätziger. Jeweils ein Destillateur war für eine Fließfertigung zuständig, also für vier miteinander verbundene Alembiks, die zu einer Kolonne führen. Die Kolonne ist das Herzstück der Produktion, und diese Position wurde mit erfahrenen Frauen besetzt, die stolz waren auf ihr Können, das sie in den staatlichen Betrieben vor deren

Schließung erworben hatten. Die Laster, die von den Feldern kamen, wurden abgeladen und die Säcke rund um die Alembiks aufgestapelt, fünfunddreißig Säcke, die für die nächste Befüllung bereitstanden. Wenn es so weit war, ließen junge Roma die Blüten in die Öffnung großer Kupfertöpfe rieseln. Die Alembiks qualmten, in der Fabrik roch es intensiv nach destillierten Rosen, eine Mischung aus floralen und würzigen Noten, beinahe pfeffrig. Das Öl roch heiß und neu und musste mehrere Wochen ruhen, um seine »gebrannte« Note abzulegen und seinen einzigartigen Duft zu entfalten.

Das Destillieren geschah am Tage und, falls noch Blüten übrig waren, zur Not die ganze Nacht hindurch. Auf dem Höhepunkt der Pflücksaison kamen so viele Blüten, dass die Kessel öfter befüllt oder die Destillationszeiten verkürzt werden mussten. Schwierige Entscheidungen, die Einfluss auf die Qualität hatten.

Jeden Morgen war es Zeit für die Zeremonie der Ölentnahme. Die Rohre der Destillationsanlagen führten zu einem großen Behälter, der Florentiner Vase, die Teil einer traditionellen Apparatur in der Parfumherstellung ist und mit deren Hilfe man das ätherische Öl, das auf dem Wasser schwimmt, abschöpfen kann. Die Florentiner Vase, der letzte Behälter für das kostbare Öl, war in einem abgetrennten Raum verborgen, in den ich mich für die Ölentnahme zusammen mit Vessela, Nikolaï und Nelly, die für den Destillationsprozess verantwortlich war, einschloss. Wir schöpften das destillierte Öl der letzten vierundzwanzig Stunden ab. Nelly stellte schweigend einen großen Krug unter den Hahn der Florentiner Vase. Um sicherzugehen, dass das Ventil des Hahnes, aus dem das Öl herausfloss, nicht angerührt worden war, war es mit einer Wachsversiegelung versehen, eine Methode, die auf das neunzehnte Jahrhundert zurückgeht. Wenige Minuten später erschien oben im Gefäß eine goldene Flüssigkeit und stieg in einem Glasrohr an. Die Anspannung war spürbar, jetzt zählte jedes Detail: die Farbe des Öls, hellgelb mit grünem Schimmer, die Klarheit, die selbstverständlich für die Qualität sprach. Während das ätherische Öl floss, erfüllte sein Duft den Raum, es war intensiv und stieg zu Kopf. Die Flüssigkeit ergoss sich langsam in den dickwandigen Glaskrug, den Nelly im Arm hielt. Keiner von uns wollte diese Zeremonie missen, denn sie war Teil der Geschichte der bulgarischen Rose, die sich hier täglich wiederholte, ein überaus besonderer Augenblick für alle Beteiligten, ebenso intensiv wie der Duft, der uns einhüllte. Seit langer Zeit die immer gleichen Gesten, dasselbe Ritual, dieselbe Stille. Wir füllten vier Liter Öl ab, alle hatten ein Lächeln auf dem Gesicht, der Tagesertrag war gut. Doch es ging vor allem darum, dass sich hier ein Kreis schloss, etwas Magisches zum Abschluss kam, das im Winter auf den Feldern mit dem Gedeihen der Blumen aus der Erde begonnen und sich mit dem Pflücken und der Destillation fortgesetzt hatte und nun mit der geheimnisvollen Verwandlung der Blüten in flüssiges Gold endete. Das Öl in Nellys Arm war so viel wert wie ein Goldbarren. Ein Goldbarren, der vier Millionen handgepflückte Rosen in sich trug.

Nach dem Abwiegen und der Filtrierung gelangte der neue Tagesertrag zu der bereits in einem gesicherten Raum eingelagerten Produktion. Die Termine für den Export am Saisonende wurden geheim gehalten. Die

Zehn-Liter-Aluminiumbehälter wurden an bestimmten Tagen, die niemand außer Vessela in der Fabrik kannte, zum Flughafen nach Sofia transportiert. Bei Sonnenaufgang wurde ein kleiner Laster beladen und machte sich, stets in Begleitung zweier bewaffneter Wächter, auf den Weg Richtung Flughafen. In den ersten Jahren war das Risiko so groß, dass wir manchmal auf Täuschungsmanöver zurückgriffen. Ein Wagen fuhr mit leeren Fässern los, und erst zwei Stunden später transportierte ein weiterer Wagen das wertvolle Gut.

Mitte Juni war die Saison beendet, während sich etwas weiter östlich die Lavendelfelder langsam blau färbten. Die ganze Belegschaft feierte das Ende der Ernte auf der Terrasse des Hauses, es gab bulgarischen Käse, Kirschen von unserem Baum und Erdbeeren aus dem benachbarten Dorf. Der Rakija machte die Runde. Nikolaï zog an seiner Zigarette. Er war vollkommen erschöpft und zugleich stolz. Die Roma, die nun mit dem Pflücken fertig waren, kamen auf ihrem Weg zum Angeln am Fluss eilig an der Fabrik vorbei und winkten. Es war unsere zehnte Erntesaison, Vessela erinnerte sich an die Anfänge mit der Polizei aus Kazanlak und an alles, was sich seither verändert hatte. Inzwischen, ein paar Jahre nach der Jahrtausendwende, war die bulgarische Rose wieder im Aufwind, überall im Tal gab es neue Anpflanzungen und sanierte oder neue Destillerien. Dank hoher EU-Subventionen wurde viel Geld investiert, und die neuen Produzenten passten zum verbreiteten Bild des Landes: Mafiosi, die Geld waschen wollten, große Baufirmen, die ans schnelle Geld glaubten, ehemalige Mitglieder staatlicher Betriebe, die in private Firmen umgewandelt wurden, aber auch junge, ambitionierte Unternehmer und ein paar Bulgaren, die mit echter Leidenschaft am Werk waren.

Ich bin mittlerweile nicht mehr Produzent, sondern Duftstoffeinkäufer. Jedes Mal, wenn ich in Bulgarien bin, schaue ich mir unsere Felder an und esse zusammen mit Vessela und Nikolaï. Außerdem besuche ich Filip, einen ehemaligen Konkurrenten, der nun einer meiner Lieferanten ist, ein passionierter Produzent, der das Erbe einer Familie weiterführt, die im Kleinen die große Geschichte der bulgarischen Rose erzählt. Filips Fabrik, die Destillerie Enio Bonchev, wurde 1909 in einem kleinen Dorf nahe Kazanlak gegründet und war damals die größte des Landes. Um auf die enorme Nachfrage der Parfümeure in Grasse zu reagieren, konzentrierte sich das Rosental damals auf große Firmen, die mit Alembiks mit hohem Fassungsvermögen und Dampfkesseln ausgestattet waren. Enio Bonchev war einer dieser Pioniere, und sein Unternehmen war erfolgreich, bis es 1947 vom neuen Regime verstaatlicht wurde. Die Fabrik wurde schon bald aufgegeben, aber der idyllische Ort verhalf ihr dazu, in ein Museum umgewandelt zu werden. Als ich Filip und seinen Vater Dimitre bei der Tagung 1994 kennenlernte, hatten die beiden gerade einen langwierigen Prozess zur Rückgabe gewonnen. Als einzige Vertreter einer laufenden Privatproduktion wurden sie von den Leitern der staatlichen Betriebe argwöhnisch beäugt.

Nachdem wir jahrelang Konkurrenten waren, sind wir nun Partner. Filip leitet das Familienunternehmen, das führend in seinem Bereich geworden ist, mit Enthusiasmus. Er hat den historischen Teil der Fabrik mit den Alembiks aus Kupfer unter den großen Bäumen bewahrt, von denen manche so alt sind wie das Gebäude selbst. Das kleine Museum zeigt schöne Bilder aus der glorreichen Zeit, und Filip hat weitere Fotos hinzugefügt, die die ausgebreiteten Rosenblüten abbilden, bevor sie an den Spitzenerntetagen destilliert werden. Filip sieht es als seine Aufgabe an, die Erinnerung wachzuhalten und Wissen weiterzugeben. Er verkauft zwei oder drei Gramm echtes Rosenöl in hübschen Holzfläschchen an Touristen, die vorbeikommen, und schimpft über all die synthetischen Produkte, die in Sofia als echtes Rosenöl verkauft werden. Als Vertreter einer jungen Generation von Herstellern natürlicher Produkte aus der ganzen Welt ist für ihn klar, dass man diejenigen, die betrügen und das Öl verdünnen, nicht hart genug verurteilen kann. Das Übel existiert schon lange, denn Rosenöl ist im wahrsten Sinne des Wortes Gold wert. Bereits vor 1900 mischte man Rosenöl mit billigem Geranienöl, und die Zeitungen schrieben damals über die Skandale, die man heute als »Verfälschung« ätherischer Öle bezeichnet. Betrug dieser Art ist nach wie vor verbreitet, und die Fortschritte in der Chemie machen es immer schwieriger, ihn aufzudecken. Bleibt nur eine wertvolle Waffe dagegen: das Vertrauen zwischen Produzent und Duftstoffeinkäufer.

Die Zeit vergeht langsam im Rosental, in dem sich landschaftlich innerhalb des letzten Jahrhunderts nicht viel verändert hat. Westliche Reisende schildern in ihren Berichten aus dem neunzehnten Jahrhundert das Entzücken, wenn man nach dem Überqueren des Schipkapasses das

Tal erblickt, hinabsteigt und zunächst das silbrige Band der Tundscha erscheint, dann das Dunkelgrün der Nussbäume, das zarte Grün der Rosenfelder und schließlich die Pflücker, die sich darin wie in einer Choreografie bewegen. Vessela und Nikolaï pflanzen nach wie vor Rosen an, und immer, wenn ich zu Besuch komme, schwelgen wir in Erinnerungen. So auch in dieser: Vor fünfzehn Jahren stießen wir auf ein interessantes Stück Land in Schipka, dem bekannten Dorf in der Nähe von Kazanlak. Hier hatten sich 1878 die letzten Kämpfe für die Befreiung Bulgariens zwischen den seit fünfhundert Jahren herrschenden türkischen Besatzern und den Russen zugetragen, die die bulgarischen Partisanen unterstützten. 1902 war eine beeindruckende orthodoxe Kirche gebaut worden, um an die gefallenen Soldaten zu erinnern. Sie beherrscht die Ebene, und ihre vergoldeten Zwiebeltürme ragen aus dem wunderschönen Wald hervor. Nikolaï fing damals an, den Boden zu bearbeiten, und die Vorstellung, hier am Fuße der Kirche Rosen anzupflanzen, gefiel uns sehr. An einem Wintermorgen, als wir zusammen durch die Reihen junger Stecklinge gingen, die gerade in die Erde gesetzt worden waren, wandte er sich mit dieser typisch bulgarisch-zurückhaltenden Ernsthaftigkeit zu mir um. Er sagte, er habe ein besonderes Geschenk für mich, und zog vier gleiche Knöpfe aus der Tasche. Er hatte sie in der Erde gefunden, nachdem die Trecker das Stück Land gepflügt hatten. Sie hatten russischen Soldaten gehört und mehr als vierhundert Jahre lang hier gelegen und gewartet.

Etwas später, Anfang Juni, mitten in der Ernte, fuhren Nikolaï und ich am frühen Morgen auf dieses Feld. Es war überwältigend – ein großer Hang oberhalb des Tales, ein Meer aus rosa Punkten, Knospen, die im Begriff waren aufzubrechen. Als die Sonnenstrahlen auf die Rosenstöcke trafen, erklang Vogelgezwitscher über dem Feld, zuerst vereinzelt, dann immer stärker. Der Gesang der Vögel war wie eine Ermutigung für die sich gerade öffnenden, noch taubedeckten und zum Pflücken bereiten Blüten. Es war atemberaubend, aber ich wunderte mich, dass ich gar keinen Vogel sah. Wir schwiegen einen Augenblick, bevor Nikolaï näher kam und mir zuflüsterte: »Das sind keine Vögel, die wir da hören. Es ist der Geist der gefallenen Soldaten, der da singt, damit man sie nicht vergisst.«

Die Schöne aus Kalabrien

Bergamotte aus Reggio Calabria

Die Bergamotte ist eine Frucht, die deutlich unterschätzt wird, obwohl das Öl aus ihrer Schale die Parfümerie bereits seit dreihundert Jahren bezaubert. Sie wächst im Herzen der Mittelmeerregion, an der Küste Kalabriens gegenüber von Sizilien, einem Landstrich, dessen Geschichte dreitausend Jahre zurückreicht und in den Epen von Homer verwurzelt ist.

Ich war zum ersten Mal vor zwanzig Jahren dorthin gefahren, an die Straße von Messina. Mein damals dreizehnjähriger Sohn hatte gerade die *Odyssee* gelesen und mir all die Prüfungen wieder ins Gedächtnis gerufen, denen Odysseus sich im Widerstreit mit Charybdis und Skylla unterziehen muss, den beiden unüberwindbaren Wächterinnen dieser Meerenge, die als Ungeheuer die Gefahren bei der Passage für die Seefahrt symbolisierten. Außerdem hatte er einen Wettkampf im Bogenschießen gewonnen und interessierte sich sehr für Telemachos, den Sohn des Bogenschützen Odysseus: Bulgarien, Marokko, Madagaskar – all die Reisen, die ich seit einiger Zeit unternahm, nährten seine Fantasie, und er sah mich als Abenteurer.

Weil ich nun an einen Ort fahren würde, der eine wichtige Rolle in der *Odyssee* spielt, suchten wir scherzhaft lauter Parallelen zu Homers Helden. Im echten Leben ging sein Odysseus-Vater auf Reisen, um über den Einkauf von Bergamotte- und Zitrusöl zu verhandeln, und würde eine Woche später wieder zu Hause sein.

In Kalabrien ist alles historisch aufgeladen. An erster Stelle steht die Familiengeschichte, und die ist hier verknüpft mit der Bergamotte. Der Mann, mit dem ich an einem Vormittag im Februar 2018 auf der Esplanade von Reggio Calabria, der Hauptstadt der Provinz, am Meer entlangspazierte, heißt Gianfranco und ist der wichtigste Produzent von Zitrusöl in der Region. Ich hatte ihn bereits zwanzig Jahre vorher kennengelernt, nachdem ich meinem Sohn alias »Telemachos« versprochen hatte, bald wieder zu Hause zu sein. Damals hatte Gianfranco mich zwar schon empfangen, aber sein Vater hatte die Geschicke der Fabrik noch mit strengem Blick begleitet. Nun wurde Gianfranco von den Menschen hier respektvoll »Dottore« genannt wegen seines Ingenieur-Diploms und seines Erfolges. Gianfranco stammt aus Reggio Calabria, er ist Italiener, Europäer und ein Charmeur, elegant, talentiert und ein gescheiter Geschäftsmann. Und selbstverständlich ist er ein Familienmensch. Er leitet das 1880 gegründete Unternehmen für Bergamotte-Öl in vierter Generation. Das Geschäft floriert, obwohl es nach wie vor in Familienbesitz ist. Gianfrancos größter Erfolg ist es, dass er seine beiden Zwillingssöhne, Anfang dreißig, mit in den Betrieb geholt hat: Die fünfte Generation steht also schon bereit, um die Nachfolge anzutreten. Die meisten

Produzenten in Kalabrien und auf Sizilien sind ebenfalls traditionsreiche Familienunternehmen mit renommierten Namen – Capua, Gatto, Corleone, Misitano, La Face – und ebenso vielen Geschichten von Zitronen, Mandarinen, Bergamotte und sogar Jasmin. Für Duftstoffeinkäufer von Naturprodukten ist ein Besuch bei den italienischen Produzenten im Winter während der Ernte ein Muss. Die Bergamotte ist etwas ganz Besonderes, das man mit eigenen Augen sehen sollte.

Gianfranco und ich kennen uns gut, er spricht perfekt Französisch, und wenn er Lust hat, verwandelt er sich in eine Figur aus einem Fellini-Film. Er versteht sich darauf, seine neue Ernte auf Anhieb zu verkaufen, allein durch Blicke, Worte und Gesten. Wenn ich ihn bitte, mir von der Bergamotte zu erzählen, beginnt er immer im Jahr 1908. Am achtundzwanzigsten Dezember jenes Jahres wurden die Stadt Reggio und Messina, die Nachbarstadt auf Sizilien gegenüber, durch eines der schlimmsten Erdbeben zerstört, die sich jemals in Europa ereigneten. Die heftige Erschütterung und der riesige darauf folgende Tsunami forderten die unvorstellbare Zahl von mindestens 83 000 Opfern und hinterließen eine völlig verwüstete Region. Unter den Vermissten waren auch die Urgroßeltern von Gianfranco, die das Unternehmen gegründet hatten. Das Drama erschütterte damals ganz Europa, das zu der Zeit noch nichts von der Tragödie ahnte, die es sechs Jahre später erleben würde.

Auch einhundert Jahre später schwang die Erinnerung daran in Reggio noch mit, die Zeit verging hier langsam. Die Stadt entlang der majestätischen Promenade am Meer, die beim Wiederaufbau entstanden war und die längste Italiens ist, hatte noch immer etwas Verschlafenes. Viele der riesigen Feigenbäume, die sie säumen, sind zweihundert Jahre alt und beeindruckende Überlebende des Tsunamis. Am unteren Ende des Stiefels von Italien gelegen, blickt Reggio Calabria auch heute noch hinüber nach Messina. Die Meerenge, die die beiden Städte voneinander trennt, ist lediglich drei Kilometer breit, doch das, was die Städte verbindet, ist tiefer als der Meeresarm. Gianfranco bestätigte das: Sie seien auf ewig in der Erinnerung an die unermessliche Tragödie vor mehr als einhundertzehn Jahren verbunden, die andernorts vergessen, aber hier nach wie vor präsent sei in der Erinnerung der Familien, auch in seiner.

Am Ende der Promenade schien in der Ferne der schneebedeckte Ätna aus dem Meer zu ragen. Auf Sizilien, am gegenüberliegenden Ufer, war der Vulkan ein Symbol für die Diskrepanz zwischen der unauffälligen Küste und der imposanten Insel. Reggio hinkte der wirtschaftlichen Entwicklung hinterher, es fehlte an touristischer Infrastruktur. Neidisch blickte die Stadt auf die Kreuzfahrtschiffe, die gegenüber in Messina vor Anker gingen, damit Tausende von Touristen die wunderbaren Sehenswürdigkeiten von Taormina sehen konnten. Doch auch wenn Reggio schlummerte, so war die Stadt dennoch stolz, denn sie wusste, dass sie einzigartig und unentbehrlich für die Parfumindustrie war. Reggio – die Hauptstadt der Bergamotte.

Als Bestandteil von Earl-Grey-Tee ist Bergamotte bekannter als die seltsame Frucht selbst, die ein wenig Ähnlichkeit mit der Zitrone hat und deren Schale ein ganz besonderes ätherisches Öl enthält. Mit seinem frischen, kräftigen, grünen, blumig-bitteren Aroma ist Bergamotte-Öl ein wahrer Schatz. Die Frucht entstand aus der Kreuzung einer Zitronenart mit der Bitterorange, der berühmten Pomeranze, aus deren Blüten das sogenannte Neroli-Öl gewonnen und aus deren Früchten Bitterorangenmarmelade hergestellt wird. Der Baum ähnelt Zitronen- und Orangenbäumen, und von Dezember bis Februar trägt er Früchte, deren Gelb weniger kräftig als das von Zitronen ist. Bergamotten haftet mit ihrer unregelmäßigen Größe und Form – mal sind sie rund, mal oval – etwas Ungebändigtes und Besonderes an, das vom bitteren Saft und dem feinen Duft ihrer Schale kündet. Sicher ist, dass sie ihre Existenz dem Kult der Araber rund um Zitrusfrüchte allgemein und der Orange im Besonderen verdankt. China ist die Heimat der Orange, und es waren die arabischen Eroberer des achten, neunten und zehnten Jahrhunderts, die die Pomeranze und mit ihr jegliche Sorte von Zitronen und Mandarinen bis nach Spanien brachten, weil sie die Kunst der Kreuzung beherrschten. Dabei wurde bei der Auslese vor allem auf den dekorativen Aspekt geachtet: den Duft der Blüten, die Form der Früchte und die leuchtenden Farben inmitten der dunklen, immergrünen Blätter. Die Bitterorange hat sich dabei zu einer der Lieblingsfrüchte entwickelt, denn der Duft ihrer Blüten ist besonders zart, und weil sie so robust ist, gedeiht sie in Gärten von Palästen und Moscheen ebenso wie am Straßenrand von Städten des Mittelmeerraums.

Wenngleich der Versuch, einen Zitronenzweig auf einen Bitterorangenstamm zu pfropfen, recht naheliegend schien, so blieb das Ergebnis doch lange Zeit geheim, vermutlich wegen der zurückhaltenden Farbe und des bitteren Geschmacks der Früchte. Man gab dem Neuankömmling den türkischen Namen *Bey armudi* (die Birne des Herrn). Und schließlich verhalf ein Ereignis in der Geschichte der Parfümerie im achtzehnten Jahrhundert der Bergamotte zu Aufschwung. 1709 entwickelte ein genialer Italiener, Giovanni Paolo Feminis, sein »Aqua Mirabilis«, das später Jean-Marie Farina verwendete und »Eau de Cologne« nannte. Damit begann die unvergleichliche Erfolgsgeschichte, die bereits dreihundert Jahre währt. Die Erfindung des Eau de Cologne ist eine Revolution und wird als Geburtsstunde der modernen Parfümerie betrachtet. Mit dieser raffinierten Mischung aus Essenzen von Gewürzpflanzen und Alkohol kamen frischer Duft und Parfum zur Körperpflege in Mode. Napoleon war verrückt danach, und seine Truppen sorgten dafür, dass es sich rasch verbreitete. Neben ätherischen Ölen aus der Provence, Thymian, Rosmarin und vor allem Lavendel, stand Bergamotte-Öl im Mittelpunkt. Zum ersten Mal spielte Bergamotte hier nicht nur wegen ihrer eigenen vollen Note eine Schlüsselrolle, sondern auch als Verstärker der anderen Essenzen. Aufgrund des großen Erfolges von Eau de Cologne wuchs auch die Nachfrage nach Bergamotte ständig.

Die ersten dokumentierten Anpflanzungen von Bergamotte in Kalabrien gehen auf das Jahr 1750 zurück. Seither sind sie auf einen schmalen Küstenstreifen begrenzt, der etwas nördlich von Reggio beginnt und auf derselben Höhe an der Küste des Ionischen Meeres endet. Außerhalb dieses historischen Bogens scheint der Baum sich gegen das Wachstum zu sträuben. Auf Sizilien wachsen Zitronen, aber Bergamotte gedeiht hier schlecht. Auch Versuche an anderen Anbauorten wie der Elfenbeinküste oder Argentinien waren nicht erfolgreich, vor allem im Hinblick auf die Qualität. So wächst Bergamotte fast ausschließlich in Kalabrien. Darauf ist die Region stolz und schmiedet Zukunftspläne.

Die Geschichte der Zitrusfrüchte in Süditalien, die mit der Bergamotte und der Bitterorange begann, erfuhr 1850 eine spektakuläre Wendung. Heute ist in Vergessenheit geraten, wie wichtig die Entdeckung der Vitamine in der Zitrone 1830 im Kampf gegen Skorbut war, die Geißel, die große Teile der Schiffsmannschaften dahinraffte. Sie sollte das Schicksal von Seefahrern auf der ganzen Welt verändern und eine neue Entwicklung des Seehandels ermöglichen. Die Nachfrage nach Zitronen war so groß, insbesondere für die amerikanischen Schiffe, dass Sizilien, als idealer Ort für den Anbau, sich innerhalb von zwei Jahrzehnten buchstäblich mit Zitronenbäumen eindeckte. Dabei entwickelte die Agrarindustrie neben den Frischfrüchten auch die Öle aus der Zitronenschale für die Parfümerie. Ab 1850 erlebte der Süden Italiens über beinahe einhundert Jahre ebenso wie die Parfümerie in Grasse ein Goldenes Zeitalter der Zitrusöle.

Die Kalabrier erzählen gerne diese Geschichte und wie man mehr als einhundert Jahre lang das gesamte Bergamotte-Öl per Hand herstellte mithilfe der berühmten Technik mit Schwamm und Bambus. Dabei saßen die Arbeiter vor einem Haufen halbierter Früchte und rieben die Schale einer halben Bergamotte-Frucht auf einem Bambusstab, der in einer Wanne lehnte, um das Öl heraustropfen zu lassen. In der anderen Hand hielten sie einen großen Naturschwamm, der sich mit Flüssigkeit vollsog und hinterher ausgepresst wurde, um sie aufzufangen. In den heutigen Fabriken beherrschen die Älteren diese uralte Technik noch immer. Einer von ihnen schlug mir einmal vor, mich selbst daran zu versuchen. Während mir der Saft über die Finger lief und der umwerfende Duft der Schale in die Nase stieg, probierte ich, das Ritual meines Nachbarn nachzuahmen, und gab mir Mühe, mit dem Schwamm das Öl aufzufangen, um nichts davon zu vergeuden. Man muss die Fotos vom Beginn des Jahrhunderts bei Gianfranco gesehen haben, auf denen fünfzig Männer und fünfzig Frauen zu sehen sind, die sich in einem großen Schuppen gegenübersitzen, derart aufgereiht, dass man unweigerlich an Henry Fords Fließbandarbeit denken muss, und die Schalen auf all die Schwämme pressen, die die wertvolle grüne Flüssigkeit aufsaugen und wieder freigeben. Eine technische Neuerung veränderte die Dinge nach und nach: Mitte des neunzehnten Jahrhunderts erfand Nicola Barilla eine Maschine zum Auspressen der Fruchtschalen mit dem schönen Namen »macchina calabrese« – kalabrische Maschine. Die prächtige Maschine mit Reiben aus Gusseisen, einem raffinierten Mechanismus und einer Kiste aus Kastanienholz setzte sich nach und nach als ideales Werkzeug in der Produktion durch und half dabei, in der Zeit zwischen den beiden Weltkriegen den wachsenden Bedarf an Öl zu decken.

Gianfranco erzählte sachlich von dieser Zeit, aber auch ein wenig nostalgisch. »Kalabrien war ein großes Produktionszentrum für die Parfümerie. Neben Bergamotte und Mandarinen gab es viel Jasmin von guter Qualität. Und aus unseren Orangenblüten wurde Neroli-Öl hergestellt, und zwar durchaus noch, als Grasse das längst eingestellt hatte.

Wir hatten den Vorteil, dass wir deutlich ärmer waren!« Inzwischen war alles anders. Kein Neroli-Öl mehr, und Jasmin wuchs nur noch auf wenigen Flächen, die Giorgio, ein anderer Ölproduzent, um jeden Preis erhalten wollte, als Andenken an seinen Vater. Familie eben. Der Süden Italiens stellte noch immer Zitronen-, Mandarinen-, Bitter- und Blutorangen- und natürlich Bergamotte-Öl her, doch das war zur Herausforderung geworden angesichts der Industriegiganten, die Zitrusfrüchte in Südamerika und den USA produzieren.

Orange, Zitrone, Limette, Pampelmuse – Zitrusöle sind das wichtigste Naturprodukt, das in der Duft- und Parfumindustrie verwendet wird. Das Öl der Süßorange aus Florida und vor allem Brasilien ist das mit Abstand meistproduzierte und ein Nebenprodukt der Orangensaftindustrie. Wenn der Saft aus den Früchten gepresst ist, werden die Schalen eingestochen oder destilliert, um daraus das ätherische Öl zu gewinnen. Die Produktion dieser Öle ist überhaupt nicht vergleichbar mit derjenigen der Spezialitäten aus Kalabrien. Die Plantagen mit Tausenden Hektar Orangenbäumen produzieren 50 000 Tonnen Öl pro Jahr, fünfhundert Mal so viel wie die Menge an Bergamotte-Öl, die in Kalabrien produziert wird! Bei den Zitronen ist Argentinien weltweit Marktführer, und das ätherische Öl aus Sizilien ist zu einem Nischenprodukt geworden, was sich auch auf die Qualität ausgewirkt hat. Die Konkurrenz für Zitrusfrüchte sitzt überall: in Mexiko, Südafrika, in der Türkei, in Indien und China, alle Welt will Frischfrüchte und pflanzt Bäume.

Gianfranco, der Kalabrese, verfolgte all das aufmerksam. Er hätte die Gelegenheit gehabt, Zitrusbäume in Lateinamerika anzupflanzen, hatte die Idee nach reiflicher Überlegung aber verworfen. Er war überzeugt, dass die Produkte aus Sizilien und Kalabrien alle Vorzüge besaßen, um sich zu behaupten und zu entwickeln, denn Schlüssel zum Erfolg waren Qualität, Innovationsgeist und Luxus. »Brasilien macht Nebenprodukte von Orangensaft, ich mache Parfum.« Aus seinem Mund war das mehr als ein Scherz. »Wir haben außergewöhnliche Früchte zu bieten, unser Boden und unser Wissen sind historisch, und die besten Parfümeure der Welt helfen uns dabei, immer besser zu werden. Jeden Winter kommen sie zu uns, um die neue Bergamotte- und Mandarinenernte zu riechen, denn sie wissen, dass sie einzigartig sind.«

Seit zehn Jahren gab es eine echte Rückbesinnung auf italienische Essenzen. Der Einsatz der kalabrischen und sizilianischen Produzenten im Hinblick auf die Ansprüche der heutigen Parfümerie hatte sich ausgezahlt. Mit ausgefeilten Geräten destillierten sie ihre Produkte auf immer feinere Art und Weise, um jegliche Kundschaft zu bedienen, von Limonadenmarken bis hin zu Luxusparfümeuren. Es war höchste Zeit, den Duftstoffeinkäufern wieder Vertrauen in die Bergamotte zu geben, die in immer schlechteren Ruf geraten war. Man konnte sich nicht auf bestimmte Mengen verlassen, auch die Preise und die Qualität ließen zu wünschen übrig, oft gab es synthetisierte Mischungen, die immer weniger mit dem reinen Produkt zu tun hatten. Die Verbreitung von mittelmäßigem Öl schmälerte schließlich die Begeisterung für die Bergamotte. Doch durch das Zusammenspiel der Bauern, die neue Plantagen anpflanzten, und der Produzenten, die auf die Authentizität der Produkte setzten, hat die Industrie den Markt zurückerobert, worüber sich alle, die in diesem Bereich arbeiten, freuen.

Die Saison neigte sich dem Ende, wir fuhren nach San Carlo, um uns die dortige Ernte anzusehen, ein kleines Dorf im Hinterland der Küste am südlichsten Punkt der Halbinsel. Kaum hatten wir Reggio Calabria hinter uns gelassen, erblickten wir überall in der Landschaft Obstplantagen mit Zitrusfrüchten, die in ihrer Vielfalt so hinreißend waren wie das ganze Land. Eine Reihe von Zitronenbäumen in den Höfen der Häuser unterhalb der Autobahn, kleine Gärten mit Mandarinenbäumen, Felder mit Bergamotte in allen erdenklichen Größen, junge und alte Bäume, klein und ordentlich aufgereiht oder zu hoch hinausgeschossen, weil der Eigentümer zu alt war, um sie zurückzuschneiden. Wir folgten der kleinen, steilen Straße, durchquerten das Dorf, begegneten Anhängern mit Früchten. Am Rande der Felder überall Kisten mit gelben Kugeln. Geerntet wurde mit der Familie oder mit Unterstützung von Erntehelfern aus Kalabrien oder dem Ausland, je nachdem. Die Anhänger mussten vierzig Kilometer bis zur Fabrik fahren. Alles hier mutete mediterran an, die Wäsche vor den Fenstern, die kleinen Felder, die sich über den Hügel erstreckten und bis zu den nahe gelegenen Bergen reichten, die Esel und Ziegen, die gelassen die gelben Senfblüten betrachteten, das leuchtend grüne Blattwerk vor dem blauen Himmel. Ich kratzte mit dem Fingernagel an der Schale einer Frucht, die eine grüne, frische Note verströmte, üppig und betörend: Wenn man sich eine Bergamotte unter die Nase hält, will man sie gar nicht mehr hergeben.

Die meisten Bauern aus San Carlo waren Mitglied im Consortio, der großen Kooperative, die Ende der Dreißigerjahre gegründet worden war, um bereits damals die Produktion anzukurbeln. Sie hatte die Zeiten überlebt, und auf Betreiben von Gianfranco war sie die treibende Kraft dabei, neue Wege zu gehen. Eintausendzweihundert Hektar Bergamotte gehörten zur Produktion, und der Ertrag war inzwischen so gut, dass es noch vierhundert Hektar neue Plantagen gab.

Die Fabrik von Gianfranco lag ganz in der Nähe von Reggio, in den historischen Gebäuden des Consortio, dort, wo das Öl vor dem Krieg noch per Hand produziert wurde. In den großen Schuppen näherte sich ein Meer aus Früchten auf Transportbändern langsam den Maschinen aus Edelstahl mit so geheimnisvollen Namen wie *pelatrice* oder *sfumatrice.* Die Früchte wurden angepikst, abgerieben, halbiert und ausgepresst, wobei Saft und ätherisches Öl getrennt wurden. Die Essenz wurde zunächst zentrifugiert, um das Wasser abzuscheiden, anschließend dekantiert und zum Schluss filtriert. Das grünliche Bergamotte-Öl erfüllte das Labor mit seinem Duft. Jede Charge wurde analysiert, bevor sie mit den vorherigen gemischt werden konnte. Die Zwillinge Giandomenico und Rocco, die die fünfte Generation vertraten, zeigten mir die Neuerungen in der Fabrik. Sie hatten den Charme und die Leidenschaft von ihrem Vater geerbt. Wir sprachen über Rückverfolgbarkeit, Sicherheit, technischen Fortschritt – das Vokabular zeitgemäßer Industrie, über Investitionen und Modernität. Sie waren stolz, mir die brandneuen, funkelnden Zentrifugen zu zeigen, die fünfmal so leistungsstark waren wie das Modell, das ihr Vater angeschafft hatte. Die Fabrik wurde zu klein, das Unternehmen sollte umziehen, um die Kapazität zu verdoppeln, an eine neue Produktionsstätte mit Blick aufs Meer.

Der schöne Ort, der gute Ruf des Öls und die talentierten Produzenten, all das zog Besucher an. Üblicherweise kamen die Einkäufer aus den Industrieunternehmen nach Kalabrien, um mit Gianfranco und seinen Konkurrenten zu verhandeln. Seit einigen Jahren strömten Parfümeure hierher ebenso wie Marketingchefs und Journalisten, die auf schöne Bilder aus waren. Außerdem zogen die Transparenz und Vorbildlichkeit der Branche Leute an, die sich für Nachhaltigkeit interessierten.

Als wir nach einem Spaziergang durch die alten mosaikartig angelegten Obstgärten am Meer zurück in Reggio waren, führte ich mit Gianfranco und einem seiner Söhne das Einkaufsgespräch. Bei der Bergamotte waren wir uns einig, bei der Zitrone schlugen die Wellen höher. Vater und Sohn wollten mich von der außerordentlichen Qualität des Öls überzeugen, das sie uns noch nicht verkauften. Der Einkäufer in mir war vorsichtig, als Zuschauer war ich hingerissen. Alle beide redeten, diskutierten lebhaft und spielten sich die Argumente gegenseitig wie Bälle zu, um mich zu überzeugen. Es wurde geschnuppert, an den Früchten gerieben, ein Blick auf die Analysen geworfen, die beiden standen auf und setzten sich wieder, bewegten sich im Gleichklang. Sie waren leidenschaftlich und überzeugend, abwechselnd Bauer und Chemiker, und genau darum waren sie für mich die wahren Erben des Eau de Cologne. Ich entschied mich, Proben mit zurückzunehmen, die Dinge waren auf einen guten Weg gebracht.

An jenem Abend stiegen Gianfranco und ich auf die Fähre, um gegenüber in Taormina zu essen. Er erzählte mir von dem Brückenprojekt von Messina, und wir kamen auf Homer und die *Odyssee* zu sprechen. Zwanzig Jahre zuvor hatte ich vor meiner Abfahrt unbedingt noch den Ort besichtigen wollen, der an Odysseus erinnerte. Ich war damals zum Eingang der Meerenge nördlich von Reggio gefahren, um den Felsen zu sehen, der das Dorf Scilla überragt – noch genauso furchterregend wie in der *Odyssee*. Die Höhle des Monsters mit den zwölf Köpfen war deutlich im Felsen zu erkennen gewesen. Indem Homer Odysseus durch Charybdis bei Scilla Schiffbruch erleiden lässt, wandelt er auf geniale Weise die tatsächlichen Naturgewalten, denen die Küstenbewohner ebenso wie die Seeleute seit jeher ausgesetzt sind, in Mythen um. Der Meeresarm ist so eng und so tief, dass die Seefahrer sich vor Sizilien noch immer beeindruckenden Stürmen und vor Scilla gewaltigen Strömungen stellen müssen.

Die Idee einer Brücke, die Kalabrien mit Sizilien verbindet, wirkte auf einer Karte durchaus verlockend und hatte seit langer Zeit ebenso viele Befürworter wie Gegner. Es hatte ein Großprojekt für eine Hängebrücke gegeben, die einzige technisch mögliche Lösung angesichts der Wassertiefe. Mit mehr als drei Kilometern Länge wäre es die Hängebrücke mit der längsten Fahrbahn der Welt gewesen. Vor zehn Jahren wäre die Brücke beinahe gebaut worden, bevor das Projekt aus Kosten- und politischen Gründen fallen gelassen worden war, erklärte mir Gianfranco mit einem vielsagenden Lächeln.

Beiderseits der Meerenge ohne Brücke waren Sizilien und Kalabrien gleichzeitig rivalisierend und solidarisch.

Auf der Fähre begegneten sich die Ladungen mit Zitronen und mit Bergamotte, und in den Fabriken an beiden Ufern waren die Reiben und Pressen in Betrieb. Was Kalabrien anging, so wollte man hier weiterhin Bergamotte anpflanzen, ernten und Öl daraus gewinnen. Genau hier. Reggio wollte weiterhin im Schatten der großen Feigenbäume an seiner Geschichte und seinen Obstgärten festhalten und darauf vertrauen, dass immer mehr Touristen von Messina übersetzen, um die Schöne von Kalabrien zu entdecken.

Während der kurzen Überfahrt von Reggio nach Messina mischten sich verschiedene Eindrücke in mir: Ich hatte Bilder von Odysseus auf seinem Schiff vor Augen, vom Erdbeben 1908 und vom Auspressen der Bergamotte mit dem Schwamm. Lauter historische Mosaiksteinchen trafen aufeinander, die Gianfranco als Produzent von Bergamotte bewahrte und weitergab. Ich saß ihm gegenüber und wollte mir gerne diese Brücke vorstellen, die, befreit von Homers Ungeheuern, endlich die alten Wunden überwand und die beiden Städte verband und Menschen, Obstgärten und Früchte mit Blick auf eine gemeinsame Zukunft versöhnte.

Der Maître Parfumeur und die weiße Blume

Jasmin – von Grasse bis nach Ägypten

»Ich will die besten Naturprodukte der Welt machen, und dafür brauche ich den besten Riechstoffeinkäufer aus der Branche. Das bist du.« Mit diesen Worten schlug Jacques mir vor, zu ihm in das große Parfumunternehmen zu wechseln, in dem er als Maître Parfumeur tätig war, wobei er mir ganz direkt und schmeichelnd in die Augen blickte. Das war 2009. Ich war seit mehr als zwanzig Jahren in den Landes und musste keine zehn Minuten überlegen, um zu wissen, dass ich sein Angebot annehmen würde. Jacques war ein Star in der Parfumindustrie, und sein Titel, der von den Parfumherstellern nur an eine Handvoll Auserwählter verliehen wurde, galt als angesehene Visitenkarte. Er war damit für eine erfolgsgekrönte Karriere für Marken wie Issey Miyake, Jean Paul Gaultier und Stella McCartney ausgezeichnet worden. Die Maîtres Parfumeurs stehen an der Spitze der Luxusparfümerie, einige von ihnen haben die berühmtesten Düfte der letzten zwanzig, dreißig Jahre kreiert. Sie sind auf dem Gipfel eines Berufes angelangt, auf dem sich Kunst, Handwerk und harte Arbeit miteinander verbinden. Ein Beruf, zu dem Inspiration und Unberechenbarkeit gehören, Leidenschaft und ein Hauch von Magie. Wir kannten uns seit zehn Jahren. Als Produzent und Duftstoffeinkäufer war es mein Bestreben, ihm Produkte anzubieten, die ich an ganz besonderen Orten entdeckt hatte. Die Gelegenheit bot sich nur selten, man musste sie ergreifen und überzeugen. Jacques machte immer schnell die schönsten Proben aus und war sehr genau in seiner Beurteilung, kompromisslos in seinen Kommentaren und immer auf der Suche nach einer neuen olfaktorischen Facette. Er war herzlich und neugierig und wollte immer, dass ich ihm von meinen Reisen erzählte. Er merkte dann stets an: »Das muss ich unbedingt sehen!« Er mochte gerne Geschichten darüber hören, woher die Rohstoffe kamen, und wir verstanden uns gut. Wegen seiner Begeisterung für Naturprodukte, seines Ansehens und seiner Ausstrahlung kümmerte er sich um das innovative Labor, das das Unternehmen in seiner Heimatstadt Grasse aufbaute. So arbeiteten wir mehr als drei Jahre lang zusammen, und manchmal fuhren wir gemeinsam an die Ursprungsorte der Pflanzen, die er besonders schätzte. Jacques hatte eine besondere Schwäche für Jasmin, und wir begaben uns gemeinsam auf Spurensuche, was für mich wie eine Initiation war. Den Weg eines Naturproduktes zu verfolgen – von den Feldern über die Hände der Pflücker bis in die Fabriken – und mitzuerleben, was ein großer Parfümeur empfindet und auswählt, das sind ganz besondere Erfahrungen, die meinen Beruf mit Sinn erfüllen. Ich habe selbst Jasmin angefasst, gesammelt, gerochen und mir angehört, was Jacques mir über diese Pflanze erzählte, habe mich auf seine

Begeisterung, seine Erinnerungen und seine Vorurteile eingelassen und erfahren, welcher Weg ihn in den geheimen Garten seiner Duftformeln führte.

Der Duft von Jasminblüten ist für mich von absoluter Schönheit. Wenn er in unser Gehirn strömt, löst er sofort ein Glücksgefühl aus. Narkotisch und betörend, vertraut und unbekannt zugleich, erregt Jasmin uns und beschwört zarte mediterrane Gärten herauf, zu denen sich berauschende, exotische, fast animalische Noten mischen. In der Parfümerie war Jasmin lange Zeit eng mit Grasse verbunden, der Stadt, die auch weiterhin gerne die Welthauptstadt des Parfums sein möchte. Inmitten des intensiven Lavendelblaus der Provence ragt sie über dem vom Jasmin gesäumten Mittelmeer auf.

Oberhalb von Grasse und Cannes liegt das Dorf Cabris, ein prächtiger Aussichtspunkt, von dem aus man bei klarem Wetter Korsika sehen kann. Von hier stammt Jacques, hier steht sein Haus, hier ist sein Bezugspunkt. Seine Familie lebt seit Generationen in Cabris, sein Urgroßvater war Bürgermeister des Dorfes, sein Großvater und sein Vater waren bereits vor ihm in der Parfumindustrie tätig.

Im Sommer 2010 zeigte er mir, während wir durch seinen Garten spazierten, seine Rosen und Tuberosen zwischen den Olivenbäumen und einen Streifen Lavendel neben einer schnurgeraden Reihe Jasmin. Er pflückte ein paar Blüten, hübsche, zarte weiße Sterne mit fünf Blütenblättern, und legte sie in die Hand, um sie sich mit geschlossenen Augen unter die Nase zu halten. Eine Weile schwieg er. Dann ließ er mich daran riechen und sagte sanft: »Ich würde dich gerne einmal begleiten, um exotischen Jasmin zu sehen. Aber er wird nirgendwo besser duften können. Der Jasmin von hier ist unvergleichlich.« Er kniff die dunklen Augen zusammen und schaute mich mit dem Kinderlächeln an, das er sich bewahrt hat. »Riech mal diese Fülle, diese Tiefe, diese Vielfalt! Grün und animalisch, ein wunderbares Gleichgewicht. Außerdem verfeinert er die anderen Naturstoffe, die Teil der Formel sind.« Für Jacques war Jasmin das Symbol für die Vorrangstellung von Grasse in der Parfümerie. An diesem Nachmittag gewährte er mir einen Blick in seine Welt, in der Familienkultur und persönliche Erfahrung zusammenkamen. Er erzählte die Geschichte, als hätte er sie selbst erlebt seit mehr als einhundert Jahren. Indem er über den Jasmin sprach, sprach er auch von seiner Familie, von Bewunderung und Anerkennung. Und darüber, was ihn daran bewegte.

Der Echte Jasmin mit den großen Blüten, *Jasminum grandiflorum*, stammt aus Nordindien und wurde von den Arabern in den 1650er-Jahren nach Spanien, Italien und Frankreich gebracht. Er verbreitete sich im gesamten Mittelmeerraum und gelangte auch in Grasse schnell zu Erfolg, was fünfzehn Hektar Gartenflächen mit Jasmin seit dem siebzehnten Jahrhundert bestätigen. 1860, als die Parfumunternehmen begannen, sich auch in den Kolonien niederzulassen, ließen sich durch den Bau des Canal de la Siagne Hunderte Hektar bewässern, und der Jasmin begann seinen Siegeszug. 1900 wurden zweihundert Tonnen Blüten geerntet, 1905 bereits sechshundert Tonnen. Der Höhepunkt wurde 1930 mit einer sagenhaften Menge von eintausendachthundert Tonnen erreicht. Zwischen Juli und Oktober erntete damals eine ganze Armee von Pflückern täglich 20 000 Blüten pro Person. Die Arbeit begann zwischen vier und fünf Uhr morgens, denn die Jasminblüten öffnen sich nachts und sind am besten, bevor sie die Sonne erblickt haben. Es war eine für das damalige Landleben typische Arbeit, vor allem anstrengend, aber manchmal auch beschwingt, wie folgende Worte einer Pflückerin unterstreichen: »Die Ernte wurde oftmals von Italienern verrichtet. Von Familien aus Kalabrien mit ihren Kindern, die natürlich auch mitarbeiteten. Sie wurden in kleinen Hütten untergebracht, und die Bauern gaben ihnen Gemüse. Die Stimmung inmitten der Jasminsträucher war fröhlich: Die Pflückerinnen sangen im Wechsel, manchmal durfte man ein Solo singen oder im Duett. Die Italiener hatten Schwung, sie waren sehr beliebt.«[2]

Jasmin lässt sich nicht destillieren, der Ertrag an Öl ist zu gering, sein einzigartiger Duft muss durch »Extraktion« eingefangen werden. Das wurde lange Zeit mithilfe eines uralten Verfahrens namens *Enfleurage* gemacht. Dabei bestreicht man Glasplatten mit einer Fettschicht und legt anschließend Blüten darauf, die ein bis zwei Tage dort belassen werden, bis das Fett vom Duft gesättigt ist. Anschließend wird es abgestrichen, und die Platten werden in Alkohol ausgewaschen, bis ein Konzentrat entsteht, das »Absolue«. Diese anspruchsvollen Aufgaben wurden von Hunderten Arbeitern erledigt, die innerhalb der Hierarchie in der Fabrik als etwas Besonderes galten.

Das Jasmin-Absolue setzte sich schon sehr früh als eines der Hauptprodukte in der Parfümerie durch, ein herrlicher Duft, der bis in die Fünfzigerjahre immer gefragter

2 *Souvenirs* von Simone Righetti, September 2005.

war. Ende des neunzehnten Jahrhunderts begann man damit, das Fett durch effizientere Lösungsmittel wie Benzol oder Hexan zu ersetzen, eine Methode, die heute überall zur Produktion von Jasminextrakt angewendet wird.

Die heutige Methode besitzt nicht mehr den Zauber und die Schönheit der Enfleurage, und bei dem Gedanken an das historische Verfahren geriet Jacques in Begeisterung. »Das war etwas Fantastisches, ich hätte wirklich Lust, das wieder anzuwenden. Man muss den Grundgedanken beibehalten und ihn modernisieren.«

Die Geschichte des Jasmins ist nicht von der der Parfümerie in Grasse zu trennen. Die Rekordernte von 1930 war der Glanzpunkt der Naturprodukte in der Parfümerie. Die ortsansässigen Unternehmen waren einflussreich und renommiert und hatten den Anbau von Blumen rund um die Stadt in der gesamten Region erweitert. Blühende Orangenbäume bedeckten die terrassierten Hügel der Umgebung bis nach Vence und Bar-sur-Loup, und es waren große Lavendel-Destillerien in der Haute-Provence entstanden. Orangenblüten, Lavendel und Jasmin spielten über zwei Jahrhunderte hinweg die Hauptrollen. In der zweiten Hälfte des neunzehnten Jahrhunderts erlebte die Parfümerie noch einmal einen Aufschwung: Mehrere Unternehmen folgten der französischen Armee in die Kolonien und versuchten, sich in den Ländern anzusiedeln, in denen gute Anbaubedingungen herrschten, vor allem in den Tropen. Der Jasmin war Teil dieses Abenteuers, wobei es ihn weit weg von Grasse verschlug, zunächst nach Süden, dann nach Osten.

Das Unternehmen Chiris war das Flaggschiff dieser

Geschichte. Im Laufe von siebzig Jahren erschufen Léon Chiris und später sein Sohn Georges ein weltweites Netz aus Kontoren, Fabriken und Anbaugebieten, das Spuren hinterließ und dessen Ausmaß beeindruckend war: große Plantagen und Extraktionsfabriken in Boufarik in Algerien, eine Produktion in Guyana, im Kongo, auf Madagaskar und den Komoren sowie in Indochina, Anpflanzungen in Norditalien, in Kalabrien und in Bulgarien bis nach China. Chiris benötigte große Mengen an Gewürzen, Essenzen und Extrakten. Das Unternehmen war zweifellos das erste, das verstanden hatte, wie wichtig es für den Erfolg der Parfums war, am Ursprungsort zu ernten, zu pflanzen und zu destillieren. Rosenholz, Ylang-Ylang, Vetiver, Benzoe, Rosengeranie, Vanille, Zitronengras, Moschus – all diese Produkte verwiesen auf Grasse. Seit den Dreißigerjahren wurde Jasmin in Kalabrien, in Marokko und Algerien angebaut und extrahiert, eine wichtige Ergänzung zur Produktion in seiner Heimat. Von dieser Zeit sind heute lediglich noch ein paar Hektar in Marokko übrig sowie ein einziges Feld in Kalabrien, die Produktion in Algerien kam Ende der Siebzigerjahre komplett zum Erliegen. Die göttliche weiße Blume zog weiter, zunächst nach Ägypten, dreißig Jahre später nach Indien.

Ein faszinierendes Buch, *L'Âge d'or de la parfumerie à Grasse* (*Das goldene Zeitalter der Parfümerie in Grasse*)[3], erinnert anhand von Fotos an die glorreiche Geschichte von Chiris. Manche Bilder vermitteln eher den Geruch von Staub und Schweiß als den von Parfum, wie die Ab-

3 *L'Âge d'or de la parfumerie à Grasse* von Éliane Perrin, Édisud, 1987.

bildung kongolesischer Arbeiter, die einen Vorarbeiter mit Tropenhelm in einer Sänfte durch die Zitronengrasplantagen tragen, die schonungslos zeigt, worauf sich die Kolonialwelt gründete.

Bei der Kolonialausstellung 1931 empfing Georges Chiris mehrere Staatschefs, als Grundherr genoss er politische Unterstützung von höchster Stelle.

Die Konsequenzen aus der Krise von 1929, der Zweite Weltkrieg und das Ende des französischen Kolonialreichs versetzten dem strahlenden Grasse einen Schlag, von dem sich die ortsansässige Industrie nie wieder richtig erholte.

Ich lernte Jasmin auf Plantagen und in Betrieben in Ägypten und Indien kennen. Ich kaufte dort Extrakte ein, die Jacques in seinen Kompositionen verwendete. Und einmal fuhren wir im September zusammen ins Nildelta, um dem Jasmin am Ende des Mittelmeers einen Besuch abzustatten.

Einer der drei großen Jasminproduzenten in Ägypten war Sayed, Maschinenbauingenieur und Universitätsprofessor in Kairo, der sich brennend für die Vergangenheit und Zukunft seines Landes interessierte. Er war nicht mehr ganz jung, strahlte Stolz aus und hatte einen intensiven Blick. Mit seiner Herzlichkeit und Scheu, seiner Entschlossenheit und Neugier hatte Sayed vieles mit Jacques gemein. Der Produzent und der Parfümeur, beide starke Persönlichkeiten, waren sich in Grasse schon einmal begegnet und sympathisch gewesen, und Sayed hatte mich gebeten, Jacques einmal mit nach Ägypten zu bringen.

Nachdem die ersten Unternehmen vor dem Krieg versucht hatten, sich in Ägypten anzusiedeln, lief die erste

Extraktionsanlage dort um 1950 an. Doch als Nasser an die Macht kam, wurden durch Verstaatlichungen und Agrarreform die Anpflanzungen zerstört, und die Fabriken standen still. 1970 veränderte sich die Lage erneut, und der Vater von Sayed wurde ermutigt, in eine Fabrik zu investieren und Jasmin anzupflanzen. Er war Teil des staatlich geförderten Aufbauprogramms für exportfähige ägyptische Produkte, die als Tauschobjekt dienten, um die aus der UdSSR gelieferten Waffen zu bezahlen. Jasmin-Concrète wurde ebenso wie Möbel und Schuhe aus der Region Teil eines erstaunlichen Tauschhandels: Blumen gegen Waffen! Die Tauschgeschäfte waren Grundlage des Handels und führten sogar dazu, dass die minderwertige sowjetische Seife mit echtem Jasmin parfümiert wurde, was dreißig Jahre später noch immer für Gelächter bei unserem ägyptischen Freund sorgte: War den Russen überhaupt bewusst, wie absurd dieser Luxus war?

Mitten im Delta, drei Autostunden von Kairo entfernt, war die Landschaft ganz flach, die Dörfer mit Backsteinhäusern, die nie fertig wurden, waren von Feldern und Kanälen umgeben – das Nilwasser war hier ein wahrer Segen. Überall sah man Bauern, Männer ganz in Weiß und bunt gekleidete Frauen sowie Scharen von Kindern, die ihre Eltern auf die Felder begleiteten oder auf unebenem Brachland Ball spielten. Egal ob mit aufgepumptem oder plattem Ball, mit einer Kugel aus Stofffetzen oder einem Bündel aus Plastiktüten, überall auf der Welt spielen Kinder auf Brachflächen Ball. Von Madagaskar bis Guatemala, von Haiti bis Marokko, in allen armen Ländern spielen die Kinder und lachen.

Das Gelb des Strohs kontrastierte mit dem Schwarz der Erde. Über eine Palmenallee am Rande einer Plantage mit Rosengeranien und Orangenbäumen gelangten wir zum Hof von Sayed. In der Mitte des Anwesens stand ein großes rotes Haus mit einer Dachterrasse, von der aus man alle Anpflanzungen sehen konnte. Die Jasminbüsche auf den Feldern waren wunderschön, üppig und mit Blüten übersät. Die sagenumwobene Fruchtbarkeit des Bodens, die mit dem Wasser vom Nil und der Sonne zusammenhängt, sorgte für spektakuläre Ergebnisse. Große Blüten, Rekordernten und ein sehr schönes Erzeugnis: ein sonnengetränktes, fruchtiges, tiefes, genussvolles, geradezu sinnliches Absolue. Es war neun Uhr morgens und schon heiß. Dutzende Sammlerinnen jeglichen Alters arbeiteten bereits seit vier Uhr und brachten nach und nach Körbe zum Wiegen. Es lag Aufregung in der Luft, die Nachricht, dass ein großer Parfümeur vor Ort war, hatte die Runde auf dem Hof gemacht. Sayed baute auch Rosengeranien und Veilchen zum Extrahieren an, außerdem hatte er begonnen, Neroli-Öl zu destillieren, die Essenz aus seinen Bitterorangen. Sein Besucher wollte alles sehen, was derzeit produziert wurde, an allem riechen und verstehen, welchen Einfluss die Tageszeit beim Pflücken der Blüten auf die Qualität des Jasmin-Absolue hatte. Er wollte sich von der Arbeitsweise inspirieren lassen für seine Teams in Grasse und auf neue Ideen kommen, um die Palette der Parfümeure zu erweitern. Am Rande eines großen Feldes saßen wir wie die Könige auf hübschen Weidenstühlen rund um die Waage, auf der die Blüten gewogen wurden. Jacques betrachtete alle Körbe und steckte den Kopf hinein. Die Frauen lachten. In der Warteschlange vor der Waage ging es fröhlich und munter zu, die Körbe der bunt gekleideten Frauen quollen über vor Jasmin. Sayed gab laute Anweisungen – ein Pharao auf seiner Plantage. Und die weiße, berauschende Blüte zeigte ihre Wirkung: Jacques war fasziniert und enthusiastisch. »Jasmin, Rosengeranien, Orangenblüten, Veilchen – Ägypten ist wie Grasse vor fünfzig Jahren, weißt du? Vielleicht sollte man sich hier einen Hof zulegen …«, sagte er etwas später nachdenklich.

Abends, als wir zurück in Kairo waren, lud Sayed uns zu einer Wasserpfeife am Nilufer ein. Während der Rauch uns um die Nase wehte, ließ er uns an seinen klaren Positionen teilhaben: zu den enormen Herausforderungen im Bildungsbereich, zu den wirtschaftlichen Möglichkeiten und politischen Versäumnissen und zu der Einschätzung, dass es einen Pharao brauche, um das Land zu regieren. Unseren Gedanken und Überlegungen aus westlicher Perspektive widersprach er mit zahlreichen Argumenten. Ich mochte seine Intelligenz und Offenherzigkeit und nahm noch einen Zug von der Wasserpfeife.

Nach drei gemeinsamen Tagen sprachen wir über die Zukunft und eine langfristige Partnerschaft. Für ein paar Stunden war der Parfümeur aus Grasse zum Ägypter geworden. »Und, Jacques, wo wächst nun Echter Jasmin, bei dir zu Hause oder in Ägypten?« Er tat, als wäre er erstaunt über meine Frage. »Man braucht natürlich beides! Finesse und Genuss. Eine edle Kombination, die etwas Wunderbares, Besonderes ergibt, wenn man weiß, wie es geht!«

Beim Abschied fragte Sayed mich noch nach der Jasminproduktion in Indien, dem anderen großen Anbieter und gefährlichen Konkurrenten. Ich wusste, dass er besorgt war. Er hatte den Einstieg der Inder in die Produktion miterlebt, die Weiterentwicklung ihrer Extrakte und den immer stärkeren Konkurrenzdruck. Ägypten und Indien – zwei Länder mit durchaus unterschiedlichen Produkten, auch wenn die Methoden inzwischen vergleichbar waren. Die meisten Duftstoffeinkäufer versorgten sich in beiden Ländern. Ich hatte nicht den Mut, ihm zu sagen, dass ich im Begriff war, nach Indien zu fahren, weil mir eine Kooperation mit unserem dortigen Partner vorschwebte. Das sollte unser Geschäft mit Sayed nicht bedrohen, konnte aber Indien den Vorrang geben.

Es ist nie leicht, zwischen zwei Produktionsländern zu vermitteln, die die gleichen Pflanzenextrakte herstellen. Die Vernunft muss über das Gefühl siegen, selbstverständlich, aber bei der Arbeit mit Naturprodukten spielt immer auch das Menschliche in die Entscheidungen und Strategien hinein.

Jacques hatte nicht genügend Zeit, um die Idee von einem Bauernhof in Ägypten genauer zu verfolgen oder mich nach Indien zu begleiten. Ein paar Monate nach unserer Reise wechselte er zur weltweit wichtigsten Luxusmarke. Er konnte seinen Stolz kaum verbergen, als er mir anvertraute, was der Konzernchef ihm gesagt hatte, und ich konnte es mir ohnehin denken: »Ich will die besten Parfums der Welt machen, und dafür brauche ich den besten Parfümeur der Welt. Das sind Sie!« Dieselben Worte, die mich selbst drei Jahre zuvor überzeugt hatten … Wir mussten beide lachen, auch wenn sein Wechsel nicht mit meinem vergleichbar war! Als Verfechter von Naturprodukten und jemand, der für schlichte und zugleich erstklassige Düfte stand, würde Jacques völlig frei Parfums aus den besten Rohstoffen kreieren können. Wir würden wieder in verschiedenen Unternehmen arbeiten, aber der Kontakt würde nicht abreißen. Er brauchte mich weiterhin als Verbindung zum Ursprung der Pflanzen, zu den geeigneten Produkten und den Geschichten der Menschen dahinter. Wir würden weiter einen gemeinsamen Weg gehen.

Das Bündnis und die Elefantenkuh

Jasmin in Indien

Madurai im Bundesstaat Tamil Nadu im Süden Indiens ist die Hauptstadt der Blumen. Immer, wenn ich dorthin fahre, mache ich einen Abstecher zum Tempel der Göttin Minakshi, um meinen Kopf vom Rüssel der bemalten und blumengeschmückten Elefantenkuh berühren zu lassen. Ihr warmer, feuchter Segen soll von einem Wunsch begleitet sein. Als ich im Winter 2011 auf Malachi zutrat, wusste ich genau, was ich mir wünschen würde. Hier im Land, in dem der Bund der Ehe mit Bergen von Blumen gefeiert wird, wollte auch ich ein Bündnis arrangieren, und zwar zwischen den talentierten Jasminproduzenten Raja und Vasanth und dem Unternehmen, für das ich arbeitete – als Krönung unserer langjährigen Geschäftsbeziehung.

Im Minakshi-Tempel, einem der berühmtesten in Indien, der eine eigene Stadt innerhalb der Stadt bildet, flaniere ich gerne barfuß auf den lauwarmen Bodenfliesen und lasse mich von den betriebsamen Gläubigen mitreißen. Überall sind Blumen – als Girlanden in allen nur erdenklichen Farben und Größen an den Ständen, um den Hals der Pilger oder auf den Altären, auf denen *agarbatti* brennen, Räucherstäbchen. Es ist ein unvergessliches Erlebnis, in diesem Tempel in die tamilische Kultur einzutauchen, in dem es wuselt wie in einem Ameisenhaufen. Hier sind täglich Zehntausende Menschen in einem Labyrinth aus Säulengängen mit Steinskulpturen unterwegs, um vor einer goldenen Säule oder einem eingemauerten Zweig eines Sandelbaums aus der Zeit der Tempelgründung innezuhalten, der aus der Erde ragt. Im Minakshi-Schrein, dem heiligsten Bereich des Tempels, der nur für Hindus zugänglich ist, thront eine menschengroße, aus einem einzigen Smaragd geformte Statue der Göttin.

Im Süden Indiens werden in Hunderten Dörfern im *Flower belt* Blumen kultiviert, sie werden auf Dutzenden Märkten verkauft, zu Girlanden geflochten und nach ganz Asien exportiert. Die Königin der Blumen dieses Bundesstaates ist eine Jasminsorte: nicht der Jasmin aus Grasse oder Ägypten, sondern Arabischer Jasmin (*Jasminum sambac*), der hier seit mehr als eintausend Jahren angebaut wird. Er ist *die* Blume der Südinder und überall im Alltag präsent. Die Frauen stecken sich die Blüte täglich ins Haar, sie wird neben Ganesh, dem elefantenköpfigen Gott, aufgehängt, am Rückspiegel der Autos befestigt und ist als Opfergabe in jedem Tempel zu sehen. Aus Arabischem Jasmin werden auch die meisten der erhabenen Girlanden für die indischen Feste gebunden, er ist die Hochzeitsblume. Der tropische *Jasminum sambac* ist fleischiger und weniger zart als *Jasminum grandiflorum*. Sein Duft ist intensiv und süß und hat eine Konfitüre- oder Bonbon-Note, er ist weniger animalisch.

Um die Ernte auf den Feldern rund um Madurai zu erleben, muss man frühmorgens aus der Stadt hinausfahren. Die kleinen Straßen führen durch Dörfer mit Häusern aus Lehmziegeln. Je nach Finanzkraft der Familien finden sich dazwischen auch mit mehr oder weniger verdünnter Kalkmilch verputzte Häuser in verschiedenen Indigotönen. Jedes Dorf ist spezialisiert auf den Anbau einer bestimmten Blume. Es gibt Nelkendörfer und Tuberosendörfer, aber Arabischer Jasmin wird überall kultiviert. Auch wenn die Dörfer durch den Blumenanbau innerhalb Indiens privilegiert sind, so bleiben sie doch sehr arm: keine Toiletten, Wasserpumpen, dürre Kühe und Ziegen und überall Kinder. Der Wechsel aus kleinen Feldern, die mit Blüten in Weiß, Orange und Rot übersät sind, und Parzellen mit Gemüse in allen erdenklichen Grüntönen, die sich von der orangefarbenen Erde abheben, machen die indische Landschaft zu einem wahren Farbrausch. Hin und wieder sieht man einen alten Mann mit Lendenschurz und Turban die Erde mithilfe seiner Rinder umpflügen, die einen Holzpflug ohne metallene Pflugschar ziehen. Wann wurde in Frankreich zuletzt mit einem Holzpflug gepflügt? Hier wird damit der Boden für die Blumen bereitet, die in unsere Parfums gelangen. Nichts scheint weniger zu einem Flakon in einer Parfümerie zu passen als diese Bauern, und doch sind sie ein Teil davon, ohne es zu wissen.

Wunderschön erstrahlen die farbenprächtigen Saris der alten und jungen Frauen, die mit Blumengirlanden aus Arabischem Jasmin im Haar überall Blütenknospen ernten. Die Knospen öffnen sich erst vierundzwanzig Stunden später, wenn sie bereits transportiert und verkauft sind. Die Frauen gehen durch die Reihen, begleitet von ein paar Männern, während die Kinder in der Schule sind.

Am späten Vormittag werden die Blumen auf die Märkte gebracht, die ersten Lieferungen erzielen die besten Preise. Der große Markt in Madurai ist noch ganz traditionell mit einem Dutzend kleiner Geschäfte. Von hier aus werden die frischen Blumen in alle großen Städte des Landes transportiert, bis nach Dubai und Singapur und selbst bis nach Europa. Es wird lebhaft verhandelt über die Blumen im Bund und in den Verkaufsbuden mit Girlanden, den indischen *garlands*, kompliziert zusammengenähten, bunten Ketten, von denen manche so schwer sind, dass man sie kaum um den Hals tragen kann. Die Männer hocken in ihren Geschäften und binden unglaublich schnell, aber vollkommen entspannt jede Blüte einzeln an eine Schnur. Die Girlanden sind ein Spiel mit den Farben, sie kombinieren das Weiß der Tuberose und des Arabischen Jasmins mit dem Gelb und Orange von Chrysanthemen und Nelken, das Rot von Hahnenkamm und Rosen mit dem Blassgrün von *davana*, dem hiesigen Beifuß, der so gut duftet. Die Gerüche des Marktes sind durchdringend: Karren, auf denen Essen kocht, modernde Blumenabfälle, faulige Wasserlachen, Abgase von Hunderten Motorrollern … Inmitten dieses geschäftigen Treibens und im Rausch von Farben und Pflanzen scheint die Parfümerie weit weg. Doch es gibt immer mehr Parfümeure, die den Arabischen Jasmin verwenden. Der üppige Duft seiner weißen Blüte gefällt vielen und konkurriert mit dem traditionellen Jasmin.

Der Anbau des großblütigen mediterranen Jasmins blieb in Indien lange begrenzt. Er ist nicht so gefragt auf den Märkten wie der Arabische Jasmin, denn seine leichtere, zartere Blüte ist weniger geeignet für die Girlanden.

Das änderte sich Ende der Siebzigerjahre, als die Parfumindustrie die Gelegenheit sah, ihren Jasmin in Indien für weniger Geld anzubauen und zu extrahieren. Die Inder brauchten nicht einmal zwanzig Jahre, um Ägypten einzuholen und zu einem Produzenten zu werden, an dem kein Weg vorbeiführt.

Während meiner Reise 2011 kannte ich Raja und Vasanth bereits seit fünfzehn Jahren. Sie sind Gründer eines inzwischen etablierten Unternehmens, das als das beste für Jasminextrakt und indische Blumen bekannt ist. Anfang der Neunzigerjahre studierten die beiden Cousins aus Chennai, dem ehemaligen Madras, noch in England und den USA, als ihre Familie als Schuldenausgleich eine Extraktionsfabrik erbte. Von einem Tag auf den anderen waren sie plötzlich Jasminproduzenten für die Parfümerie. Das Unternehmen wurde zur Erfolgsstory, zu der Raja mit seinem Wirtschaftstalent und seinem Charisma beitrug und Vasanth mit seinem strategischen Blick für Finanzen. Es hat einen entscheidenden Beitrag dazu geleistet, dass indischer Jasmin auf dem internationalen Markt als glaubwürdiges und zuverlässiges Produkt wahrgenommen wird, indem mit viel Geduld zwei Fabriken aufgebaut wurden in Coimbatore, der Region für *Jasminum grandiflorum*, und in der Nähe von Madurai, der Heimat des *Jasminum sambac.* Innerhalb weniger Jahre überzeugten Raja und Vasanth die Industrie: mit ihrem Respekt gegenüber den Bauern, mit hochwertigen Blumen, mit der Qualität ihrer Produkte und als neue, zuverlässige Vertreter ihres Landes, das den Duftstoffeinkäufern vorher nicht immer vertrauenerweckend erschien.

Die Schweizer Firma Firmenich, für die ich seit 2009 arbeite, stellt seit über einem Jahrhundert innovative Aromamoleküle her, was nicht viel mit Blumenfeldern und Destillation zu tun hat. Auf Anregung von Jacques hatte Firmenich ein Unternehmen in Grasse übernommen und sah sich somit auf einmal mit natürlichen Rohstoffen konfrontiert und suchte nach einer Strategie. Ich war für die Naturprodukte eingestellt worden, und als ich meine Stelle antrat, wurde ich gefragt, welche Art der Investition ich empfehlen würde. Ich plädierte für einen Zusammenschluss mit den besten Produzenten von Essenzen und Extrakten der Welt. Eine Beteiligung brächte einem Partner unsere technische und finanzielle Unterstützung ein sowie verlässliche Abnahmen auf lange Sicht und innovative Impulse. Als Erstes schlug ich vor, in das Unternehmen von Raja und Vasanth zu investieren. Die Vielfalt ihrer Aromaprodukte und ihre Fähigkeiten überzeugten und machten Indien zum Wunschkandidaten für den ersten Versuch einer solchen Zusammenarbeit.

Ich ahnte nicht, welche Schwierigkeiten das mit sich bringen sollte. Innerhalb des Unternehmens waren die Meinungen über die Erfolgschancen des Zusammenschlusses mit einem indischen Partner sehr geteilt. Auch Raja und Vasanth mussten davon überzeugt werden, diesen Schritt zu wagen, der wie die Vereinigung von Feuer und Wasser schien und sie gleichermaßen anzog und verunsicherte. Vasanth wusste, dass sich die Firma damit sehr viel schneller entwickeln würde, aber die beiden Cousins fürchteten, von uns geschluckt zu werden. Diejenigen, die mit mir an das Projekt glaubten, mussten mit Geduld die Skeptiker und die Unentschlossenen überzeugen.

Nach dreijährigen Verhandlungen setzte Patrick Firmenich, der Chef des Unternehmens, auf die Tatsache, dass beide Firmen, egal ob groß oder klein, Familienunternehmen waren und dieselben Werte teilten. Ich erinnere mich noch sehr gut an das Gespräch in Genf zwischen Patrick, Raja und Vasanth direkt nach der Unterzeichnung unseres Vertrages 2014, als man sich, spürbar bewegt, gegenseitig zum gemeinsamen Weg beglückwünschte. Ich war extrem glücklich über dieses Bündnis und sah darin ein Zukunftsmodell für die Arbeit mit natürlichen Rohstoffen: eines, das auf die Anerkennung der Feldarbeiter und Destillateure von Essenzen durch ein großes Parfümerieunternehmen setzte.

Im Herbst 2014 kam ich nach Madurai, um mir all das anzusehen, was wir ab sofort gemeinsam entwickeln würden, eine Art Ortsbegehung. Das Unternehmen war bereits das wichtigste auf dem Markt für die beiden indischen Jasminsorten. Die Fabrik in Coimbatore besorgte *Jasminum grandiflorum* über ein Netzwerk von eintausend kleinen Bauern, die exklusiv für sie anbauten. Für die Fabrik in Madurai wurde *Jasminum sambac* auf den Blumenmärkten gekauft, und zwar gegen Abend, wenn die Preise wegen der bereits zu weit geöffneten Blüten sanken. Die Hochzeitsblumen sind deutlich teurer als die Blumen für Parfum, aber die Extraktionsstätten bieten den Bauern einen gesicherten Absatz. In der Fabrik schauten Raja, Vasanth und ich uns an jenem Abend schweigend den dichten Blütenteppich aus Arabischem Jasmin an, der auf den großen Zementfliesen ausgebreitet war – ein schönes Bild für ihren Erfolg und unser Bündnis, über das wir uns gemeinsam freuten. Zwölf Stunden nach dem Pflücken waren die Blüten nun fast offen und konnten hier in der Fabrik verarbeitet werden, die sieben Tage die Woche Tag und Nacht betrieben wurde. Zu einem Rundgang vor Ort gehörte immer auch ein Abstecher zu dem Baum, den man beim ersten Besuch gepflanzt hatte. An diesem Tag im Jahr 2014 war mein Baum bereits zehn Jahre alt: eine indische Korkeiche, die auch Jasminbaum genannt wird, weil sie weiße Blüten trägt und duftet. Im Zuge meiner regelmäßigen Aufenthalte war der Baum für mich zu einem wichtigen Ort und einem Freund geworden. Am späten Nachmittag begleitete Raja mich zum Tempel der Minakshi. Er wusste, dass ich unbedingt zu Malachi wollte. Ich näherte mich der Elefantenkuh und schaute ihr in die Augen. Sie nickte mit ihrem hübschen Kopf, bewegte ihre Ohren ein wenig, und genau da trat ich auf sie zu, um mich inmitten der Düfte des Tempels von ihrem Rüssel segnen zu lassen. Sie ließ ihn einen Moment länger auf mir ruhen als normalerweise, wie um mir zu bestätigen, dass mein Traum Wirklichkeit geworden war.

Inzwischen kommen immer häufiger Parfümeure zu Raja, die verzaubert sind vom Land, von den Blumen und von unserer Partnerschaft. Raja kennt die Parfumwelt von New York bis Paris und zieht mit seinem Charme und seiner Kompetenz die Kundschaft an. Im Laufe der Jahre ist er ein »VIP« in diesem kleinen Kosmos geworden. Gemeinsam mit seinem Cousin verkörpert er eine neue indische Unternehmergeneration, die sich durch Besonnenheit, Überzeugungskraft und Eleganz auszeichnet, die Talent hat und in die westliche Welt integriert ist, ohne dabei ihre Wurzeln zu verleugnen.

Der Extrakt von Arabischem Jasmin wurde lange Zeit nur in Indien vertrieben, bis China die Parfümerie mit eigenen Proben von regionalem Arabischen Jasmin überraschte. Raja wusste davon und erzählte es mir. Die ersten Proben waren minderwertig, aber schon bald kam eine gute Qualität zum Vorschein. Zwei Jahre nachdem Jacques gewechselt hatte, begannen wir, uns wieder regelmäßig zu sehen. Nach wie vor war er versessen auf neue Produkte und fragte mich oft, was es Neues gebe beim Arabischen Jasmin in Ägypten oder Indien. Als ich ihm einen Extrakt von Arabischem Jasmin aus China mitbrachte, befand er ihn für sehr gut und meinte: »Und wenn wir wieder mal zusammen reisen würden?« Zwei Monate später fuhren wir in den Süden Chinas, ans Ende der Region Guangxi.

Das Hauptanbaugebiet für *Jasminum sambac* ist die Region Heng, eine Tagesreise von der Stadt Guilin entfernt. Nach unserer gemeinsamen Reise zum Nildelta fanden Jacques und ich uns hier inmitten eines großen Jasminfeldes wieder, umgeben von Hochspannungsmasten und mit Blick auf eine verlassene Fabrik – ein verbreitetes Bild im ländlichen China. Ich kam regelmäßig her, weil die chinesische Parfümerie wichtige Essenzen wie Eukalyptus oder Geranium herstellte. Die Betreiber von Hunderten Destillerien auf dem Land vermittelten mir immer den Eindruck von sehr harter Arbeit, als übten sie diesen Beruf in Ermangelung eines besseren aus, als eine Notlösung, bevor sie endlich in der Stadt würden arbeiten können. Dieser Beruf hatte hier keine Tradition, früher hatte man für den Staat gearbeitet, jetzt für den Chef, allein der Preis zählte. Auf großen, terrassenförmig angelegten, gut gepflegten Plantagen wurde *Jasminum sambac* in China kultiviert, um Tee zu aromatisieren. Der für seine exquisite Qualität bekannte chinesische Jasmintee wurde mit den Blüten von diesen Feldern parfümiert. Dahinter stand ein großer Markt, der erklärte, warum die Landwirtschaft hier so sorgfältig betrieben wurde. Flink und leise war eine kleine Gruppe von Pflückern mit Bambushüten auf dem Kopf und Umhängetaschen mit Blüten am Werk. Jacques unterhielt sich angeregt mit einer Pflückerin. Sie trug eine blaue Jacke und einen großen Hut, hatte ein zerfurchtes Gesicht und den für die Chinesen aus dem Süden typischen braun gebrannten Teint. Ich verstand, dass es um die Technik beim Abknipsen der Blüten ging. Grasse war weit weg, aber Jacques fühlte sich wie zu Hause. Ebenso wie in Indien werden die Blüten des Arabischen Jasmins auch hier an Blumenmärkte geliefert, wo sie zunächst von Teeproduzenten gekauft werden. In deren Fabriken werden in riesigen Schuppen Blätter von grünem und schwarzem Tee ausgebreitet und darum herum ein Ring aus frischen Blüten gelegt. Der Anblick dieser geometrischen Komposition hat etwas Festliches – durch den Kontrast der schwarzen Teeblätter und der weißen Blüten, die beiden starken, zunächst sehr unterschiedlichen Düfte, die miteinander gemischt werden. Die Blüten werden ein, zwei Tage lang im Tee belassen und verlieren im Zuge dieser einfachen, aber effektiven Art der Enfleurage nach und nach ihren Duft. Anschließend, wenn sie einen Großteil ihres Duftes abgegeben haben, werden sie herausgesammelt.

Unser Gastgeber in Hengxian war Jack, mein Lieferant vor Ort. Er ist Genussmensch und Weinkenner und freute sich sehr über unseren besonderen Besuch zu zweit. Jack und Jacques verstanden sich auf Anhieb, und ich freute mich darüber, mit welcher Sorgfalt der französische Parfümeur seine lobenden Worte für den chinesischen Rotwein wählte, der gereicht wurde. Doch noch mehr als der Rotwein gefiel Jacques das Jasmin-Concrète von Jack, er fand es sogar besser als das von Raja. Die chinesischen Produkte waren lange für schlecht befunden worden, weil die Produzenten die Blüten verwendeten, nachdem sie mit dem Tee gemischt worden waren, doch seit Jack damit begonnen hatte, seine Concrètes aus frischen Blüten herzustellen, stießen die Produkte auf allgemeine Zustimmung. Auf dem städtischen Blumenmarkt flanierten wir zwischen großen weißen Bergen hindurch, Knospen von *Jasminum sambac* und zarten Blüten von Magnolien, der anderen lokalen Blume. Wir kauften eine Tüte Jasmin, um einen Versuch zu machen: Wir wollten die Knospen in meinem Hotelzimmer ausbreiten, sie sich über Nacht öffnen lassen und früh am Morgen den Duft der offenen Blüten genießen. Am nächsten Morgen, als wir das Hotel verließen, schnupperte Jacques daran und flüstert: »Kein Vergleich mit den Knospen. Wunderbar.« Beim Jasmin ist der Übergang zwischen Tag und Nacht ganz wichtig: Er öffnet sich im Dunkeln und offenbart sich, wenn die Sonne aufgeht.

Zwei Jahre nach unserer Chinareise kamen Jacques' erste Kollektionen in die Boutiquen der Marke, für die er arbeitete. Parfums mit Naturstoffen in deutlich höherer Konzentration als normalerweise. Er hatte dafür die schönsten Rohstoffe ausgewählt, darunter auch ägyptischer Jasmin und chinesischer *Jasminum sambac.* Und er hatte Wort gehalten und Jasmin aus Grasse verwendet. Heute werden in Grasse jährlich etwa zwanzig Tonnen Jasminblüten geerntet, noch nicht einmal ein Prozent der Ernte von 1930. Aber seit einiger Zeit entstehen immer wieder neue Anpflanzungen mit Rosen und Jasmin, die zeigen, dass die Parfumhauptstadt und ihre Blumen zu neuem Leben erwachen. Die renommiertesten Marken interessieren sich wieder für die besondere Geschichte der Region und tragen mit ihren Kreationen und ihrer Werbung zu deren erneutem Aufleben bei.

Jacques glaubt schon lange daran, dass dies den Blüten aus Grasse zusteht, aber er weiß, dass die Jasminblüten dort vierzigmal teurer sind als in Ägypten oder Indien. Er ist davon überzeugt, dass die Zukunft des Jasmins in neuen Extraktionsverfahren liegt, die den Duft der am Strauch geöffneten Blüte noch genauer abbilden und damit etwas Unvergleichliches ermöglichen werden. Wir arbeiten daran, und Jacques zufolge ist das Ergebnis weltweit einzigartig. Angesichts der exorbitanten Preise ist es bemerkenswert, dass die Parfümeure und ihre Marken wieder Jasmin aus Grasse verwenden. Das spricht für die Extrakte. Gibt es sie also doch, die Parfümerie, die nach dem Außergewöhnlichen in den Rohstoffen sucht? Viele Parfümeure träumen davon, selbst wenn die Industrie nur einer Handvoll unter ihnen die Möglichkeit gibt, diesen Traum umzusetzen. Doch es bedarf dieses Traums, er ist das Wesen des Parfums.

Was am Ende aus einem raffinierten Blumenduft entsteht, ist das Geheimnis einer Kreation. Ich habe Jacques auf unseren Spaziergängen durch den Jasmin lange beobachtet. Seine Begeisterung war zuerst spontan, dann wohlüberlegt, hinter dem Enthusiasmus für ein Produkt versteckte sich noch etwas anderes. Er ließ Sayed, Jack und mich daran teilhaben. Aber mir wurde klar, dass er seine Kommentare teilweise auch zu sich selbst sagte, wie Teile eines Puzzles, mit dem der Maître Parfumeur ganz allein war in der geheimen Welt seiner Kreation. Ein spezieller Jasminduft rief in seinem Geiste ein Dutzend anderer Düfte wach, die er im Kopf zusammensetzte. »In meiner Kindheit«, vertraute er mir an, »gab es noch viele Jasminfelder in der Umgebung, und wie alle Menschen aus Grasse liebte ich es, wenn der Wind uns am Morgen und am Abend den Duft von dort herüberwehte. Als ich noch ganz klein war, sammelte ich gerne ein paar Blüten in der Fabrik meines Vaters auf. Zu Hause roch er dann zusammen mit mir daran und legte sie zur Nacht unter mein Kopfkissen. Ich erinnere mich noch sehr genau an diesen Geruch. Das war der Beginn meiner Ausbildung zum Parfümeur: sich seinen Gefühlen überlassen und begreifen, dass man sie abspeichern kann. Später lernt man, sie zu sortieren, jedem Produkt ein Gefühl zuzuordnen. Eine Kreation ist ein Mosaik aus einzelnen Gefühlen.« Es war sehr schön, ihn auf seiner olfaktorischen Reise zu begleiten, die mit den Blumen unter seinem Kinderkopfkissen beginnt. Wenn Jacques' Humor zum Vorschein kommt, huscht das Lächeln des kleinen Jungen über sein Gesicht, der die Worte seines Vaters und den Duft von Jasmin mit in den Schlaf nahm und in einen Traum, der ihn ins Land der Maîtres Parfumeurs führte.

Der Pionier und die Harzsammler

Benzoe-Harz aus Laos

»Monsieur Roques, jetzt müssen Sie aber wirklich zu mir nach Laos kommen. Ich bin sicher, was ich Ihnen zeige, wird Ihnen gefallen.« Auf diese Bitte von Francis hin reiste ich 2005 zum ersten Mal in das Land, in dem ich im Dorf Phiengdi die Menschen kennenlernte, die dort Benzoe-Harz sammeln.

An jenem Abend führte man mich in einen großen, schlichten Raum, der lediglich von drei schwachen Glühlampen und einem Feuer erhellt wurde, das auf einer in den Boden eingelassenen Tonplatte brannte. Die Dorfbewohner im Norden von Laos kochen über Holzfeuer, und zwar im zentralen Raum ihres Hauses, das ebenfalls aus Holz besteht. Fußboden, Wände und Decken, alles ist aus breiten, rußbedeckten Holzbrettern gezimmert. Im Raum stieg der Rauch auf und schwärzte die vielen Körbe, die in allen Formen und Größen an den Balken hingen, noch ein wenig mehr. Etwa dreißig Kinder saßen schweigend hinten im Raum in Vorfreude auf die Zeremonie, die sich hier ankündigte. Ein Großteil des Dorfes hatte sich versammelt, um Francis zu begrüßen – den Mann, der den Familien hier seit zehn Jahren ihre Produktion an Benzoe-Harz abkaufte und der mich mitgebracht hatte, um mir Phiengdi zu zeigen, das allererste Dorf, mit dem er zusammengearbeitet hatte.

Mit der traditionellen Begrüßungszeremonie wurde auch meine Ankunft gefeiert, denn damals bekam man nur äußerst selten westliche Besucher in der Region zu Gesicht. Francis wusste nichts davon, aber das Dorf war im Begriff, ihm ein Geschenk zu machen, das alle Einwohner seit einem Jahr vorbereiteten: ein Haus, sein Haus. Ich habe nie vergessen, wie ergriffen er an jenem Abend angesichts dieses außergewöhnlichen Geschenkes war. Von nun an war er einer von ihnen.

Fünfzehn Jahre zuvor war der französische Diplom-Landwirt nach Laos ausgewandert, um dort seine Ideen und Überzeugungen in der Agroforstwirtschaft umzusetzen. Im Norden des Landes machte er sich unablässig für die Wiederentdeckung und Bewahrung eines wichtigen Produktes stark, das zu verschwinden drohte: das in der Geschichte der Parfümerie so wichtige Benzoe-Harz, das an einem Baum namens *Styrax tonkinensis* geerntet wird. Um den armen Gemeinschaften der Region zu helfen, führte er neue Denk- und Verhaltensweisen in der Industrie ins Feld und kämpfte hartnäckig gegen Ungleichheit und Unwissen. Er schaffte es, sein eigenes Unternehmen in einem schwer zugänglichen Land aufzubauen, in dem der demokratische Sozialismus herrscht. Mit fünfzehn Jahren Vorsprung hatte er verstanden, was unser Berufszweig erst später anerkennen würde: wie wichtig es war, eine auf ethische Prinzipien gegründete Beziehung mit den Plantagenbesitzern zu pflegen, dem ersten und normalerweise vernachlässigten Glied in der Kette der Parfumherstellung. Im laotischen Tropenwald arbeitete er sehr eng mit den Sammlern von Benzoe-Harz zusammen. Die Parfumindustrie ist sich dessen nicht bewusst, aber sie verdankt ihm viel, diesem leidenschaftlichen, großzügigen, charismatischen, außergewöhnlichen Mann.

Schon bevor ich in die Dörfer im Norden kam, begann meine Reise ins Land der Benzoe mit einem Besuch in Francis' Refugium in Vientiane. 2005 herrschte in der Hauptstadt noch das Tempo einer Kreisstadt: Es fuhren nur wenige Autos auf den von Teakbäumen gesäumten Alleen am Ufer des Mekong. Mitten im Stadtzentrum hatte Francis eine Art Garage, darüber wohnte er in einer kleinen Wohnung. Sein Schlupfwinkel war die reinste Fundgrube, in der sich neben Holzstücken und Proben von allen möglichen Rohstoffen aus den Wäldern des Landes ganze Sammlungen von Benzoe-Proben aus mehreren Jahren und erstaunlich viele Objekte türmten, die das Landleben in Laos prägen: Reis- und Fischkörbe, Bögen und Köcher zum Jagen sowie eine ganze Reihe an Gewichten aus dem letzten Jahrhundert zum Abwiegen von Opium. Der Hobbyethnologe in ihm hob alles auf. Er besaß auch ein Dutzend Flaschen Reiswein jeglichen Alters. In seinem wie ein Museum anmutenden Refugium roch es intensiv nach Wachs und Holz, dazu mischte sich der süße, vanillige Benzoe-Duft mit seinen Gourmand- und Holz-Noten. Das Refugium von Francis rief mir die Fünfzigerjahre ins Gedächtnis, die Speicher in den Häusern unserer Kindheit, auf denen lauter Dinge gehortet wurden, denen der besondere Geruch der Vergangenheit anhaftete, an den wir uns noch lange erinnerten. Die Kolonialbauten der Hauptstadt beförderten das verlangsamte Zeitgefühl. Die Reise hatte bereits begonnen, bevor wir uns auf den Weg nach Phiengdi machten.

Während der beiden Tage, in denen wir in die Provinz Houaphan und zu dem Dorf hinauffuhren, in dem wir erwartet wurden, gab Francis mir Nachhilfeunterricht in der Landesgeschichte der letzten drei Jahrzehnte sowie in Landschafts- und Alltagskunde im Land der Millionen Elefanten. Laos ist ein bezauberndes und friedliches Land trotz seiner schrecklichen Geschichte der jüngeren Vergangenheit. Von Vietnam nur durch das Truong-Son-Gebirge getrennt, ist Laos ebenso ruhig wie sein Nachbar und gleichzeitig pulsierend. In Vietnam stehen die Häuser auf dem Boden, und man isst Reis mit Stäbchen. In Laos sind die Häuser auf Pfählen gebaut, und man isst Klebreis wie Brot, indem man ihn in der Hand formt. Beide Kulturen sind vollkommen verschieden. Thailand im Westen ist kulturell verwandt, aber ein Wirtschaftsriese in der Region verglichen mit Laos, dessen politisches Regime das Land lange brachliegen ließ. Heute werden die Ressourcen des Landes – Holz, Wasser und kultivierbarer Boden – zunehmend von anderen kontrolliert und bewirtschaftet, vor allem vom entfesselten Riesen China, der sich Laos einverleibt.

Wir brachen sehr früh auf, nachdem wir, das war ein Ritual, eine Tasse löslichen Kaffee auf der Kühlerhaube von Francis' Pick-up sitzend getrunken hatten. Die Landschaft wurde schon bald bergig, hoch aufragende, bewaldete Gipfel, Schluchten und Flüsse und überall Reisfelder. An der Straße lief eine ganze Reihe Dorfbewohner entlang, die alles Mögliche trugen: ihre Ernte, Bambus, Hühner und lauter Gegenstände, die sie auf dem Markt gekauft hatten, chinesische Eisenwaren oder Werkzeuge für die Feldarbeit. Am Ortseingang eines Dorfes, das als Umschlagplatz fungierte, wies ein Wegweiser, wie man ihn aus Frankreich nach dem Krieg kennt, den Weg in die beiden historischen Provinzen für Benzoe im Norden des Landes – nach links Richtung Phongsaly und China, nach rechts Richtung Houaphan und Vietnam. Das Städtchen hatte einen wichtigen Markt und war ein Rastplatz für Lastwagenfahrer. Francis hatte es sich zur Gewohnheit gemacht, hier eine pikante Suppe und kleine gegrillte Wildvögel zu essen, die in großen Netzen gefangen wurden. Auf dem Markt kannte er sämtliche Pflanzen und das komplette Angebot und wollte unbedingt, dass ich alles probierte. Bei den Fleischauslagen blieb er lange vor den Köpfen, Füßen, Innereien und dem Blut stehen, bevor er schließlich zehn Kilo Rindfleisch kaufte, als Geschenk für unsere Ankunft im Dorf am nächsten Tag. Das Fleisch war für die Begrüßungszeremonie gedacht, die uns erwartete, den *basi*. In den Verkaufsbuden mit Werkzeug sah Francis sich alles an, womit man schneiden konnte, begutachtete die Griffe und den Schliff der Klingen. Er stellte dem Verkäufer etliche Fragen und wandte sich dann zu mir um, eine Hippe in der Hand. »Diese Klinge ist aus dem Stahl von einer Bombe.« Und da ich erstaunt war, begann er zu erzählen.

Während des zwanzigjährigen Vietnamkrieges bekam Laos acht Millionen Tonnen Bomben ab, vier Mal so viel wie alle Bombardements des Zweiten Weltkrieges zusammengerechnet, und wurde damit zum meistbombardierten Land in der Geschichte. Über die gesamte Dauer des Krieges hinweg nahmen die Amerikaner Laos in einer geheimen Offensive in unbeschreiblichem Ausmaß pausenlos unter Beschuss, wobei sie es auf den berühmten Ho-Chi-Minh-Pfad abgesehen hatten, der zu einem Großteil auf laotischer Seite des Truong-Son-Gebirges verlief, um den Vietcong im Süden zu versorgen.

Die Laoten waren überwiegend im kommunistischen Lager der Pathet Lao zu verorten und unterstützten die Nordvietnamesen mit Ausnahme der Gemeinschaft der Hmong, einer Minderheit im Norden, die vom Opiumhandel lebte und ihr Bündnis mit den Exilamerikanern 1975 mit 300 000 Menschenleben bezahlen sollte.

Je weiter wir auf unserer Reise im Jahr 2005 nach Norden vordrangen, desto mehr wurden die Spuren sichtbar, die diese zwanzig Jahre hinterlassen hatten. Viele Dörfer stellten am Ortseingang in die Erde gerammte Bomben zur Schau, die Spitze gen Himmel gereckt, ergreifende Trophäen, die in der Sonne glänzten. Nach dem Krieg war die Menge an sichergestellter Munition so groß, dass der Stahl in großem Stil recycelt und das gesamte Land über zwanzig Jahre hinweg mit Werkzeugklingen versorgt wurde.

Während unserer Reise war ich ganz bezaubert von der berückenden Schönheit des Nordens von Laos und den friedlichen Dörfern mit Holzhäusern inmitten von Reisfeldern. Die in traditionelle, mit Stickereien verzierte Indigo-Röcke gekleideten Frauen boten schüchtern lächelnd ihre Webwaren an, und die Kinder gingen mit den Büffeln auf die Felder. Der Gedanke an Bomben und Krieg schien vollkommen absurd in dieser Umgebung, und doch war es erst dreißig Jahre her. Wir übernachteten in Sam Neua in der nordöstlichen Provinz, einer Hochburg des kommunistischen Kampfes und eines der großen historischen Gebiete für die Produktion von Benzoe. Am nächsten Tag kannte Francis auf der Strecke nach Phiengdi sämtliche Dörfer, und wir hielten häufig an. Er stellte mir die Leute vor, die als Zwischenhändler und Lagerarbeiter für seine Firma arbeiteten, und wir stießen mit den Familien mit Reiswein an. Francis bat die Alten, uns von ihrem Leben zu erzählen. Vom Krieg erzählten sie nur wenig, weitaus lieber hingegen von der Benzoe. Über drei oder vier Generationen hinweg waren alle Harzsammler gewesen. Francis begrüßte die Frauen, die unter dem Fußboden der Pfahlhäuser auf dem Boden saßen und an ihren Webereien arbeiteten. Er bat sie, uns ihre Werke zu zeigen, und kaufte immer ein paar Stoffe, wobei er mir erklärte, dass die Frauen nicht viel daran verdienten, wenn sie die Stoffe an die Händler auf dem Markt in Sam Neua verkauften. Die Menschen lächelten ihn an als einen der Ihren, der er im Laufe von zehn Jahren geworden war.

Francis stammt aus dem Département Charente, er ist Diplom-Landwirt von Beruf, Ethnologe aus Berufung und hat seine Karriere bei der Ernährungs- und Landwirtschaftsorganisation der Vereinten Nationen begonnen. Jahrelang beschäftigte er sich mit Fragen der Aufzucht von Tieren in Ostafrika, indem er unterschiedliche Methoden und Projekte im Ländervergleich erprobte. 1989 wurde er nach Laos geschickt, um dort alle verwertbaren Waldprodukte abgesehen von Nutzholz zu erfassen, und stieß dabei auf das Benzoe-Harz und seine lange Geschichte.

Es handelt sich dabei um ein sehr altes Produkt, das unter dem Handelsnamen *Siam-Benzoe* berühmt wurde. Der Name stammt vom arabischen *luban dschawi*, Weihrauch aus Java, und grenzt sich von einer weiteren Benzoe-Art auf Sumatra ab, die von einer anderen Sorte Storaxbäumen geerntet wird. Schon sehr früh wurde *Siam-Benzoe* für seine heilsame Wirkung geschätzt und zum Inhalieren und als Duftmasse verwendet.

Am Hofe Ludwigs XIV. rieb man sich die Hände mit Benzoe-Paste ein und das Gesicht mit einer Tinktur aus in Alkohol gelöstem Harz. Mit dem süßen, warmen Vanille-Duft ist Benzoe zum echten Klassiker und Favoriten von Parfümeuren geworden, wenn sie Amber-Noten hervorrufen wollen. Man findet sie in den meisten Parfums, in deren Basisnote Vanille anklingt, darunter so berühmte wie »Habit Rouge« von Guerlain oder »Opium« von Yves Saint Laurent.

Francis war begeistert von dem Thema. Er begriff, dass Benzoe tatsächlich ausschließlich aus dem Norden von Laos stammt, einer abgeschlossenen, benachteiligten Region. Er knüpfte erste Beziehungen und machte Vorschläge, musste aber erkennen, dass all das zu nichts führte. So traf er zusammen mit seiner Frau die Entscheidung seines Lebens: Er kündigte bei den Vereinten Nationen und gründete ein Unternehmen in Laos, einem kommunistischen Land, das fast gänzlich abgeschlossen war. Eine vollkommen verrückte Idee, so schien es. Doch Francis hatte es sich gut überlegt. Er hatte bemerkt, dass die Benzoe im Niedergang begriffen war, denn die Leute in den Dörfern pflegten die Bäume nicht mehr, ihre Ernten waren unregelmäßig und wurden zu niedrigen Preisen von chinesischen und vietnamesischen Zwischenhändlern gekauft, die das Harz über die Grenze schmuggelten und keine Steuern zahlten.

Francis hatte auch bereits im Kopf, wie das Ganze funktionieren konnte: Man musste die Anpflanzung, die Pflege der Bäume und die Ernte des Harzes in den traditionellen Prozess des Anbaus von Bergreis einbinden, der die Lebensgrundlage in den Wäldern im Norden bildete. Damals wusste er noch nicht, dass er zwanzig Jahre lang auf seiner Methode würde beharren müssen, bis die Landwirte und die Behörden dieses Vorgehen der Bergbewohner anerkennen würden. Was er hingegen bei der Gründung seines Unternehmens 1992 bereits wusste, war, worum er würde kämpfen müssen. Zunächst musste er das Vertrauen der Leute aus den Dörfern gewinnen, indem er die Kultur der Bäume förderte und ihnen den Kauf ihrer Harz-Ernte zu attraktiven Preisen garantierte. Er musste zudem unablässig gegen Schmuggel kämpfen, den er noch immer mit wütendem Blick als informellen Handel bezeichnet. Und natürlich musste er von den laotischen Behörden die Erlaubnis erhalten, sich als Ausländer in den besonders beobachteten Gebieten zu bewegen, um ein Privatunternehmen aufzubauen.

Im Laufe von ein paar Jahren veränderte Francis die Belieferungskette mit Benzoe von Grund auf. Er ging von Dorf zu Dorf, um sein Modell vorzustellen. Er gründete mehrere Hektar Baumschulen, verteilte Tausende Baumsetzlinge, wählte Zwischenhändler aus, die er vorfinanzierte, damit sie den Harzsammlern Vorschüsse zahlen konnten. Er baute mitten in den Provinzen Sammelstellen auf und ließ Broschüren drucken, in denen Wissenswertes zum Storaxbaum und seiner Anpflanzung erklärt wurde. Er hielt seine Versprechen, kaufte die Produktion der Harzsammler, selbst wenn er sie nicht brauchte, und nahm somit eine ausgleichende Rolle in der Lieferkette ein. Er förderte die Agroforstwirtschaft in einem riesigen Gebiet, gab den Dorfbewohnern, die zigmal reingelegt worden waren, ihr Vertrauen zurück und führte, indem er seine Energie und sein eigenes Geld investierte, eine nachhaltige ländliche Entwicklung ein, lange bevor diese in Mode kam. Als einer der Ersten begriff er, dass die Quellen, auf die die natürlichen Duftstoffe zurückgehen, einen intelligenten und fairen Umgang erfordern und das Wissen der Gemeinschaften, die sie produzieren, Achtung verdient.

Als Francis in Laos ankam und die Behörden ihm schließlich erlaubt hatten, sich frei zu bewegen, merkte er, wie schwierig es war, in die isolierten Dörfer im Norden des Landes zu gelangen. Brücken stürzten ein, Straßen wurden vom Regen fortgespült. Die Gebiete für Benzoe im Nordwesten waren ausschließlich mit einem Einbaum zugänglich. Oft nutzte er Militärkonvois, um in die entlegenen Dörfer zu kommen. Er lief ganze Tage zu Fuß, wenn kein Fahrzeug zur Verfügung stand, schlief irgendwo und aß irgendwas. Eines Morgens verpasste er den Armeehubschrauber, der ihm drei Reisetage erspart hätte, doch ein paar Stunden später erfuhr er, dass die Maschine im Wald zerschellt war. Zielstrebig begann er als Zwischenhändler für Benzoe und fragte, ohne irgendjemanden zu kennen, bei einem Industrieunternehmen an, und auf diese Weise lernten wir uns kennen.

Francis ist unbeugsam, manchmal empfindlich, und seine Beziehungen zur Parfumindustrie waren anfangs schwierig. In der Branche war es üblich, Harze und Rohharze wie Benzoe bei Zwischenhändlern zu kaufen, vor allem deutschen, die seit Jahrzehnten auf diesen Handel spezialisiert waren. Francis war schockiert über das Unwissen, mit dem all das betrieben wurde, entsetzt über den Mangel an Neugier bei den großen Firmen, über ihre Vorbehalte, sich vertraglich auf lange Sicht zu binden, über das geringe Interesse an seinem Engagement und seiner Leidenschaft. Ich liebe Bäume zu sehr, als dass mich seine flammenden Reden nicht erreicht hätten. Voller Bewunderung für sein Unterfangen hörte ich ihm zu, wenn er seine Visionen und Pläne ausbreitete und von den Dörfern und Harzsammlern erzählte. Er begann, an den Tagungen der Parfumindustrie teilzunehmen. Mit der Aktentasche unterm Arm und dem Gang eines Bauern aus der Charente, der er nicht war, provozierte er häufig die Duftstoffeinkäufer, die ein wenig zu selbstsicher auftraten und, ohne genauer nachzudenken, nur seine Preise drücken wollten. Er war auf der Suche nach guten Kontakten und vor allem nach einem Ansprechpartner, der sich für die Harzsammler interessierte. Auf diese Weise fanden wir uns.

Bei unserer Ankunft in Phiengdi umringten die Kinder aus dem Ort das Auto von Francis. »Khampien war der Erste, der für mich gesammelt hat«, sagte er und stellte mir den Dorfvorsteher vor. »Wir haben zusammen eine Baumschule gegründet, und er hat sofort verstanden, was ich im Sinn hatte.« Das Dorf war ein Juwel am Ende der Welt. Dreißig eng an einen Weg gedrängte Häuser überragten ein schroffes Tal, an dessen Ende ein kleiner Fluss floss. Die Dorfbewohner hatten dort ein paar winzige vietnamesische Turbinen aufgebaut, deren Räder gerade so viel Strom produzierten, um ein paar Dutzend Glühlampen zum Leuchten zu bringen.

Die traditionelle Begrüßungszeremonie, *basi*, fand bei Khampien und seiner Frau Mê Ibai statt, deren Haus das größte im Dorf war. Mê Ibai war die Tochter von Phommi, dem Gründer des Dorfes, einem der Ältesten, der Francis 1991 zum ersten Mal Benzoe gezeigt hatte. Nach zwei Jahren hatte Francis die Erlaubnis der Behörden erhalten, mit einem sowjetischen Militärfahrzeug in das Gebiet vorzudringen, das von dieser ethnischen Minderheit, den Lao Phong, bewohnt wurde. Und Phommi hatte ihm seine ersten Echten Storaxbäume gezeigt. Francis erzählte mir von dem stundenlangen Marsch mit Phommi bis zu den Bäumen, die voll von erstarrtem Harz waren. »Die Bäume bluteten, als sei das ihr Ausdruck für einen großen Schmerz«, erinnerte er sich. Inzwischen hatte Khampien die ersten Reden zu unserer *basi*-Zeremonie gehalten. Anschließend hatte er Francis offiziell verkündet, dass sie ihm ein Haus gebaut und geweiht hatten und dass wir an diesem Abend dort schlafen würden. Francis hatte einen Kloß im Hals, und seine Augen glänzten. Das Dorf nahm ihn auf, das war etwas sehr Seltenes, er wusste die Ehre zu schätzen, und mit zitternder Stimme antwortete er auf Laotisch. Dann kamen die Kinder und banden uns bunte Baumwollbänder als Glücksbringer um die Handgelenke, wobei sie den Kopf senkten und ein paar Verse aufsagten. Schließlich war es Zeit für den Tonkrug-Wettkampf. Die anwesenden Gäste forderten uns zu ein paar Spielen auf: Wir mussten so lange wie möglich Reiswein durch einen langen Bambusstängel aufsaugen, der in einem großen

Tonkrug steckte. Das Getränk war nicht sehr stark, aber ich wollte niemanden enttäuschen und trank so viel, dass mir der Kopf ordentlich schwirrte. Es wurde viel gegessen, gegrilltes Rindfleisch, Eier, verschiedene Suppen und Reis. Alle sangen, Mê Ibai stimmte laut die Strophen an, und die Kinder setzten im Chor in einen wogenden Singsang ein, der zwischen lautem Gesang und Gemurmel changierte und von der Geschichte des Dorfes und Wünschen für die Zukunft handelte. Francis übersetzte: Der Gesang endete mit dem Wunsch, er möge so lange wie möglich in seinem neuen Haus wohnen. Dann war ich an der Reihe, und der Alkohol tat ein Übriges. Das erste Lied, das mir in den Kopf kam, war *À la claire fontaine.* Im Raum herrschte Stille, die Kinder saßen mit offenem Mund da und waren erstaunt über dieses alte französische Lied, das hier exotisch anmutete. Ich erlebte diese Augenblicke sehr intensiv … Die Güte und Schönheit der Dorfbewohner, die Verbundenheit, die in dem zugleich ernsten und beschwingten Ritual ihren Ausdruck fand – nie zuvor hatte ich etwas Vergleichbares erlebt. Spät am Abend, als alle sich zurückgezogen hatten, begleitete Khampien uns zu dem neuen Haus ganz in der Nähe, das mit Blick aufs Tal auf seinen Holzpfählen stand, und ließ uns schließlich zu zweit. Es gab noch keine Möbel, und wir schliefen auf einer Matte auf dem Schlafzimmerboden des neuen Hausherrn. Wir hatten nur eine Decke, und es war kalt in diesem Februar, hoch oben in den Bergen von Nordlaos. Doch das war mir egal, es war ein unvergessliches Erlebnis, und ich war sehr glücklich.

Im Zuge der Zeremonie hatte man mich den Geistern des Dorfes, der Ältesten und des Waldes vorgestellt. Nun hatte ich dort meinen Platz und konnte an den Aktivitäten der Gemeinschaft teilnehmen. Am Morgen nahmen wir die erste Mahlzeit des Tages am Feuer im Haus von Khampien ein, und ich lernte, Reis zu formen, indem ich eine gute Handvoll in eine der hübschen zylinderförmigen Bambusschalen füllte, die es in Laos überall gab. Mê Ibai frittierte Eier und bot uns große weiße Larven an, die sie im Bambus gesammelt hatte. Francis beobachtete mich, er stellte seine Gäste gerne mit unerwarteten Gerichten auf die Probe. Ich schluckte einen Bissen von der Larve mit Reis hinunter, es schmeckte weder gut noch schlecht, einfach die Art von Speise, über die man lieber nichts Genaueres wusste. Anschließend machten wir uns auf den Weg, um Benzoe zu sammeln. Khampien ging voran, dahinter zwei Harzsammler, die ihm barfuß folgten. Oben vom Dorf aus schweifte unser Blick über einen dicht bewaldeten Hang, aus dem ein paar hohe Wipfel aufragten und der undurchdringbar schien. Das Massiv sei heilig, erklärte mir Francis, niemals würde jemand irgendetwas dort abschneiden, man ging ausschließlich zu Ehren von bestimmten Bäumen dorthin. In diesen Gemeinschaften ist der Schamanismus sehr verbreitet, und die Beziehung zum Wald hat eine fundamentale Bedeutung. Bäume sind schützend, nahrhaft und heilig.

Am Waldrand angekommen, verstummten unsere Führer. Wir hörten nur noch das Geräusch der Blätter im Wind, und selbst die Vögel schienen die Stille des Ortes zu respektieren. Unsere Wanderung zu den Benzoe-Bäumen schien mir mit einem Mal viel mehr zu sein als die schlichte Suche nach einem Rohstoff. Seit meiner Taufe bei der *basi*-Zeremonie wirkte alles auf mich wie eine stille, geheimnisvolle Initiation, der ich mich hingab – ein Geschenk von Francis, damit ich verstand, warum er sich entschieden hatte, sein Leben diesen Dörfern zu widmen. Wir liefen stundenlang und begegneten mehrmals jungen Mädchen mit Körben voller Maiskolben auf dem Kopf, bevor wir schließlich zu einem kleinen Massiv mit Storaxbäumen gelangten. Der Benzoe-Baum kann im Laufe der Zeit riesig werden, aber damit er einen guten Ertrag abwirft, beginnt man schon nach sieben Jahren mit der Nutzung. Die Bäume standen gruppenweise auf gerodetem Land. Dort hatte der Landbesitzer sie in die Erde gepflanzt, nachdem er ein Stück des Hügels durch Brandrodung für den Reisanbau freigelegt hatte. Der Zyklus der Benzoe beginnt im November. Dann ritzt der Harzsammler Rindenstücke am Stamm ein und lockert sie ein wenig, ohne sie ganz abzulösen, sodass sich natürliche Taschen bilden, in denen sich das Harz sammelt. Drei Monate lang lässt man die Bäume bluten. Währenddessen oxidiert das Harz, wird dabei hart und bildet die kleinen tränenförmigen Häufchen, die so begehrt sind. Francis hatte mir versprochen, ich könne bei der Ernte dabei sein, die einen Monat vor unserer Ankunft begonnen hatte. Ein Harzsammler bereitete alles dafür vor, um in den Baum hinaufzuklettern. Er schnitt ein Stück Bambus und eine Liane ab und befestigte das grüne Stück Holz am Baumstamm. Mehr brauchte er nicht für eine Leitersprosse, auf der er bei der Arbeit Halt fand. Mit einem großen Umhängekorb und einem Schaber in der Hand kratzte er an jeder Tasche vorsichtig die Häufchen ab. Benzoe ist zunächst weiß und hat noch kaum Farbe durch die Oxidation angenommen. Mit der Zeit werden die kleinen Brocken gelb, später orange bis beinahe braun. Etwa fünfzehn Einkerbungen waren rund um den Stamm bis in eine Höhe von zehn Metern vorgenommen worden, und der Harzsammler kratzte alles rund um den Einschnitt ab, damit nichts am Baum hängen blieb. Bei der Harzgewinnung geht es immer darum, genau zu wissen, wie viel man aus dem Baum herausholen kann, ohne ihn auszulaugen oder gar absterben zu lassen. Der Harzsammler schlug mir vor, hinaufzuklettern, und die Schnelligkeit, mit der er die Liane verknotete, um das Bambusstück zu befestigen, war beeindruckend. Ich löste das Harz an einer Tasche und entfernte meine Nase dabei kaum vom Stamm, denn ich war wie berauscht von dem köstlichen Duft des frischen Harzes, ein vannilliges, holziges und zugleich pudriges Bouquet, zu dem sich florale Noten mischten.

Die beiden Harzsammler sammelten die etwa zwanzig Bäume auf der Lichtung ab und füllten damit einen 15-Kilo-Beutel, was mir eine bescheidene Ausbeute für all die Arbeitsstunden schien. Zurück im Dorf, breiteten wir die Ernte auf dem Fußboden von Khampien aus, und der Duft des Harzes gewann Oberhand über den Feuergeruch. Die kleinen Stücke waren vollkommen unterschiedlich in ihrer Größe, viele klebten noch an Rindenstückchen. All das würde für den Handel sortiert, erklärte mir Francis. Khampien wog unsere Ausbeute und füllte sie anschließend in einen seiner Säcke. Während der zweimonatigen Ernte würde er den Harzsammlern die gesamte Produktion abkaufen und sie in das Lager von Francis nach Sam Neua bringen. Weil er von ihm einen Vorschuss erhielt, sammelte er die Ernten mehrerer Dörfer, lieferte alles zusammen ab und bekam dafür eine Provision. In Vientiane erhielt Francis das Harz seines gesamten Netzwerks, das sich über den ganzen Norden des Landes erstreckt, und Dutzende Frauen sortierten die Benzoe nach Güte und Größe, wobei die größten Stücke die beste Qualität aufwiesen. Anschließend versandte er seine Kisten an all seine Kunden, darunter auch meine Firma, und wir mussten das Harz nur noch in Alkohol lösen, um das Resinoid herzustellen, das später Teil einer Parfumformel wurde. Eine kürzere Lieferkette konnte man sich nicht vorstellen.

Auf dem Rückweg nach Vientiane erzählte Francis mir, dass die Produktionsgebiete in der Kolonialzeit bereits dieselben gewesen waren wie heute. In Tonkin trugen damals Männer die Benzoe in 25-Kilo-Ladungen auf dem Rücken, dann fuhr die Ernte auf Bambusflößen die Flüsse hinunter bis nach Luang Prabang, der berühmten Stadt im Norden. Für die Provinzen im Osten bildete man Karawanen mit Ochsengespannen bis nach Vientiane. Dort wurde das Harz an chinesische Händler weiterverkauft, die es nach Hanoi, Saigon oder Bangkok versandten. Am Ende dieser Reise, die bis zu drei Monate dauern konnte, stand die Stadt Bangkok, die zum Hauptverladeplatz für Benzoe wurde.

All das war lange her, aber es blieb kompliziert für Francis: »Ich bin hier ein Gast. Ich darf mir nichts zuschulden kommen lassen und muss die Regeln und das Steuersystem beachten. Vertrauen gewinnt man nur langsam, aber es kann von einem Tag auf den nächsten verloren gehen. Das vergessen so viele Europäer … Jahrelang hat man genau beobachtet, was ich mache, inzwischen nehmen mich die Behörden und die Ministerien ernst und unterstützen mich. Das große Problem ist der Schmuggel. Ich bin der Einzige, der Gewerbesteuer für das Sammeln von Benzoe zahlt, außerdem alle Steuern an die Provinzen und Exportsteuer. Alle wissen, wie die Chinesen und Vietnamesen es machen. Sie fahren mit Motorrädern in den Dörfern vorbei und bieten Bargeld an, um knapp über meinem Preis bei den Leuten einzukaufen, die ich vorfinanziert habe. Die Behörden wissen darüber Bescheid, aber die Verwaltung lässt das durchgehen, weil sie bestochen wird und davon profitiert …«

Ich kam mehrmals wieder, um Francis zu besuchen. Jedes Mal entdeckte ich etwas Neues, das er gemacht hatte, neue Projekte, Lager, die er in anderen Regionen für Benzoe gebaut hatte, andere Produkte. Inzwischen verkauft er Königszimt, wie der Zimt aus Huế genannt wird, eine Rinde, die damals den Königen vorbehalten war und die Francis aus der Versenkung geholt hat, indem er alte Zimtbäume in abgelegenen Tempeln wiedergefunden hat. Er hat eine endemische rote Ingwerart im Angebot und Bienenwachs von Wildbienen aus dem Wald, ein einzigartiges Wachs mit einem schweren, rauchigen, animalischen Duft, eine echte Entdeckung. Er arbeitet mit kleinen traditionellen Destillerien für Adlerholz zusammen, die versteckt auf dem Land liegen. Er hat eine wahre Leidenschaft für diesen mythischen Baum entwickelt, den Aquilaria, der in Laos verbreitet ist, und zwar derart, dass er einen hundertjährigen Baum gekauft und ihn eingezäunt hat, um ihn abzuschirmen und vor dem Fällen zu schützen. Francis hat seine eigenen schamanischen Methoden.

Bei meinem letzten Besuch 2017 hatte er gerade zwei schwierige Jahre hinter sich, denn das Hochwasser des Mekong und andere Klimaereignisse hatten ihn nicht verschont, aber er blieb optimistisch und entschlossen in einem Land, das sich mitten im Wandel befand. Mittlerweile gab es Motorräder zuhauf in Vientiane, die Touristen kamen in Scharen, das verschlafene Laos gab es nicht mehr. Die von den Chinesen geplante und realisierte Schnellzuglinie Kunming–Bangkok führte durch die Wälder im Norden. Die Regierung ließ ganze Dörfer umsiedeln, weil sie die Pläne behinderten. Der chinesische Imperialismus griff stillschweigend in der Landwirtschaft um sich mit Nutzungsrechten für Wälder und für riesige Plantagen mit Kautschukbäumen, Mais und Maniok. Wie nicht anders zu erwarten, verdrängte die Moderne Schritt für Schritt die Tradition.

Francis war sehr mitgenommen vom Tod Khampiens, der im besten Alter an einer Krankheit gestorben war. »Er war ein bemerkenswerter, intelligenter und treuer Mann. Sein Großvater war Harzsammler, sein Vater war im Krieg, und er selbst wollte Fortschritt und Erfolg. Durch ihn habe ich so vieles verstanden …« Mit ihm verlor Francis einen Freund und eine Verbindung zum Wald. Mit Khampien verschwand ein Teil von Laos, wie er es kennengelernt hatte, als er hier hergekommen war, und das sich seit der Kolonialzeit nicht sehr verändert hatte. Jetzt begann etwas Neues. Er kämpfte weiter gegen den illegalen Handel. Aufgrund der Stellung, die er in Laos inzwischen innehatte, hatte er darüber mit dem Premierminister sprechen können, und es waren neue Gesetze in Planung. »Es hat zwanzig Jahre gedauert, aber endlich nähere ich mich dem Ziel«, sagte er mir. In Europa setzte er sich nach wie vor für eine intelligent betriebene Agroforstwirtschaft ein. Er begeisterte sich auch für alle anderen Düfte, die anderswo auf der Welt von Bäumen geerntet wurden, wie Perubalsam, Styrax oder Weihrauch. Wir tauschten uns ausführlich über diese Balsame und Harze aus, die sowohl im Duft verwandt waren als auch im Hinblick auf ihre Geschichte und die Probleme, die es zu lösen galt, damit sie ihren Platz in der Parfümerie rund um die Welt behielten.

Eines Tages begleitete ich ihn zur Einweihungsfeier einer weiterführenden Schule, an deren Finanzierung er sich mit einem Kunden beteiligt hatte, der begeistert war von dem, was Francis tat. Er hatte geduldig darauf beharrt, dass weiterführende Schulen in den abgeschiedenen Gebieten von großer Bedeutung seien, um eine Abwanderung der Jugendlichen in die Städte zu vermeiden und ihnen die Möglichkeit zu geben, weiterhin von den Produkten aus dem Wald zu leben. Wir wurden von den Dorfbewohnern in traditioneller Kleidung empfangen, die Ehrenspaliere gebildet hatten, die jungen Mädchen hatten rot bemalte Zähne, was ihrem strahlenden Lächeln etwas Mysteriöses verlieh. Das, was für mich Schönheit und Exotik war, bedeutete für Francis etwas anderes, er sah in den Menschen eine Ethnie, die Lao Kho Poulanh, eine Sprache, eine Kultur, eine besondere dörfliche Wirtschaftsstruktur, junge Leute, die man zu Harzsammlern ausbilden sollte. Heute hat die Schule fünfhundert Schüler, der Weg ist zu einer Straße ausgebaut worden, und das Dorf verfügt über Strom und ein kleines Krankenhaus.

Wer Francis besucht, ist hingerissen von allem, was er zustande bringt, und er gilt als gutes Beispiel, wenn es um nachhaltige Entwicklung geht. Er selbst ist der Auffassung, er habe lediglich seinen Teil dazu beigetragen, eine natürliche Ressource zu bewahren, indem er deren Nutzung mit Herz und Verstand betrieben habe. »Ich wollte erfolgreich sein für die Gemeinschaften, die ihr Leben mit dem Harz bestreiten, und ich wollte auch mir selbst manches beweisen.« Er erinnert sich an meine Gedanken bei meinem ersten Besuch. »Sie haben mir damals gesagt, das Harz müsse mehr kosten, das sei unerlässlich. Ein erstaunlicher Gedanke von einem Duftstoffeinkäufer! Ich dachte, meine Kunden würden das niemals akzeptieren, aber Sie hatten recht. An diesem Tag habe ich begriffen, dass die Duftstoffeinkäufer durchaus auch die Menschen und die Zukunft im Blick haben können.«

Unser Beruf braucht Leute wie ihn. Er hat eine Methode entwickelt, eine historische Duftquelle zu bewirtschaften, indem er die Produzenten im Wald einbezieht. Er hat ihnen ein Einkommen gesichert, das sie zum Weitermachen bewogen hat. Eine Selbstverständlichkeit? Heute vielleicht, aber er hat das getan, bevor dieser Ansatz angesagt war und andere Rohstoffproduzenten ihm nacheiferten auf der Suche nach dem rechten Gleichgewicht zwischen dem Respekt gegenüber den Gemeinschaften und ihrem Lebensraum und der Bedürfnisbefriedigung der Parfümeure. Wenn ich rund um die Welt engagierten Frauen und Männern begegne, die ihr Leben dem Ursprung der Essenzen widmen, denke ich immer an Francis, den Pionier einer nachhaltigen Entwicklung, der am Ende der Welt eine Methode zur Rettung eines Duftes erfunden hat und sich unermüdlich einsetzt für die Völker dieser Region und für ihre Weisheit.

Die süße Rinde

Sri Lanka, Zimt

»So sieht ein Zimtbaum aus, wenn man ihn wachsen lässt«, erklärte Lasantha mir und lehnte sich an einen mittelgroßen Baum, der mit seinem grauen Stamm und den zartgrünen, glänzenden Blättern einem typischen Tropenbaum entsprach. »Aber erstaunlicherweise ist das Öl aus seiner Rinde nicht am besten, wenn er alt ist. Wir verarbeiten nur die jungen Triebe.« Mein Zimtöl-Lieferant zeigte mir die Gärten von Lunuganga an der Südwestküste der Insel, für mich einer der bezauberndsten Orte auf Sri Lanka. Ich näherte mich dem Baum, ich löste ein kleines Stück Rinde von einem Zweig, ich rieb an ein paar Blättern, und der bekannte Zimtgeruch hüllte uns ein. Das Anwesen war von dem berühmten Architekten des Landes Geoffrey Bawa angelegt worden, für den Umweltschutz immer dazugehörte und der das Talent besaß, eine Brücke zwischen den Kulturen Asiens und Europas zu schlagen. Unterschiedliche Elemente sind hier im Einklang wie kaum irgendwo sonst. Die prächtigen Pflanzen sind in einzelnen Gartenabschnitten terrassenförmig angeordnet, das Haus aus Holz und Glas in traditionellem

Architekturstil samt Nebengebäuden fügt sich unauffällig in diese Kulisse ein. Zeitgenössische Skulpturen und große alte Tongefäße setzen darin Akzente. Die üppige Vegetation von Sri Lanka entfaltet sich mit Bäumen und Blumen bis ans Ufer des großen Sees, der an den Ozean grenzt, in einer ausgefeilten Anordnung, in der jede Art eine eigene kleine Landschaft entfaltet. Der Zimtbaum leistet den Kapokbäumen Gesellschaft, und zwischen Palmen mit dünnen roten Stämmen ist ein Reisfeld zu erahnen, umgeben von alten, knorrigen Tempelbäumen, deren Zweige tropische Schnörkel in den blauen Himmel malen. Eine Idylle, in der ein leichter Wind vom Ozean her weht und Vögel zwischen den Bäumen auftauchen, zwitschernde bunte Knäuel. In Lunuganga schlägt für mich das Herz des Landes, die Verbindung aus Exotik und Annehmlichkeit in tropischer Atmosphäre ist einfach hinreißend. Mit Mangrovenstränden in der Meeresbrise, anmutigen Statuen buddhistischer Tänzerinnen, Teeplantagen, die die Berge mit einem grünen, von den Pflückwegen gestreiften Teppich überziehen, Vogelschwärmen und dem Duft nach Zimt bietet das Land dem Besucher vielfältige Eindrücke und eine erhabene Ruhe.

Im Jahr 2015 war ich nach etlichen vorangegangenen Besuchen wieder einmal in Sri Lanka. Die Insel ist gar nicht weit entfernt von den Jasminfeldern von Tamil Nadu. »Du wirst sehen, es ist wie in Indien, nur viel sauberer!«, hatte Raja mir vor meinem ersten Besuch mit auf den Weg gegeben. »Man sollte es nicht zu laut sagen, aber ihr Pfeffer ist deutlich besser als unserer … Zum Glück bauen sie keinen Jasmin an!«

Sri Lanka nennt sich die »Insel der Gewürze«, was historisch durchaus gerechtfertigt ist, denn diese Rolle ist seit der Antike verbürgt. An der Westküste der Insel wird seit jeher Zimt und Pfeffer produziert. Sie ähnelt der Küste Keralas in Indien, die ebenfalls nach Westen ausgerichtet ist und auf demselben Breitengrad liegt. An diesen beiden Küsten liegt der Ursprung des Gewürzhandels, der die Römer und später im Mittelalter ganz Europa beschäftigte. Die Gewürze wurden zunächst auf dem Landweg transportiert, zusammen mit Myrrhe und Weihrauch in den Karawanen aus Arabien, später, seit dem ersten Jahrhundert unserer Zeitrechnung, als die griechischen und römischen Seefahrer verstanden hatten, wie sie mithilfe des Monsuns mit ihren in Indien beladenen Schiffen von dort wieder zurückkehren konnten, beförderte man sie über das Meer. Heute ergänzen Madagaskar, Indonesien und Südostasien die Landkarte der wichtigen Gewürzquellen. Und auch wenn es inzwischen viele Orte gibt, an denen Pfeffer, Gewürznelken, Muskatnuss oder Kardamom gedeihen, liegt die Sache anders beim Zimt: Er ist auf Sri Lanka zu Hause und nimmt dort eine Vorrangstellung ein. Es gibt auch anderswo Zimt, aber es herrscht die einhellige Meinung, dass er nicht so gut ist. Ceylon-Zimt, *Cinnamomum zeylanicum*, genießt einen guten Ruf sowohl für den Verzehr als auch für die Verwendung in der Parfümerie. Sein Hauptkonkurrent ist der chinesische *Cassia*-Zimt, eine verwandte Sorte, die in deutlich größeren Mengen viel günstiger produziert wird, deren Geschmack und Geruch aber erheblich zurückbleiben.

Zimt war schon immer bekannt und geschätzt. Er gehört zu den wenigen aromatischen Produkten, die schon in ältester Zeit als unentbehrlich angesehen wurden. Der von den Ägyptern verwendete Zimt kommt auch in der Bibel vor:

»Ich habe mein Lager mit Myrrhe besprengt, mit Aloe und Zimt« (Die Bibel, Sprüche 7, 17).

Gewürz, Harz und Holz: Diese Verbindung illustriert sehr schön, welche Düfte vor mehr als dreitausend Jahren miteinander kombiniert wurden. Die süße Wärme von Zimt zusammen mit der kräftigen Myrrhe und dem unvergleichlichen Rauchholz des Adlerholzbaumes – der in der Antike »Aloe« genannt wurde – lässt uns in die Welt der Düfte eintauchen.

Die Eroberer und Besatzer von Sri Lanka – Portugiesen, Holländer und Engländer – trieben das Sammeln und den Handel mit den Gewürzen, die Haupteinnahmequelle der Insel, allesamt sehr voran, bis die Engländer im neunzehnten Jahrhundert die Hügel von Ceylon mit Tee bepflanzten, weil sie mit Kaffee gescheitert waren. Es muss sehr viele Zimtbäume gegeben haben, denn die Geschichtsschreibung erwähnt keinen Mangel oder schwindende Vorräte. Später entwickelte man die effektivste Methode, um die Rinde zu ernten. Die beste Qualität stammt von jungen Trieben, die nicht älter als zwei oder drei Jahre alt sind, denn es kommt auf die Dicke der Rinde an. Statt wie ursprünglich die Zweige von wilden Bäumen zu ernten, pflanzte man nun Plantagen an, die leichter zugänglich und produktiver waren.

Lasantha ist wie sein Land. Er ist ausgesprochen höflich und spricht mit leiser Stimme und viel Feingefühl. Es hat ein wenig gedauert, sein Vertrauen zu gewinnen und ihn dazu zu bringen, mir von der anderen Geschichte Sri Lankas zu erzählen, von den beiden Tragödien, die das Land innerhalb von fünfundzwanzig Jahren gebrandmarkt haben: dem Bürgerkrieg und dem Tsunami. Der Bürgerkrieg dauerte so lange, dass die Welt ihn schließlich vergaß. Die hinduistischen Tamilen im Norden wollten die Unabhängigkeit und die Teilung des Landes. Der Krieg gegen die singhalesische, buddhistische Mehrheitsbevölkerung dauerte bis 2009 und forderte mindestens 70 000 Opfer. Lasantha hatte bereits in den Neunzigerjahren in eine Destillerie für Zimt investiert. Zusammen mit seinem Teilhaber destillierte er die Rinde, aus der die edle Essenz für Parfums gewonnen wird, deren typischer Duft an Apple Pie oder Glühwein vom Weihnachtsmarkt erinnert. Er produzierte zudem ätherisches Öl aus den Blättern des Zimtbaumes, das reich an Eugenol ist. Es duftet intensiv nach Gewürznelken und lässt viele Menschen an den Zahnarzt denken. Dieses Öl ist weniger wertvoll, wird aber in großen Mengen für die technische Parfumindustrie, die Aromaindustrie und die pharmazeutische Industrie produziert.

Anfang der Zweitausenderjahre ereigneten sich zunehmend Attentate in der Hauptstadt Colombo, bei denen immer mehr Zivilisten getötet wurden. Lasantha hatte immer größere Angst, bis ihn eines Tages Panik ergriff bei dem Gedanken, seine Frau und seine Kinder in den Bus steigen zu lassen. Darum entschied er sich wie schon viele andere vor ihm, mit seiner Familie nach Australien zu gehen, in das für Singhalesen unkomplizierteste Aufnahmeland. Lasantha war nicht in Sri Lanka, als am 26. Dezember 2004 urplötzlich ein Tsunami 30 000 seiner Landsleute an den Küsten im Süden und Westen des Landes und insbesondere entlang der Zimtplantagen mit sich riss. Sein Geschäftspartner verlor an jenem Tag mehrere Familienmitglieder. Bei meinem ersten Besuch hatte Lasantha mir in der Umgebung der Stadt Bentota in der Nähe seiner Fabrik die vielen Reihen kleiner Gräber entlang der Eisenbahnlinie gezeigt, die von Colombo am Ozean hinunterführt. Es schnürte mir die Kehle zu, die Gräber an der Küste zu betrachten und die Geschichten so vieler Familien zu hören, die in den Zimtplantagen gearbeitet hatten und von der Welle fortgerissen worden waren. Auch wenn für heutige Besucher die Spuren der 100 000 Toten, die die Insel innerhalb eines Vierteljahrhunderts zu beklagen hatte, nicht sichtbar sind, so sind die Wunden bei den meisten Einwohnern doch tief. So war es auch bei Lasantha. Der kleine, schlanke Mann war zum Hochleistungsläufer geworden und hatte sich ein extrem hartes Sportprogramm auferlegt, er aß sehr wenig und trainierte mehrere Stunden täglich. Hinter seinem Lächeln verbarg sich die Kraft eines Menschen, der schon viele Prüfungen bestanden hatte. Da er im Exil nicht glücklich geworden war, war er direkt nach Kriegsende zurück nach Colombo gekommen, um ein neues Geschäft mit der Destillation von Zimtrinde aufzubauen, und überließ seinem Partner die verbreitetere Handelsform mit Zimtstangen zum Verzehr und für Getränke.

Die Felder mit den Zimtbäumen fallen nicht auf, weil sie ein wenig abseits der Küste versteckt hinter den Gleisen der Zugstrecke liegen, wenn man von Colombo aus nach Galle hinunterfährt. Mit Stränden und Kokospalmen ist der idyllische Küstenabschnitt seit etwa zehn Jahren wieder touristisch geworden, das Tsunamidrama scheint vergessen. Die Plantagen mit den Bäumen von Lasanthas Partner stehen rund um Bentota, ein paar Hundert Meter von der Eisenbahnstrecke entfernt hinter den Dörfern. Die Zimtproduktion wird nach wie vor auf traditionelle Weise organisiert, daran scheint sich nichts zu ändern. Der Besitzer einer Plantage »rekrutiert« mehrere Familien, die sämtliche Arbeitsschritte übernehmen. Bei Tagesanbruch teilt die Familie die Arbeit auf: Der Mann schneidet die Schösslinge ab und entfernt die Äste, seine Frau und die älteren Kinder sammeln alle Äste auf und schnüren sie zu Bündeln, die an eine Destillerie verkauft werden, die Öl aus den Blättern herstellt. Die Schösslinge sind die jungen Triebe, die aus dem Stamm des ursprünglich gepflanzten Baumes austreiben. Man lässt die jungen Bäume drei Jahre wachsen, dann kappt man sie, woraufhin viele junge Triebe entstehen, die man nach zwei Jahren, wenn sie die Größe eines Besenstiels erreicht haben, abschneidet. Eine Plantage kann auf diese Weise mit den ursprünglich gepflanzten Bäumen mehr als vierzig Jahre alt werden. Der Stamm eines Zimtbaumes kann im Laufe der Jahre sehr hoch wachsen, aber die jungen Triebe werden nicht höher als drei Meter. Die Arbeit geschieht still, man hört nur das Geräusch der Macheten, mit denen die Triebe abgeschnitten werden. Am späten Vormittag wird die Ernte auf dem Hof gesammelt, wo daraus der Zimt hergestellt wird.

Auf Lasanthas Hof hatten sich im Schatten einer großen Schälhütte vier Familien ihre Arbeitsplätze eingerichtet. Alle saßen im Schneidersitz auf dem Zementboden unter hängenden großen Gittern, auf denen Hunderte feine, orange-braune Stangen bis zum Verkauf lagerten. Das Familienoberhaupt ist verantwortlich für die Produktion, ein Handwerker, der geachtet wird und Anerkennung für sein Können genießt. Man braucht Jahre, um gut zu sein in diesem Beruf und alle Arbeitsschritte zu beherrschen. Die qualifizierten Zimt-»Macher« sind gesucht, sie verdienen gut und bilden ihre Kinder für diese Tätigkeit aus. Auch Zimt ist eine Familienangelegenheit. Jede Familie hat ihr eigenes Gebiet in den Plantagen, ihre eigenen Abläufe und ihren eigenen Platz in der Schälhütte. Sie arbeiten nebeneinander, aber mischen sich nicht untereinander. Der Anblick faszinierte mich, die Werkzeuge schienen wie aus der Zeit gefallen. Auf meine Bitte hin fragte Lasantha einen seiner Arbeiter, wie alt seine Methode sei. Er wirkte überrascht von der Frage und antwortete lächelnd, man habe das schon immer so gemacht. Welchen Grund konnte es schon geben, etwas, das sich als gut erwiesen hatte, anders zu machen? Wenn man sich mit alten aromatischen Bäumen beschäftigt, eröffnet sich eine ganz eigene Welt: die eines zeitlosen Handwerks. Ich habe in den Tropen Werkzeuge, Körbe, Seile, Leitern, Steinhämmer gesehen, allesamt seit jeher aus Material hergestellt, das aus dem Wald stammt, mit einer oftmals so ausgefeilten Technik, dass sie für uns kaum nachvollziehbar ist. Wissen, das von den Eltern an die Kinder weitergegeben wird, lautlose, gleichmäßige, findige, ressourcenschonende Gesten, schöne Objekte, Bambus, Rinde und geflochtene Lianen. Die Menschen, die dieses Handwerk von Laos über Somalia und Bangladesch bis nach El Salvador ausüben, sind Überlebende einer Welt, die im Verschwinden begriffen ist. Als Nachfolger der Jäger und Sammler erwecken sie meine Bewunderung, sie überliefern die besten Erfindungen der Menschheit aus einer anderen, früheren Welt. Auf jede dieser Begegnungen folgt für mich nach dem Kennenlernen, dem Beobachten und dem Austausch die quälende Frage: Wie lange wird es all das noch geben?

Ich saß mehrere Stunden bei den Zimtschälern, beobachtete die Handgriffe und Werkzeuge, sorgte mit meinen eigenen, unbeholfenen Versuchen für Gelächter und konnte mich nach einer Weile auch ein wenig mit ihnen unterhalten. Ich hätte Tage dort verbringen können, vollkommen versunken in das ungewöhnliche Ritual. Die Frauen kümmerten sich um den ersten Arbeitsschritt: Sie kratzten mit dem Messer die obere grüne Rinde ab, die nicht verwendet wird, weil sie zu viel Eugenol enthält. Ich starrte auf eine junge Frau, deren Geschick und Schnelligkeit mich verblüfften. Ich erkannte sie wieder, am Vormittag hatte sie große Holzbündel auf der Plantage zusammengetragen. Mein Blick machte sie verlegen, am Ende prustete sie vor Lachen los. Schließlich war der Zweig gelb und färbte sich im Zuge der Oxidation rot. Um das Lösen der inneren Rinde zu erleichtern, wird ein Metallzylinder von oben nach unten über das vorbereitete Stück Holz gerollt. Das Herausschneiden geschieht durch einen Längsschnitt, bei dem sich ein langes Stück herauslöst, das sich beim Trocknen von selbst zusammenrollt. Eine schwierige Arbeit, die gelernt sein will, bei der es auf Genauigkeit ankommt und die präzise Handgriffe mit einem speziellen Werkzeug für jeden Arbeitsschritt erfordert. Die Schnitte müssen die richtige Tiefe haben und trotz der Unregelmäßigkeiten im Holz gerade verlaufen. Die frischen schmalen Streifen werden in die Sonne gelegt, und sobald sie sich einrollen, werden sie ineinandergefügt und ergeben schließlich zwei Meter lange, dünne Stangen. Eine ältere Frau beaufsichtigte die Rinden in der Sonne und entschied, wann die Stangen die richtige Form hatten. Ihr Gesicht war gleichmütig, sie arbeitete schnell und gleichmäßig. Lasantha flüsterte mir zu: »Sie hat ihren Mann im Tsunami verloren, er war zu nah am Strand.« Niemand redete laut, es gab nur kurze Wortwechsel mit gedämpfter Stimme, deutlich zu hören waren lediglich die regelmäßigen Geräusche der Werkzeuge. Wenn die langen, edlen Stücke herausgeschnitten waren, wurde die restliche Rinde der Äste herausgekratzt und in die Destillation gebracht, um Öl daraus zu produzieren.

Lasanthas Destillerie befand sich in einem Nachbardorf, am Ende eines kleinen Weges hinter einem Metalltor. Nichts deutete darauf hin, was sich dahinter verbarg. Rund um einen zentralen Hof waren mehrere einfache Lagergebäude voller Säcke mit Rinde und zwei kleine Destillationseinheiten angeordnet. Hier war alles sehr überschaubar. Der Dampfkessel wurde mit dem Holz der geschälten Äste befeuert. Ganz zum Schluss kippten die Arbeiter die aufgereihten Alembiks per Hand, um die darin verbliebenen Rindenstücke auf den Boden zu entleeren. Sie wurden auf eine Schubkarre geladen, während bereits neue Säcke mit Zimtstücken herangebracht wurden, um die Bottiche erneut zu befüllen und eine neue Phase zu beginnen. Hinter den Werkstätten waren reihenweise Dutzende von Metalltöpfen aufgereiht, in die das Kondensat tropfte, das aus den Alembiks herauslief. Ein bemerkenswerter Anblick! Nach und nach klärte sich das ätherische Öl und wurde an der Oberfläche jedes Bottichs abgeschöpft. Lasantha schaute mich schweigend an, befeuchtete seinen Finger an der Oberfläche des Öls und nickte. Man hörte nur das Plätschern des zirkulierenden Wassers. Die Sonne ließ die goldene Oberfläche der Gefäße leuchten. Das Ganze hätte auch als eine moderne Kunstperformance durchgehen können.

Der Grund für meinen erneuten Besuch bei Lasantha hatte nichts mit den großen Tragödien des Landes zu tun, aber für Lasantha als kleinen Destillateur war es doch ein Drama. Seit mehreren Monaten hatte die Qualitätskontrolle meiner Firma seine Ölproben zurückgewiesen, obwohl wir seit Jahren mit ihm zusammenarbeiteten, er ein seriöser und treuer Geschäftspartner war und seine Produkte normalerweise hervorragend waren. Doch Zimtöl ist eine komplexe Verbindung mehrerer spezifischer Komponenten. Aus olfaktorischen Gründen und aufgrund von Vorschriften müssen alle Chargen geprüft und analysiert werden und den Vorgaben entsprechen. Im Fachjargon kommt es konkret auf das richtige Verhältnis von Zimtaldehyd und Eugenol an. Der erste Bestandteil ist für den charakteristischen Zimtgeschmack und -duft verantwortlich, der zweite verursacht den Duft nach Gewürznelke und muss weniger dominant sein als der erste. Das Ganze wurde nun noch komplizierter dadurch, dass der Gehalt eines ohnehin durch die Normen der Parfümerie stark begrenzten Moleküls noch weiter eingegrenzt werden musste: des Safrol. Dies brachte auch eine Änderung für die Komposition der Öle mit sich, die wir von Lasantha haben wollten, und zu dem Zeitpunkt konnte er den neuen Anforderungen nicht genügen. Nach zahlreichen Telefongesprächen hatte er mich inständig gebeten, zu ihm zu kommen, um ihm aus der schwierigen Situation herauszuhelfen. Wir waren sein wichtigster Kunde, er hatte Angst, uns zu verlieren. Die Destillerien in den Tropen sind häufig klein und sehr einfach, und die Diskrepanz zwischen diesen traditionellen Produzenten und den Abteilungen der großen Industrieunternehmen, die die Vorschriften überwachen, ist immens. Beide Seiten kennen sich nicht gut und verstehen sich schlecht. Ich für meinen Teil wusste das Glück zu schätzen, Lasantha als Lieferanten zu haben, der sich um die natürlichen Ressourcen kümmerte, der die Arbeiter, die die Rinden ernteten, unterstützte und an sich band, und der sorgfältig destillierte, ohne seine Produkte durch Hinzufügen von Zimtblätteröl zu verfälschen. Für ihn als Produzenten war es unabdingbar, dass wir die Vorschriften lockerten, wenn wir weiterhin ein schönes, reines Öl aus Sri Lanka erhalten wollten. Es war also meine Aufgabe, dies den strengen Analysten in Genf zu vermitteln, die dafür zuständig waren, dass die Rezepturen der von uns produzierten Parfums auf lange Sicht konstant blieben. Sie konnten das Risiko nicht akzeptieren, dass eine Abweichung in der Analyse eines Öls den Duft eines Parfums veränderte.

Einen ganzen Vormittag lang widmeten wir uns der Sache, indem wir im Hof Reihen mit jeweils fünf Säcken aufstellten, die die unterschiedlichen Rindenqualitäten zum Destillieren beinhalteten. Die Stücke werden in verschiedene Kategorien sortiert, die größten Stücke gelten als die besten und sind somit die teuersten. Im letzten Sack befanden sich viele kleine Bruchstücke und Rindenspäne. Der Unterschied im Duft von einem Sack zum anderen war frappierend, und ich hielt mich länger bei diesem Detail auf. Lasantha konnte sie selbstverständlich genau zuordnen und bestätigte, dass die Anteile der drei Bestandteile in den verschiedenen Rindenqualitäten jeweils unterschiedlich waren. Den Duft, den wir haben wollten, mit unseren veränderten Normen in Einklang zu bringen, erschien ihm zu schwierig. Wir sprachen ausführlich darüber, und ich erklärte ihm, dass die Lösung darin liege, wie seine finale Mischung sich aus den unterschiedlichen Qualitäten zusammensetzte. Schließlich einigten wir uns auf einen neuen Versuch. Für mich war klar, dass der Anteil der hochwertigsten Rinde erhöht werden musste, was ihn vor ein Problem stellen würde sowohl im Hinblick auf den Preis als auch auf die gleichmäßige Verwendung seiner Vorräte. Wir vereinbarten, später noch einmal über den Preis zu reden. Er entspannte sich, und ich merkte, dass er bereits darüber nachdachte, was er mit der qualitativ schlechteren Rinde machen könnte, die ich ihm nicht abnehmen würde. Daraus würde anderes Öl hergestellt werden, weniger teures, für weniger anspruchsvolle Kunden. Mein Besuch war extrem wichtig für ihn, um ihn zu bestärken und damit ich mit ihm gemeinsam vor Ort die Schwierigkeiten besprechen und ihm unsere neuen Bedürfnisse erklären konnte.

Am nächsten Tag ging ich noch einmal auf die Zimtplantage. Ich streifte durch die dichten Äste und das üppige Blattwerk, nichts deutete auf den täglichen Beschnitt mit der Machete hin – eine Fülle, wie man sie nur selten erlebt. Der Zimtduft, der mich umgab, schien mir ein Symbol für die Sehnsucht des Landes nach beständiger Ruhe zu sein.

Wie könnte man gleichgültig bleiben angesichts dieses Baumes mit dem süßen Duft, der jahrzehntelang wächst und seine Rinde klaglos den Familien überlässt, die jeden Morgen zu ihm kommen und wissen, wie sie ihn behandeln müssen, damit sie weiter von ihm leben können?

Die Königin der traurigen Tropen

Vanille aus Madagaskar

Auf der Terrasse des Holzhauses, in dem wir gerade übernachtet hatten, zündete sich Pierre-Yves eine Zigarette an und ließ seinen Blick über die Hügel in der Umgebung des madagassischen Dorfes schweifen, das abgelegen in der Vanille-Region Sava liegt. An den steilen Hängen säumten Reisbeete kleine Vanilleplantagen im Schatten ihrer Wirtsbäume. »Egal ob Krise oder keine Krise, das ändert nichts für die Leute hier. Sie bauen Reis an, um etwas zu essen zu haben, und Vanille, um zu leben oder es zumindest zu versuchen …« Pierre-Yves ist Bretone und hat blaue Augen, Seefahreraugen. Er ist mit einer madagassischen Anwältin verheiratet und lebt seit fünfundzwanzig Jahren hier. Ich war zum ersten Mal 1994 auf Madagaskar, und wir arbeiten schon lange zusammen. Er baut nicht nur mit Leidenschaft Duftpflanzen an und destilliert sie, er hat auch Erfahrung mit sozialen Projekten in madagassischen Dörfern. Seit zehn Jahren betreibt er Kooperativen, lässt Brunnen ausheben und Krankenstationen und Schulen für die Firma bauen, die mich mit Vanilleschoten beliefert. Er spricht Madagassisch und kennt das Land und die Bauern dort sehr gut. Er gehört zu den wenigen Leuten aus dem Westen, die in der Lage sind, auch im Busch Nützliches und Nachhaltiges auf die Beine zu stellen, und da er sich mit Vanille auskennt, ist Pierre-Yves der Mann, den ich immer um seine Einschätzung und seinen Rat bitte.

2017 befand sich die Vanille seit einem Jahr in der größten Krise ihrer Geschichte, der Preis der von Madagaskar aus exportierten Schoten hatte sich innerhalb von kaum zwei Jahren verzehnfacht. Ich war gekommen, um die Situation auszuloten und eine geeignete Strategie mit unserem Lieferanten zu entwickeln. Das Unternehmen, für das ich arbeite, ist einer der wichtigsten Abnehmer von Vanilleschoten in der Industrie. Wir verarbeiten sie zu Extrakten für Kunden, die Produkte mit echter Vanille herstellen. Verglichen mit Produkten voller künstlicher Aromazusätze auf Basis von synthetischem Vanillin gibt es davon deutlich weniger, aber sie sind unvergleichlich im Geschmack. Ich tauschte mich mit Pierre-Yves über die aktuellen Entwicklungen der Krise aus, und er resümierte: »Ich dachte, ich hätte schon alles erlebt in Madagaskar, aber das hier will mir nicht in den Kopf …« Seit ich dieses Land bereise, will mir vieles nicht in den Kopf.

In Madagaskar ändert sich fast nie irgendetwas, schon gar nichts an der Armut. Das von der Weltbank zu den vier ärmsten Ländern der Welt gerechnete Land ist das einzige, dessen Bruttoinlandsprodukt seit 1960 gesunken ist, was aberwitzig ist. Die Schönheit der Landschaft ist nach wie vor in der Lage, die verheerenden Schäden der Entwaldung und der Plünderung des Meeresbodens zu kaschieren. Die meisten Straßen und Brücken sind noch

Überbleibsel dessen, was die Franzosen 1960 nach ihrem Abzug zurückgelassen haben. Eine untätige Regierung löst die nächste ab, Korruption von Politikern und Behörden ist die Regel. Das Gesundheits- und Bildungssystem ist vollkommen unterentwickelt, Investoren werden von fehlenden Vorschriften und fehlendem staatlichen Eingreifen abgeschreckt, und achtzig Prozent der Bevölkerung leben unterhalb der Armutsgrenze. In Tausenden Buschdörfern leben die bäuerlichen Gemeinschaften Generation für Generation im selben Elend.

Trotzdem ist Madagaskar ein unwiderstehliches Land. Man ist hingerissen von der Freundlichkeit der Madagassen, ihren ausgeprägten Traditionen und ihrer unglaublichen Widerstandsfähigkeit, die ihnen dabei hilft, ihr Leben mit derart wenig zu bestreiten. Die Merina im Hochland, die größte ethnische Gruppe, haben das Aussehen und die Ruhe von Indonesiern, von denen sie abstammen, und die Sakalava, die Volksgruppe der Nordküste, haben ihr afrikanisches Temperament bewahrt.

Auch nach mehr als zwanzig Jahren empfinde ich es noch immer als ein eindrückliches Erlebnis, durch die Dörfer im Busch zu fahren. Scharenweise Kinder spielen mit einem Kiesel und einem Stück Holz und winken und lächeln bei jedem Auto, das vorbeikommt. Die Frauen tragen mit stoischer Ruhe das Flusswasser kilometerweit auf dem Kopf ins Dorf hinauf, bis zu ihren »Hütten«, winzigen Buden aus Holz mit Dächern aus Palmenwedeln vom Baum der Reisenden. Mit seinen großen fächerförmigen Blättern ist er das Nationalsymbol. Das einzige Essen zu jeder der drei Mahlzeiten ist Reis, er wird auf dem Feuer gekocht, das nach Sonnenuntergang um 18 Uhr die letzte Lichtquelle bildet.

Die Landschaften dieses großen Landes sind extrem unterschiedlich. Unendliche Reisfelder und Strände, paradiesischer Urwald, zumindest dort, wo es ihn noch gibt … Madagaskar ist bekannt für seine Fauna und Flora, die Baobabs und Lemuren und für die Buckelwale, die ihre Jungen vor der Küste der Insel Sainte Marie zur Welt bringen.

Und schließlich hat das Land auch eine eigene echte Königin. Sie ist nicht endemisch, sondern hat sogar einen weiten Weg vom mexikanischen Yucatán zurückgelegt, bevor sie hier an der Nordostküste der Insel heimisch wurde. Die Königin von Madagaskar ist die Vanille.

Es war vor allem die Krise, die mich dazu brachte, erneut nach Madagaskar zu kommen, aber ich wollte mir auch Zeit nehmen, um mir die Projekte anzusehen, die wir mit unserem madagassischen Partner und Lieferanten förderten. Seit einigen Jahren hatte die Industrie angesichts des hohen Stellenwertes von Vanille und der extremen Armut im Land endlich die Augen geöffnet und in Entwicklungsprojekte investiert. Zugang zu Wasser, Gesundheit, Bildung, Ausbildung – es gab so viele Bedürfnisse, dass man gar nicht wusste, wo man anfangen sollte, aber man musste schon blind sein oder vollkommen gleichgültig, um hier Geschäfte zu machen, ohne sich um das Elend der lokalen Bauern zu scheren.

Wir waren am Vortag vom Betrieb unseres Partners aus aufgebrochen, für den Pierre-Yves arbeitete. Zunächst im Pick-up, dann, als der Weg nicht weiterführte, mit dem

Motorrad auf Pisten über steile Hügel, wobei wir uns an unseren Fahrern festklammerten. Das Terrain im Busch hatte die jungen Männer zu echten Cross-Rennfahrern gemacht. Eine Stunde vor dem Dorf, das unser Ziel war, trafen wir auf eine skurrile Karawane. Ein Dutzend Träger, die von zwei mit Gewehr bewaffneten Männern begleitet wurden, folgten einem einflussreichen Vanillehändler. Sie waren zu Fuß zu einer dreitägigen Expedition in den Busch aufgebrochen, um grüne Vanille zu kaufen, die anschließend zu den braunen Schoten für den Export verarbeitet wurde. Alle Geschäfte hier werden mit Bargeld abgewickelt. Die Zwischenhändler müssen persönlich in die manchmal mehrere Tage Fußmarsch voneinander entfernten Dörfer kommen und haben genügend Geldscheine bei sich, um die wertvollen Schoten, die sie abholen, zu bezahlen.

Im madagassischen Busch werden alle Waren zu Fuß befördert. Die Träger transportieren mithilfe eines dicken Bambusstabes über den Schultern eine Ladung von fünfundzwanzig Kilo, die zu beiden Seiten des Stabes herunterhängt. Zement, Bananen, Vanille – auf den unbefahrbaren Pisten wird alles auf diese Weise befördert. Doch die Explosion der Vanillepreise in den vergangenen zwei Jahren hatte erstaunliche Folgen gehabt. An jenem Tag transportierte die Karawane keine Schoten, sondern die Geldbündel, mit denen die Schoten bezahlt werden sollten. Genauer gesagt handelte es sich dabei um dicke, in Agrarfolie eingepackte Bündel, die jeweils 50 000 Dollar »schwer« waren! Fünf Träger mit jeweils 100 000 Dollar waren zusammen mit mehreren Reisträgern und den Begleitern unterwegs, die ihre Gewehre gut sichtbar trugen.

Insgesamt hatte der Konvoi 500 000 Dollar bei sich in einem Land, in dem das Einkommen eines Landarbeiters normalerweise zwei oder drei Dollar pro Tag beträgt, bestenfalls. Der Händler und seine Männer waren aufgebrochen, um acht Tonnen grüne Vanille zu kaufen, was kaum mehr als eine Tonne schwarze Vanille für den Export ergab in einer Gegend, die mindestens eintausendfünfhundert Tonnen produzieren musste, um die Marktbedürfnisse zu befriedigen. Als wir ankamen, beschlossen die Träger und die bewaffneten Männer, eine Pause zu machen. Alles an der Situation war unfassbar: die Anstrengung der Männer, die täglich fünfunddreißig Kilometer liefen mit einer Last, die mir in weniger als fünf Minuten die Schultern eingeschnitten hätte; der irreale Wert der schwarzen Päckchen hier am Wegrand irgendwo im Busch und die offensichtliche Gelassenheit der Karawane, nachdem sie uns klargemacht hatten, dass die beiden Wachen beim geringsten Verdacht schießen würden. Wir stiegen wieder auf die Motorräder, setzten uns hinter unsere Chauffeure und verabredeten uns mit dem Händler im Dorf zum Essen und um die Nacht in seinem Haus zu verbringen.

Unser Weg führte durch ein Tal. Unten war gerade Reis geerntet worden. Die Anhöhen waren mit neuen Vanilleplantagen bedeckt, kleinen, verschwiegenen Gärten. Die Lianen der Vanille wuchsen an Bäumen empor, die als Rankhilfen mit Macheten so gestutzt wurden, dass die Schoten zwischen Schatten und Sonne reifen konnten, ein schöner Anblick, der aber auf eine Überproduktion in naher Zukunft hindeutete. »Stell dir nur die Masse an Vanille vor, die es in zwei Jahren geben wird. Heute sind alle von den wahnsinnigen Preisen besessen, und niemand will daran denken, aber wie sollen wir unsere Produzenten bezahlen, wenn die Preise einbrechen?«, flüsterte Pierre-Yves mir bei unserer Ankunft im Dorf zu.

Wir sollten ein neues Gebäude für sechs Klassen in einer Grundschule einweihen, die wir finanziert hatten, ein Gemeinschaftsprojekt mit der Produktionskooperative für Vanille der Dorfbewohner. Wir ließen die Motorradfahrer zurück und liefen ins Dorf hinunter, wo die Zeremonie stattfand. Zweihundert aufgeregte Kinder hießen uns willkommen und sagten unter Leitung ihres Lehrers auf Französisch auf: »Guten Tag, Monsieur, wir freuen uns, Sie zu begrüßen.« Eigentlich hätte der regionale Schulrat anwesend sein sollen, aber Pierre-Yves erklärte mir, dass er, seit er im Zuge der französischen Kooperation wegen der beschwerlichen Wege mit einem Motorrad ausgestattet worden war, zu beschäftigt mit seinem eigenen Geschäft als Motorradtaxi war, um seine eigentliche Arbeit zu machen. Ein neuer Teil der Schule wurde eingeweiht, und der Vertreter der Behörde fehlte – mit einem Kloß im Hals sah ich die Kinder an. Das Ganze bot ein erbärmliches Bild des Lebens in Madagaskar. Die Schule war ganz neu mit wunderschönen Holzbänken ausgestattet, aber es gab keine Bücher. Die Kinder hatten lediglich ein Heft und einen Lehrer, der normalerweise mit vier bis sechs Monaten Verspätung bezahlt wurde. Manchmal kam er, manchmal auch nicht. An diesem Tag waren die Eltern der Kinder da, mit denen wir uns unterhielten. Die Madagassen waren neugierig, und wir waren die Attraktion des Tages. Pierre-Yves und ich beharrten darauf, wie wichtig ein breit gefächerter Anbau war. Unsere Botschaft lautete:

Nelken oder Rosa Pfeffer anpflanzen, um nicht mehr ausschließlich auf den Anbau von Vanille als einzige Einnahmequelle angewiesen zu sein.

Die Träger trafen bei Anbruch der Nacht ein, und die Geldbündel wurden im Haus des Händlers verstaut, wo die Vanille verarbeitet wurde. Dort würden wir auch schlafen, auf zwei Matratzen zwischen einer halben Million Dollar. Beim gemeinsamen Abendessen mit Reis und Eiern gab der Händler zu, dass ihm nicht ganz wohl dabei war, niemand von uns hatte schon einmal eine vergleichbare Situation erlebt. Am nächsten Tag würde er das Geld aufteilen und es in weiteren Dörfern abgeben, zwei Tage Fußmarsch entfernt. Drei Männer mit Gewehren hielten Wache, und ich konnte nicht einschlafen. Ich wunderte mich über das schwache, elektrische Licht, das ich sah. Es kam von chinesischen Solarschildern, die nun überall aufgestellt waren. Im madagassischen Busch gab es durchaus Fortschritte: Handys seit zehn Jahren, Motorräder seit zwei Jahren und jetzt Solarenergie.

Am nächsten Tag verließen wir unter dem Applaus der Kinder die Schule und suchten uns Motorradfahrer. Es regnete, wir mussten steile Abhänge hinunterfahren, um zum Fluss zu gelangen, es gab nur eine Route für die Rückfahrt. Die Wege waren überall eingesackt, und wir mussten die Motorräder durch Bäche schieben, wobei wir bis zu den Knien im Schlamm versanken. Zwei Stunden später kamen wir am Ufer des Flusses Bemarivo an der Pirogen-Station an. Die langen Boote aus verzinktem Blech, die üblicherweise mit Stangen fortbewegt wurden, waren immer häufiger motorisiert: am einen Ende der

Stange war ein kleiner Motor befestigt, am anderen ein Propeller. Der Schiffer brauchte Geschick, denn zu dieser Jahreszeit führte der Fluss nicht mehr als dreißig Zentimeter Wasser über den Untiefen.

Bis zur nächsten Straße waren wir drei Stunden auf dem Fluss unterwegs. Der Regen war noch stärker geworden, und die Plane, die als Dach diente, schützte uns nicht mehr. Der Fluss war angestiegen, grau, fast verschmolzen mit der bergigen Landschaft um uns herum wie auf einer chinesischen Druckgrafik, die von Tausenden Regentropfen gesprenkelt war. Wir kamen nur langsam voran. Unser Schiffer stand ungerührt in seinen Shorts hinten auf dem Boot, tropfnass im strömenden Regen, die Stange in der Hand, auf der Suche nach der besten Fahrrinne. Dann kamen wir zum Hafen, wo die Boote dicht an dicht in einem großen Kreis lagen, in dem alle umherliefen und wo die Frauen Reis an Bord kochten. Wir stiegen aus, mussten durchs Wasser waten und kamen vollkommen durchnässt an der Straße an, wo wir uns in eine Hütte flüchten konnten, in der eine Mutter mit ihren Töchtern Spieße mit Zebu-Fleisch verkaufte. Während wir um die Glut saßen, aßen und Kaffee tranken, warteten wir auf Gigi, die seit zehn Jahren meine Partnerin im Geschäft mit Vanille ist. Auch Gigi ist eine Königin. Sie trägt zwar keine Krone, aber sie ist die Herrscherin der Vanille in Madagaskar und als solche anerkannt.

Ich hatte sie fünfzehn Jahre zuvor in Antalaha kennengelernt. Damals war sie noch nicht die respektierte Autorität gewesen, die sie heute in der Sava-Region ist, dem großen Dreieck, das die Vanille-Region an der Nordostküste begrenzt. Antalaha ist neben Sambava eine der beiden Hauptstädte der Vanille. Alle Exporteure haben ihre Lager in einer der beiden Städte. Jedes Mal, wenn ich Gigi treffe, kommen alte Erinnerungen hoch: Nach der Landung in Sambava fuhr man früher die Küste entlang nach Antalaha hinunter auf einer kaputten Piste, von der sich weder die R4-Busch-Taxis noch die Lastwagen abschrecken ließen, die wie in Zeitlupe in die großen Spurrillen fielen, die mit jedem Regen noch ein wenig tiefer wurden. Man brauchte drei Stunden für diese achtzig Kilometer. Manche der Vanille-Exporteure ließen die Rivalität an einem Abend in der Woche beiseite und trafen sich zum Abendessen in einem schönen Kolonialhaus am Meer, das einer großen französischen Familie gehörte, die schon lange auf der Insel ansässig war. Ganz in der Nähe einer kleinen Werft, die noch Dauen aus Holz baute, trafen sich hier ein paar Auswanderer und die Vertreter madagassischer Familien chinesischer Herkunft, die sehr umtriebig im Vanillegeschäft waren.

Seit der Unabhängigkeit und dem Abzug der Franzosen sind die beiden Gemeinschaften, die an der Ostküste erfolgreich Geschäfte mit Vanille machen, im Handel und Export tätig: die *Karana*, indisch-pakistanische Muslime, von denen einige Familien auf der Insel zu Reichtum gelangt sind, und die Chinesen, Nachkommen von Immigranten aus Guangzhou, die seit 1900 hergekommen waren, um zwei Eisenbahnlinien für die Franzosen zu bauen. Ich erinnere mich noch an diese Abendessen, bei denen es immer um Vanille ging: Zunächst kreisten die Gespräche um die laufende Ernte, und am Ende wurden für gewöhnlich Anekdoten aus der Vergangenheit erzählt.

Die Pflanze, die sich hinter den bekannten braunen oder schwarzen Vanilleschoten verbirgt, ist eine Orchidee, ein Lianengewächs, das ursprünglich aus Zentralamerika stammt. Sie hat grüne, bohnenartige Früchte, die in bis zu zwanzig Zentimeter langen Rispen wachsen. Als Cortés 1520 in der späteren mexikanischen Stadt Tenochtitlán landete, wurde ihm das Getränk serviert, das der aztekische Herrscher Montezuma immer trank, und er war entzückt vom Geschmack der Vanille, der die Mischung aus bitterem Kakao und Chili versüßte. Er besorgte sich Vanilleschoten und importierte sie nach Spanien. Die Azteken ließen die Schoten an den Lianen reifen, wo sie gelb wurden, sich spalteten und ihr Aroma entwickelten. In dieser Form wurde die Vanille in Europa bis 1850 verwendet.

Im siebzehnten Jahrhundert wurden Lianen aus Mexiko auf die Antillen und nach Guayana gebracht und dort angepflanzt. Man baute sie im Gewächshaus an, wo sie gut gediehen und blühten, aber es gab ein Rätsel: Die Pflanzen trugen keine Früchte. 1820 gab es einen weiteren Versuch auf der Insel Réunion, wo man bereits zwanzig Jahre Erfahrung mit dem Anbau hatte, ohne auch nur eine einzige Schote zu ernten. Erstaunlicherweise löste sich das Rätsel ohne Zutun der Wissenschaft und der großen Botaniker der damaligen Zeit. 1840 begriff Edmond Albius, der elfjährige Sohn eines Sklaven auf La Réunion, intuitiv, was die Aufgabe einer ganz bestimmten Fliege in Mexiko war: die Bestäubung. Er brachte die männlichen und weiblichen Organe der Blüte mithilfe eines dünnen Stöckchens eines Orangenbaums miteinander in Kontakt. Und wie durch ein Wunder trugen die Lianen Früchte. Dies war die Geburtsstunde der Vanille im Westen mithilfe einer Technik, der man sich noch heute bedient. Die Europäer hatten mehr als drei Jahrhunderte gebraucht, um die Vanille zu verstehen.

Zehn Jahre später entwickelte ein Plantagenbesitzer das Erhitzungsverfahren der Schoten, bei dem die grünen Schoten einige Minuten in sechzig Grad Celsius heißes Wasser getaucht werden, was den Fermentationsprozess einleitet, im Zuge dessen sich das wunderbare Aroma entwickelt. Die Reaktion darauf war ein sofortiger Erfolg, eine starke Nachfrage begann: 1858 produzierte die Insel Réunion bereits zweihundert Tonnen Schoten. 1890 gab es bereits eine ganze Produktionskette für Vanilleschoten. Da die französischen Besatzer schon bald nicht mehr genügend Arbeitskräfte hatten, siedelten sie die Vanille auf den Komoren und den nahe gelegenen Inseln Madagaskar, Nosy Be und Sainte Marie an.

Als Madagaskar 1896 französische Kolonie wurde, explodierte die Vanilleproduktion förmlich: Sie kletterte von fünfzig Tonnen im Jahr 1910 auf mehr als eintausend Tonnen im Jahr 1930 und übertraf damit den weltweiten Verbrauch. In der zweiten Hälfte des zwanzigsten Jahrhunderts produzierten immer mehr Regionen auf der ganzen Welt Vanille, und nach Madagaskar teilten sich mehrere Länder den Rest des Marktes auf: Indonesien, Uganda und Tansania, die Komoren, Mexiko, Papua-Neuguinea und Indien. Immer mehr liebäugelten mit dem Anbau und versuchten sich darin, denn das Aroma der Vanille erfreute sich weltweiter Beliebtheit.

Gigi ist madagassisch-chinesischer Herkunft, und das Leben hat sie unbeugsam und unabhängig gemacht. Ihre Mutter war vom Vater verlassen und mit fünfzehn Jahren mit einem Chinesen verheiratet worden, von dem sie dreizehn Kinder bekam. Gigi ist die Jüngste. Ihre Eltern hatten einen Lebensmittelladen im Norden von Sambava und begannen vor der Unabhängigkeit in den Fünfzigerjahren, Vanille von den Bauern zu sammeln und zu verkaufen. So fing Gigi schon mit sechs Jahren an, Vanilleschoten zu sortieren und den Handel mit Vanille zu erlernen: die verschiedenen Qualitäten, die Klassifizierungen und Trocknungsstufen. Mit siebzehn Jahren trat sie in die Fußstapfen ihrer Mutter und begann, zwei Tagesmärsche von ihrem Zuhause in Antsirabe Nord entfernt, in den Dörfern im Busch als Zwischenhändlerin zu arbeiten. Sie hatte Erfolg, machte Geschäfte mit Exporteuren und entschied sich schließlich, selbst Exporteurin zu werden und mit einem französischen Partner zusammenzuarbeiten. Ich lernte sie kennen, als sie bereits ihr eigenes Unternehmen gegründet hatte, das inzwischen zu einem der beiden wichtigsten für den Vanille-Export geworden ist. Ein beachtlicher Erfolg.

Bereits als Kind zeigte sich Gigis Wesen in einem entschlossenen Blick und einer sanften Stimme. Aufgrund ihrer Herkunft hatte sie einen starken Willen entwickelt und schon als junge Frau große Ziele. Was sie von anderen in ihrem Umfeld unterschied, war die Nähe zu den Landwirten, den kleinen Plantagenbesitzern, die sie schon ewig kannte und deren Schicksal aufs Engste mit ihrem eigenen Tun verbunden war.

Gigi hat mir viel über Vanille beigebracht. Sie hat mir vom Elend im Busch erzählt, vor allem in Zeiten von Versorgungsengpässen, wenn der Reis bereits aufgebraucht ist, bevor die neue Ernte beginnt, und viele Plantagenbesitzer ihre noch grünen Vanilleschoten auf dem Markt vor Ort verschleudern müssen, um überhaupt etwas zu essen zu haben. Die Ungerechtigkeit ist allgegenwärtig: Die Kinder sind unterernährt, es gibt nur das Wasser aus dem Fluss zum Trinken und zum Waschen, die Schulen haben oftmals keine Lehrer, und die nächste medizinische Versorgung ist einen Tagesmarsch entfernt.

Während Gigi mir ihren Betrieb zeigte, in dem mehrere Hundert »Sortiererinnen« von September bis Januar die Schoten sortierten, erzählte sie mir, wie kompliziert das Geschäft mit der Vanille auf Madagaskar war.

Die Vanille wird auf mindestens 80 000 Kleinplantagen angebaut und ist somit über ein riesiges Gebiet verteilt. Die Landwirte bewirtschaften durchschnittlich einen Hektar mit Lianen, wobei dies für die meisten von ihnen die einzige Einnahmequelle darstellt. Sie pflanzen zunächst die Schatten spendenden Bäume, die später als Wirtsbäume dienen, an denen die Lianen sich emporranken und blühen. Zur Blütezeit im Oktober streifen die Frauen durch die Plantagen, um jede Blüte einzeln per Hand mithilfe eines kleinen Bambusspatels oder eines dünnen Stöckchens von einem Orangenbaum zu bestäuben. Der Plantagenbesitzer erntet die grünen Schoten im Juni und Juli und verkauft sie auf den Märkten, die die einzelnen Dörfer organisieren. Dort werden sie von Zwischenhändlern gekauft und gehen häufig durch drei oder vier Hände, bevor sie einem aufwendigen Bearbeitungsprozess unterzogen und schließlich von Exporteuren gekauft werden. Um hochwertige Vanille zu erhalten, braucht man Geduld und muss warten, bis die Schoten reif für die Ernte sind, was neun Monate nach der Bestäubung der Blüte der Fall ist. Die reifen Schoten werden nun einem standardisierten Prozess unterzogen, bei dem sie erhitzt und getrocknet werden und dabei eine braune Farbe annehmen. Während der viermonatigen sorgfältigen Trocknung setzen Enzyme in den Schoten Vanillin frei und verleihen ihnen nach und nach das Aroma und den Duft, die für den weltweiten Erfolg der Vanille sorgen. Schließlich werden die Schoten nach Qualität und Größe sortiert: Gourmet-Qualität, rote Vanille, gespaltene und nicht gespaltene Vanille, kurze Vanille und Cuts. Ein Fachvokabular für ein Tätigkeitsfeld, auf dem sich viele Beteiligte tummeln und viel Geld im Spiel ist, und das in einem Klima permanenter Rivalität und Konkurrenz.

Die Insel produziert heute mehr als achtzig Prozent der Vanille weltweit und hat innerhalb von wenigen Jahrzehnten eine Qualität etabliert, die kennzeichnet, dass die Vanille aus einem ganz bestimmten Land stammt: die »Bourbon«-Vanille. Weltweit herrscht die Auffassung, Vanille komme zwangsläufig aus Madagaskar, doch die Konsumenten sind sich nicht bewusst darüber, was für ein rares Gut die Vanille ist. In den meisten Produkten geht das Vanille-Aroma auf synthetisches Vanillin zurück, die echten Schoten sind nur den besten Eissorten und Desserts vorbehalten.

Gigis Haus grenzt an eine neue Einheit ihrer Fabrik, die sie erst kürzlich an ihrem Geburtsort gebaut hat. Bei meinem Besuch waren die Lagergebäude voll, die Vanille wurde auf Hunderten Decken in der Sonne auf großen Kiesplätzen ausgebreitet. Auf den Dächern saß ein Wachposten, der das Wetter beobachtete und als Experte für das lokale Klima einschätzte, ob die Wolken, die näher kamen, Regen bringen würden. Wenn es zu regnen drohte, wurde mobilgemacht: Es galt alle Decken zusammenzufalten und die Vanille zu schützen.

In den Gebäuden waren dreihundert Frauen damit beschäftigt, die Schoten nach Qualität und Länge zu sortieren. Sie begutachteten sie alle einzeln, indem sie sie glatt strichen und im Hinblick auf ihren Feuchtigkeitsgehalt betasteten. Die Trocknung ist extrem wichtig für Stabilität und damit die Schoten zu kleinen Bündeln geschnürt und aufbewahrt werden können, ohne zu schimmeln.

Mit müder Stimme gab Gigi Ratschläge und Anweisungen. Sie war erschöpft von dieser dritten Ernte in Folge, die nicht gut verlief. Wir gingen durch das Lager, in dem sortiert wurde, schauten uns an, und ich wusste, was sie dachte. Überall wurden in zunehmendem Maße Schoten gestohlen, es war bekannt, dass der größte Teil der Ernte gepflückt worden war, bevor die Schoten reif waren, was bedeutete, dass die Qualität sehr schlecht und der Anteil von Vanillin sehr niedrig war, zur Enttäuschung der Kunden.

Gigi kannte die bewegte Geschichte der Produktion und des Handels mit Vanille, zu der Krisen mit verschiedensten Schwierigkeiten gehörten, besser als sonst irgendjemand: korrupte Behörden, spekulatives Verhalten der Käufer und Zwischenhändler sowie zunehmende Klimastörungen, die mit Regen und Zyklonen jedes zweite Jahr auf die Vanille niedergehen.

Die erste große Krise hatte die Vanille 2003 getroffen. Nach mehreren schlechten Ernten waren die Lager leer, die Einkäufer bekamen Angst, und mit einem Schlag herrschte Mangel, sodass die Preise in die Höhe schnellten und sich innerhalb von ein paar Wochen verfünffachten. Die Branche geriet aus den Fugen, bei den Zwischenhändlern floss das Geld in Strömen. Ich sehe noch die Straßen in Sambava vor mir, alles war damals voller Autos, Matratzen, Fernseher und Lautsprecher. Ein wahrer Konsumrausch. Die Verkäufer schoben tatsächlich Nägel in die Schoten, um das Gewicht zu erhöhen! Das Ganze dauerte nur ein paar Monate. Die in Panik versetzte Industrie erneuerte ihre Rezepturen, um die Menge an natürlicher Vanille in Eis und Joghurt so stark wie möglich zu reduzieren. Es war naheliegend, das dreißigmal günstigere synthetische chinesische Vanillin zu verwenden. Man stellte um vom reichhaltigen natürlichen Aroma auf dessen schlichten, armseligen Abklatsch. Madagaskar sollte dieses Krisenjahr teuer bezahlen. Die neuen Rezepturen in der Industrie ließen die Nachfrage sprunghaft einbrechen, was ab dem Folgejahr zu großen Lagerbeständen und übertrieben niedrigen Preisen über zehn Jahre hinweg führte, die die Plantagenbesitzer in extreme Armut stürzten mit einem durchschnittlichen Einkommen von ein bis zwei Dollar pro Tag.

Gigi reagierte darauf, indem sie eine Kooperative mit 3000 Landwirten aus über vierzig Dörfern gründete, die sie aus ihrer Zeit als Zwischenhändlerin gut kannte. Es gelang ihr, das Bio-Zertifikat für die Kooperative zu erhalten, sodass sie die Schoten zu einem besseren Preis verkaufen konnte. Ich erinnere mich noch sehr gut an diese Jahre, in denen die gesamte Industrie bei den schamlos niedrigen Preisen wegsah. Zur selben Zeit gab es allerdings auch die ersten Kunden, die gerne in Projekte vor Ort investieren und sich für die Plantagenbesitzer einsetzen wollten. Wir selbst bemühten uns, Gigi durch den Kauf von Bio-Schoten zu unterstützen, für die die Landwirte besser bezahlt wurden.

Doch es sollte noch schlimmer kommen: Die zu niedrigen Preise entmutigten die anderen produzierenden Länder, sodass Madagaskar als einziges Land noch Vanille exportierte, weil es zu arm war, um sich den Luxus des Aufhörens leisten zu können, und somit dazu verdammt, zu elenden Preisen weiterzumachen … Mehrere schlechte Ernten dezimierten die Vorräte, lösten eine neue Knappheit aus, und zehn Jahre später war die nächste Krise da. Bei meinem Besuch bei Gigi dauerte sie bereits zwei Jahre an, und bis heute ist sie nicht beendet.

Diese Krise hatte die Preise für Vanilleschoten verzehnfacht, das hatte es noch nie gegeben, ein Irrsinn. Die Geldmengen, die in die Vanille-Region gespült wurden, hatten das gesamte Leben durcheinandergebracht. Durch Tausende von Tuk-Tuks, die innerhalb weniger Monate aus Indien importiert worden waren, war Sambava nun ein einziger permanenter Stau. Die Fahrzeuge gehörten zwei, drei reichen Madagassen und wurden als Taxis vermietet. Auch Motorräder hatten die Stadt überflutet. Junge Leute hatten sich darauf verlegt, mit Vanille zu handeln und Khat zu kauen, eine Pflanze mit stimulierender und anregender Wirkung, die sich vom Jemen und Djibouti aus verbreitete. Die Geschäfte quollen über von chinesischen

Waren, das äußere Zeichen des Reichtums war Blech, mit dem Dächer und Wände der traditionellen Holzhäuser in den weit abgelegenen Dörfern verkleidet wurden, und die Lebensmittelpreise kletterten in die Höhe – Sambava entwickelte sich gerade zu einer Ausnahmestadt innerhalb des Landes.

Gigi berichtete mir von der Krise im Busch. Der Diebstahl unreifer Vanille nahm immer mehr zu, und Diebe, die man erwischte, wurden gelyncht. Gigi war unglücklich, mitansehen zu müssen, dass manche ihrer besten Landwirte aus der Kooperative die Nerven verloren und ihre Vanille aus Angst vor Diebstahl schon nach fünf statt nach neun Monaten pflückten. Sie hatten sie vergraben oder in Plastik verpackt und holten sie nun heraus, um sie an irgendwelche Chinesen auf der Durchreise oder an Inder zu verkaufen, die sie aus dem Land schmuggelten und die Vanille in Indien weiterverarbeiteten.

All das hat nichts mehr mit der ursprünglichen Vanille zu tun. Den Menschen, deren Beruf an der Vanille hängt – nicht den Opportunisten und auch nicht den Mafiosi, sondern denjenigen, die bereits ihr Leben lang dieses Gewürz verarbeiten –, ist die Qualität extrem wichtig. Seit drei Jahren erleben sie einen Albtraum, in dem sie sich dazu durchringen müssen, bestenfalls mittelmäßige Vanille anzubieten.

Die Summen, die im Spiel sind, bringen einen um den Verstand, und die Schwarzhändler sind überall. Angesichts von Millionen Dollar, die mit Vanille umgesetzt werden, wird hier munter Geld gewaschen, und in Madagaskar gibt es genügend Anlass dafür – insbesondere das

Geld aus dem illegalen Export von »Rosenholz«, einer lokalen Baumart, die die Chinesen besonders schätzen und für die sie bereit sind, alles zu zahlen. Pierre-Yves verurteilt das Massaker an den Rosenholzbäumen aufs Schärfste, die normalerweise in Nationalparks geschützt werden. Der gigantische Schwarzhandel hat dazu geführt, dass alle zugänglichen Bäume illegal gefällt und Hunderte von Containern mit Rosenholzstämmen mit Wissen der Behörden ungestraft exportiert wurden. Dieses Vorgehen existiert seit Jahren, und nun können zig Millionen Dollar auf diese Weise im Handel mit Vanille gewaschen werden. Im Busch ist kein Ende des Preisanstiegs absehbar.

Ich war gerade bei Gigi zu Besuch, als sie die Chargen mit erhitzter und im Schnellverfahren getrockneter Vanille kaufte, um sie weiterzuverarbeiten. Sie erhielt von ihren Kunden Millionen Dollar als Vorfinanzierung – eine schreckliche Verantwortung, wenn sie die Säcke mit den Scheinen über die Pisten in den Busch schickte.

Meine Einkäufe zu tätigen war keine Freude. Die Preise waren derart hoch, dass einem schwindelig wurde bei den Vorschüssen in Höhe von zig Millionen Dollar. Die Finanzleute meiner Firma in Genf waren unruhig, und das zu Recht. Ich versuchte, ihnen nichts davon zu erzählen, wie die Geldscheine in den Busch transportiert wurden. Allen war unwohl dabei, vor allem Gigi. Unser Geschäftsverhältnis beruhte vollkommen auf Vertrauen, aber ich wusste nicht, wie lange das noch halten mochte.

Gigi und Pierre-Yves war klar, dass die Krise zu einem erneuten Preisverfall führen würde. Madagaskar und fünf bis sechs weitere Länder hatten gewaltige Mengen an Lianen gepflanzt, womit sich eine Überproduktion zwei bis drei Jahre später ankündigte. Gigi tat sich sehr schwer mit dem Gedanken an erneute Hungerlöhne. Sie kannte Unterernährung, ich selbst hatte sie mehrmals begleitet in jenen Jahren, als sie eine »Zwischenmahlzeit« an die Schulkinder verteilte, damit sie zumindest einmal am Tag vernünftig zu essen bekamen.

Ich versicherte ihr, dass die Dinge in Bewegung seien, dass die Verwerter von Vanille inzwischen deutlich besser über die Situation informiert waren als fünf Jahre zuvor und dass letztlich niemand dieselben Fehler machen wollte wie damals. Ich behauptete, die ganze Industrie erhoffe sich einen normalen Preis, der befriedigend für die Landwirte wäre. Ich versuchte, überzeugend zu klingen, und sie tat so, als glaubte sie mir. Gigi hatte ebenso wie Pierre-Yves immer gekämpft und war großzügig gewesen, nun waren sie beide erschöpft vom Krieg um die Vanille …

Im letzten Jahr reiste ich wieder nach Madagaskar. Gute Initiativen wurden seit fünf Jahren ins Leben gerufen. Gigi war nicht mehr allein, und viele Vanilleverwerter wollten sich in Entwicklungsprogrammen direkt »an der Quelle« engagieren. Noch ganz frisch, aber laut war der Protest der Konsumenten, die wissen wollten, wie diejenigen behandelt wurden, die die Vanille anbauten, und ob die Kinder zur Schule gingen oder ihren Eltern auf den Feldern helfen mussten. Legitime Fragen angesichts einer komplizierten Realität.

Wieder einmal im Regen zeigte Pierre-Yves mir eines seiner neuesten Werke bei einem Landwirt der Kooperative: eine Plantage mit Rosa Pfeffer zwischen zwei Vanillegärten, hübsche Bäume voller roter Rispen mit dem falschen Pfeffer, der inzwischen einen besonderen Platz in der Parfumherstellung einnimmt. Wir befühlten die Beeren, rochen daran und kauten sie, während Kinder näher kamen und uns nachmachten, schüchtern und fröhlich. Ich fragte Pierre-Yves, wie er seine Zukunft sehe … die Situation im Land? »Ich bin lange optimistisch gewesen, ich habe wirklich geglaubt, Madagaskar könnte es schaffen. Ehrlich gesagt glaube ich nicht mehr daran«, antwortete er widerwillig mit Tränen in den blauen Augen. Wir hatten uns untergestellt, und er zündete sich eine Zigarette an. Nach einer Weile sagte er: »Aber ich werde weitermachen, für Gigi und für die Kinder.«

Ich hörte Pierre-Yves zu, der Regen hatte aufgehört, bald würde die Sonne untergehen. Ich erinnerte mich an meine erste Reise nach Madagaskar vor fünfundzwanzig Jahren. Damals musste man einen Arm der Straße von Mosambik von der Insel Nosy Be aus in einer dreistündigen Fahrt mit einer Fähre überqueren, deren Alter nur schwer zu schätzen war. Eine rostige Plattform, gerade groß genug für ein Dutzend Zebus, ein, zwei Laster und haufenweise Passagiere. Es ging nur schleppend voran, mal in strahlendem Sonnenschein, mal durch tropische Regengüsse. Neben den Zebus kam mir damals, während ich die Sonne in einem Berg aus Wolken und Farben verschwinden sah, der Reisebericht *Traurige Tropen* von Claude Lévi-Strauss in den Sinn, der so außergewöhnlich beginnt. Von seinem Boot aus, das die brasilianische Küste entlangfährt, beschreibt er seine Ergriffenheit angesichts des tropischen Himmels, kurz bevor die Nacht anbricht, flüchtige Kaskaden von Farben, die sich von einem Augenblick zum nächsten wandeln.

Sechzig Jahre später, fern von Brasilien, betrachtete ich den dunkler werdenden tropischen Himmel dieser komplizierten Insel, die für mich eines der faszinierendsten Länder der Welt bleibt. Doch jedes Mal, wenn ich hier die Königin Vanille besuche, klingt unweigerlich der Titel des Buches von Lévi-Strauss in mir nach wie die stetige Bekräftigung einer langen, endlosen und unverzeihlichen Tragödie, die das Land nicht verdient hat.

Das Blatt mit dem schwarzen Duft

Indonesien, Patschuli

Athen, September 2017, Hotel Intercontinental. Eintausenddreihundert Produzenten, Händler und Einkäufer von Rohstoffen für die Parfumindustrie waren zu ihrer Jahrestagung zusammengekommen. Der Berufsverband IFEAT (International Federation of Essential Oils and Aroma Trades) organisiert diese Veranstaltung jedes Jahr in einer anderen Stadt, und zur Feier des vierzigjährigen Bestehens des Verbandes war die Wahl auf Athen gefallen. Ich bin Vorstandsmitglied und war in diesem Jahr an der Reihe, die Tagung zu leiten – eine Ehre und eine große Verantwortung für das Jubiläum. Vier Tage lang hasteten die Vertreter aus der ganzen Welt von einer Konferenz zum nächsten Termin und verwandelten das Hotel in einen schwirrenden Bienenstock, in dem kleine Destillateure aus Bosnien oder Sri Lanka in Kontakt mit den Einkäufern der großen internationalen Konzerne kamen. Viele Teilnehmer kennen sich schon lange, sodass die Wiedersehensfreude jedes Jahr groß ist, wenn man sich im fröhlichen Menschengewirr in die Arme fällt. Das jährliche Familientreffen der Parfumindustrie ist zugleich

Schauplatz harter Verhandlungen und ein festlicher Rahmen für herzliche Begegnungen. Zum Jubiläum gab der Verband ein Erinnerungsbuch heraus, das seine gesamte Geschichte nachzeichnete. Auf den ersten Seiten wurde die erstaunliche Gründung der IFEAT erzählt.

Nur ganz wenige der Teilnehmer von 2017 kannten diese Geschichte noch und erinnerten sich, dass die Entscheidung der Parfumindustrie, eine Organisation zu gründen, aus einer abenteuerlichen Geschichte resultierte, aus einem Aufsehen erregenden Skandal, bei dem das Patschuliöl die traurige Hauptrolle spielte.

Dem exotischen, betörenden, sinnlichen und geheimnisvollen Patschuliöl eilte seit Anfang des neunzehnten Jahrhunderts der Ruf eines verführerischen Duftes voraus, sodass es, als es in Europa Einzug hielt, von der Londoner und Pariser Bourgeoisie als ordinär und vulgär abgestempelt wurde. Mit seiner starken charakteristischen Note, der indischen Herkunft und der Assoziation freier Sitten war das Patschuli wie dafür gemacht, um die Gegenkultur der Siebzigerjahre zu begeistern, und zwar so sehr, dass es gar zu einem ihrer Symbole wurde in Form von Ölflakons, Räucherstäbchen oder parfümierter Kleidung. Das Bild von Hippies in einer Wolke aus Patschuli wurde zum Klischee. Seitdem das Öl zuerst Ende des neunzehnten Jahrhunderts für Duftkompositionen verwendet wurde, ist es nie mehr aus der Mode gekommen und findet sich in der Herznote einer ganzen Reihe großer Parfums, die ihre Zeit prägten oder einen Trend setzten, zum Beispiel »Mitsouko« von Guerlain. Doch das Parfum »Patchouli«, das 1970 auf den Markt kam und in einer Parfümerie der neuen Firma Réminiscence in Cannes angeboten wurde, avancierte zum Symbol einer ganzen Epoche. Dieser außergewöhnliche Duft enthielt derart viel Patschuli, dass man ihn nicht vergaß.

Es ging also um ein symbolträchtiges, wichtiges Produkt, das im September 1976 Anlass zu Gerede gab und Panik in der Parfumindustrie schürte. Ein Foto, das damals in der *New York Times* veröffentlicht wurde, zeigte einen bedeutenden amerikanischen Händler für ätherische Öle, der, die Hände in die Hüften gestemmt, ungläubig eine Reihe offener Fässer betrachtete. Er hatte gerade bemerkt, dass die Fässer, die er erhalten hatte, nicht wie erwartet Patschuliöl enthielten, sondern lediglich eine dünne Schicht ätherisches Öl und ansonsten schlammiges Wasser. Die Fässer gehörten zu einer Ladung von zweitausend Fässern aus Indonesien hauptsächlich mit Patschuli. Die Ware im Wert von zwei Millionen Dollar war wie üblich beim Verladen bezahlt worden. Wegen eines sprunghaften Preisanstiegs im Herkunftsland hatte ein indonesischer Exporteur trotz des Kreditbriefes, den man ihm gewährt hatte, seine Verpflichtungen nicht einhalten können, denn auch seine gewohnten Lieferanten hatten ihn nicht wie vereinbart versorgt, weil sie kein Öl hatten, und so hatte er sich zum Betrug entschieden und war abgetaucht. Das war wie ein Blitz aus heiterem Himmel, der in der Parfumindustrie einschlug, ein Großereignis, das Fassungslosigkeit und Streit, Scham und Wut auslöste.

Die unter Schock stehenden betrogenen Käufer fuhren sofort nach Indonesien und wetterten, drohten und versuchten, mit den lokalen Behörden zu verhandeln. Doch umsonst, niemand bekam sein Geld zurück. Die Wunde war tief und legte die Schwäche der Branche offen, insbesondere die Tatsache, dass die Riechstoffeinkäufer nichts über die Produktionswege und die Zwischenhändler wussten. Die großen Akteure hinterfragten ihr Vorgehen und suchten nach Mitteln, um die Lieferketten am Ursprung besser zu kontrollieren. Wenige Monate später tat sich eine Handvoll großer britischer, amerikanischer und französischer Händler zusammen, überwand die ausgeprägte Rivalität und verständigte sich darauf, einen Verband zu gründen mit dem Ziel, die Branche zu vereinen und Verhaltensregeln aufzustellen. Der Erfolg der IFEAT mit ihrer jährlichen Tagung übertraf alle ihre Erwartungen – sie wurde ein Ort des Informationsaustausches, ein Termin, an dem niemand vorbeikommt, der mit natürlichen Duftstoffen arbeitet.

Das Öl aus den Blättern des in Indonesien kultivierten und destillierten Patschulistrauches hat Kultcharakter und wird von Parfümeuren einhellig in Ehren gehalten: Es ist eines der absolut notwendigen und unersetzlichen Produkte ihrer Palette und zählt zu den zehn Essenzen, die sie allesamt mit auf eine einsame Insel nehmen würden. Es ist extrem wichtig für die Industrie und brauchte mehr als dreißig Jahre, um den Ruf des problematischen Rohstoffs hinter sich zu lassen. Im Laufe der Jahre ist es zum Stimmungsbarometer unserer Branche geworden und ein ständiges Gesprächsthema unter Profis. Lange Zeit rankten sich Gerüchte um die Jahrestagung bezüglich der Patschuli-Verträge, die dort zwischen den Exporteuren aus Indonesien und den großen Einkäufern aus der Industrie womöglich unterzeichnet werden sollten. So wurden die Treffen, bei denen viel auf dem Spiel stand, unauffällig oder auch demonstrativ beobachtet und kommentiert. Die Patschulipreise standen in dem Ruf, sich auf der Tagung zu entscheiden, wozu es in der Branche über Wochen entsprechend hieß: »Lasst uns bis zur IFEAT warten«, »Nach der IFEAT wissen wir mehr« oder »Alles entscheidet sich bei der IFEAT«. Die Nervosität der Akteure war auf die ständige Unsicherheit in Bezug auf die Verfügbarkeit und die Preise für das Öl zurückzuführen, das ein Ergebnis ständig geschürter Aufregung war.

Die Patschulipflanze ist ein schlichter Strauch mit rundem Wuchs und dunkelgrünen, pelzigen Blättern, deren Duft sich erst nach einer kurzen Fermentation entfaltet, wenn man sie reibt. Das extrem starke und gänzlich einzigartige Aroma von Patschuli wird ebenso für Reinigungsmittel wie für die ambitioniertesten Nischenparfums verwendet. Dieser umwerfende und sehr verführerische Duft prägt den Charakter der Parfumformeln, in denen er enthalten ist. Aufgrund seiner komplexen Zusammensetzung ist es unmöglich, ihn synthetisch nachzuahmen. Er ist wie ein Trumpf in der Parfumkreation und wird nach wie vor häufig verwendet. Patschuli hinterlässt einen unverwechselbaren Duft. Zudem birgt es einen gewaltigen Widerspruch, der lange eine Herausforderung für die Riechstoffeinkäufer war: Denn Patschuli wechselt ständig die Anbauregion, es ist eine unsichere Einnahmequelle für die Bauern, seine Erträge schwanken und die Preise explodieren regelmäßig, sodass es zwar unentbehrlich und unersetzbar ist, aber auch unkalkulierbar.

Patschuli stammt ursprünglich aus Indien und von den Philippinen, in China verbrennt man es seit dem siebten Jahrhundert zusammen mit Weihrauch. In der Medizin wurde es in Abkochungen mit entzündungshemmender und antiseptischer Wirkung verwendet, und die Blätter wurden Zeichentusche beigemischt, damit sie darin einen Hauch ihres Duftes hinterließen. Die Inder parfümieren ihre Webereien aus Kaschmir mit den getrockneten Blättern, was die Engländer so sehr begeisterte, dass dieser Duft ein exotisches Markenzeichen wurde. Durch den Import der Blätter in Ballen konnten sie die indischen Tücher samt ihrem Geruch nachahmen und den Duft Potpourris und Antimottenmitteln beimischen. Um die große Nachfrage nach Patschuli in Europa ab 1850 zu bedienen, beförderten die Engländer den Anbau auf der Malaiischen Halbinsel in den Straits Settlements und deren Hauptstadt Singapur. Die Pioniere dabei waren Migranten aus dem Süden Chinas, die die ersten Plantagen gründeten. Sie waren die Ersten, die Patschuliöl destillierten und damit handelten, was über anderthalb Jahrhunderte hinweg bis heute das Privileg dieser Gemeinschaft ist. Ab 1920 war Singapur das Zentrum für den Export der Blätter und der Destillation des Öls, bevor Patschuli auf Sumatra heimisch wurde, wo es im Norden in der Region Aceh gedieh. Medan, die Hauptstadt im Norden der Insel, löste Singapur ab, wo nach der Unabhängigkeit 1965 andere Dinge wichtig wurden. Medan wurde zur Stadt des Patschuli, hier waren Familien chinesischen Ursprungs auf den Handel spezialisiert, und die großen Exporteure hatten ihren Sitz in der Stadt.

Bei der IFEAT in Athen traf ich Petrus wieder, einen Indonesier mit chinesischen Wurzeln, einen der drei großen Patschuliöl-Exporteure, der seit 1967 im Geschäft war. Zwanzig Jahre zuvor hatte ich durch ihn Patschuli auf Sumatra kennengelernt, wofür ich ihm noch immer sehr dankbar bin. Petrus hatte den Skandal von 1976 nicht vergessen, er hatte ihn hautnah miterlebt und kannte alle beteiligten Akteure. Amüsiert betrachtete er das Foto aus der *New York Times* und murmelte: »Das war wirklich eine unglaubliche Geschichte …« Petrus war der letzte der großen Exporteure, die es noch in Medan gab, nachdem sich die Ölproduktion inzwischen hauptsächlich nach Sulawesi verlagert hatte. Es war viel Zeit vergangen, aber er sah noch immer aus wie früher, dünn und kerzengerade. Ich machte ihm ein Kompliment: »Petrus, in zwanzig Jahren hast du dich überhaupt nicht verändert, wie machst du das nur?« Und er antwortete mir mit einem breiten Lächeln: »Das liegt am Patschuli. Ich habe zu viel Arbeit und zu viele Sorgen, da bleibt mir keine Zeit zum Altwerden.«

Wir erinnerten uns an unsere erste Begegnung, die lange zurücklag und bei der ich zum ersten Mal mit Patschuli in Berührung gekommen war. 1998 hatte Petrus mich in den Süden von Sumatra begleitet. Javanische Familien waren gerade von der Regierung, die die Überbevölkerung in Java begrenzen wollte, nach langem Hin und Her in der Region Bengkulu angesiedelt worden. Sie hatten angefangen, Blätter und Öl zu produzieren. Wir stiegen hinauf auf die frisch gerodeten Plateaus. Bereits vor dem Einzug der Ölpalme war die große Insel das Herzstück der landwirtschaftlichen Entwicklung Indonesiens. Es wurden Bäume gefällt, Brandrodung betrieben, der Boden wieder urbar gemacht und bepflanzt. Ich erinnerte mich an die Familien aus diesen neuen Dörfern in ihren Bretterbuden. Sie wirkten ein wenig verloren in ihren javanischen Kleidern, schweigend und mit gesenktem Kopf. Sie hatten sich dieses Exil nicht ausgesucht und waren fast so fremd auf Sumatra wie ich. Die Felder schienen rein zufällig da zu sein, frisch angepflanzt, wahrscheinlich nicht länger als für ein Jahr. Patschuli war eine Pflanze »auf der Durchreise«, ebenso wie diejenigen, die sie anbauten und destillierten. Manche Parzellen lagen im Schatten von Kokospalmen, andere in der prallen Sonne, manche waren winzig, andere erstreckten sich über mehr als einen Hektar. Die Pflanzen waren entweder sorgfältig in Reihen gepflanzt oder zwischen Gemüse gesetzt, offensichtlich gab es keinerlei Modell, nach dem der Anbau betrieben wurde. Wir sahen, wie die Bauern die Patschulistängel zu großen Bündeln banden, die sie fest zusammengepresst einige Tage unter einem Vordach ihres Hauses trockneten, um den besten Ertrag beim Destillieren zu erhalten. Die Destillerie befand sich unterhalb des Dorfes am Ufer eines schmalen Baches. Sie bestand aus drei Ölfässern, von denen das erste dazu diente, das Wasser für den Dampf zum Kochen zu bringen. Die beiden anderen mit kegelförmigen Deckeln waren mit Blättern gefüllt und dienten als Alembik. Das Patschuliöl wurde löffelweise herausgeschöpft. Ich hatte noch die kleine javanische Bäuerin vor Augen, die mit einem Löffel in der Hand zusammengekauert im Bach saß, um das Öl abzuschöpfen, das auf einer Pfütze unter einem Bambusrohr schwamm, und es in eine Coca-Cola-Flasche aus Plastik zu füllen. All das erinnerte mich an die Gitanos in Andalusien und das Harz, aber eine vergleichbare

Destillationsmethode wie hier hatte ich noch nirgendwo gesehen. Petrus hatte mich damals amüsiert angeschaut und gesagt: »Es wird wohl an die 10 000 solcher Anlagen in Indonesien geben. Aber hier sind die Leute gerade erst angekommen und kennen sich noch nicht damit aus … Auf Nias und Java klappt es besser.«

Petrus und seine Kollegen beobachteten diese Migration genau. Sie bauten dort Sammelstellen und Filialen auf, wo Patschuli wuchs. »Wir erhalten alle möglichen Arten von Öl, die sich in Farbe und Zusammensetzung unterscheiden. Meine Aufgabe ist es, sie zu reinigen und so zu mischen, dass sie den Vorgaben meiner Kunden entsprechen«, erklärte er mir beim Besuch seiner Lagerstätte in Medan. Tatsächlich lag der Schlüssel für den Erfolg der chinesischen Exporteure darin, Öle verschiedener Herkunft zu sammeln und zu lagern, um eine vereinheitlichte Qualität anbieten zu können, einen »Blend«. Die Filteranlagen dafür waren mir von meinen Besuchen bei Petrus noch in lebhafter Erinnerung. Von oben im Raum tropfte das Öl über ein Netz aus großen, fein geflochtenen Bambusebenen. Ich liebte den Anblick der Myriaden von Öltropfen, die Wasser und Verunreinigungen in diesem ausgeklügelten System verloren, in dem die Blätter, die auf Tausenden von Hügeln in Indonesien gesammelt worden waren, schließlich ihr Ziel erreichten. In den Räumen aus Beton und der tropischen Hitze entfaltete der Duft des tropfenden Patschuli eine solche Kraft, wie ich sie seither nie wieder erlebt habe.

»Ich habe nie begriffen, wie so ein kleines Blatt einen so intensiven und vielschichtigen Duft ergeben kann«, sagte

Olivier erstaunt, ein anderer berühmter Maître Parfumeur aus unserer Firma und ein echter Star in der Branche. »Ich habe Patschuli mit achtzehn Jahren entdeckt, als ich an einem Geschäft von Réminiscence vorbeiging, das gerade in der Rue d'Antibes in Cannes neu eröffnet hatte. Das Parfum strömte bis nach draußen auf die Straße, und weil es dafür bekannt war, Marihuana-Geruch zu überdecken, hatte es etwas Unangepasstes und damit Anziehendes an sich. Die Hälfte der Formel bestand aus Patschuliöl, was niemals übertroffen wurde!« Olivier hat das Parfum »Angel« kreiert – wahrscheinlich der Duft seines Lebens –, das 1992 bei Thierry Mugler herauskam, ein Riesenerfolg wurde und eine Revolution in der Parfümerie war. Es begeisterte als erster Duft mit seinen Gourmand-Noten und ist nach wie vor eines der meistverkauften Parfums der Welt. Und da wir gerade über Patschuli sprachen, erzählte Olivier mir, wie es damals zu seiner Kreation kam. »Vera, die den Parfumbereich der Marke leitete, wollte einen extrem starken femininen Duft. Mein Ausgangspunkt war eine eigenwillige Mischung, ›Patchou‹, die zur Hälfte aus Patschuli bestand und außerdem Vanille enthielt. Ich mochte diese Note wahnsinnig gerne und war auf der Suche nach einer Gelegenheit, sie zu verwenden.« Olivier arbeitete zwei Jahre täglich daran, »Patchou« in »Angel« zu verwandeln. Er ließ sich von Thierry Mugler seine Kindheitserinnerungen aus dem Elsass erzählen, und so gesellten sich Noten von Nugat, Kaffee und Honig zur Vanille, unterstrichen von Cassis und Pampelmuse. »Ich hatte mich entschieden, Patschuli nicht mit Blüten zu kombinieren, sondern seine Wirkung durch Gourmand-Noten zu verstärken.« Die Rezeptur für »Angel« blieb schließlich eher einfach mit nur sechsundzwanzig Ingredienzien, lediglich der Hälfte einer klassischen Komposition, und sie behielt ein Viertel Patschuli bei, eine immer noch erhebliche Menge. Olivier erzählte mir, wie er diesen Duft wahrnahm: Patschuli riecht nach Moder, Leder, Gewürzen, Tabak und Humus, seine dunklen, sinnlichen Facetten lassen sich gut mit allen holzigen Noten verbinden. Es funktioniert für Männer ebenso wie für Frauen, ist nicht auf ein Geschlecht festgelegt, es durchströmt das Parfum und ist narkotisch. Olivier bekam Lust, die Patschuli-Flakons in seinem Büro hervorzuholen und die Riechstreifen hineinzutunken. Bereits beim ersten kamen die Erinnerungen an die indonesischen Felder in mir hoch. Olivier hielt inne, wir rochen verschiedene Fraktionen, Noten von Rezepturen, an denen er gerade arbeitete. Mit gedämpfter Stimme fuhr er fort: »Unterholz und Humus, aber auch Farben spielen eine Rolle. Ich habe ›Angel‹ immer in Blau und Schwarz gesehen. Für mich ist Patschuli schwarz. Ich verwende es, wenn ich einem Parfum Schwarz hinzufügen möchte.« Was er mir da anvertraute, ließ mich wieder an das Patschuli in der Zeichentusche denken. Mir gefiel die Vorstellung, dass sich in der schwarzen Farbe die Vision des Parfümeurs und die duftende Tinte, die einen Hauch von Patschuli auf dem Papier hinterließ, begegneten.

Wie die gesamte Branche hatte auch Olivier noch die letzte Patschulikrise von 2008 im Kopf. Nach der Geschichte von 1976 hatte die wacklige Produktion in Indonesien zu mehreren großen Krisen geführt, die die Parfumindustrie ebenfalls geprägt hatten. Die Destillation der Blätter von Hand, die an keinem festen Ort betrieben wurde, gründete sich auf Zehntausende kleine Bauern, und das Öl war seit jeher über eine lange Lieferkette von Zwischenhändlern gegangen, bevor es zu den Exporteuren gelangte. Als die Preise für die Blätter dauerhaft zu niedrig blieben, gaben die Bauern den Patschuli-Anbau auf, sobald sich ihnen eine andere, lukrativere Möglichkeit bot. In Kombination mit ungünstigen Klimabedingungen führte diese Situation zu ernsthaften Krisen in den Jahren 1998 und 2008. Im Abstand von zehn Jahren wiederholte sich dasselbe Szenario, bei dem beide Male zu spät erkannt wurde, dass ein dramatischer Mangel an Öl drohte, was schwindelerregend hohe Preise mit sich brachte. Denn Patschuli ist Teil vieler Parfumformeln und somit von großem Interesse. Die Einkäufer scherzen immer und sagen: »In der Parfümerie ist es so: Wenn Patschuli läuft, läuft alles!« Doch leider lief Patschuli 2008 überhaupt nicht angesichts der Preise, die sich innerhalb weniger Wochen verzehnfacht hatten. Die Parfumindustrie litt erheblich und war wie vor den Kopf gestoßen, wieder einmal zu erleben, dass sie von den Launen der Bauern, den Irrtümern der Spekulanten und vom indonesischen Klima abhängig war. Man entschied sich, die Strategie von Grund auf zu erneuern. Was die Riechstoffeinkäufer betraf, so war es nun vorbei mit der bedarfsorientierten Versorgung, alle wichtigen Abnehmer legten sich große Reserven zu, sie hatten Anweisung, nie wieder einen Mangel an Patschuliöl zuzulassen.

Die Exporteure ihrerseits legten nun mehr Wert auf Qualität und Verlässlichkeit und investierten in die produzierenden Gemeinschaften. Ich habe kürzlich in Java Destillerien besucht, die für hohe Kapazitäten ausgelegt sind, bestens verarbeitete Einheiten aus Edelstahl, die für das neue Produktionsmodell stehen, das die Einkäufer umgesetzt sehen wollen. Seit 2010 haben sich Zusammenschlüsse von Bauern rund um diese Einheiten gegründet, es haben sich Sammelmethoden mit möglichst wenigen Zwischenhändlern etabliert und Verpflichtungen im Hinblick auf Preise und Mengen werden unterzeichnet.

Gemeinsam mit unserem Partner vor Ort haben wir ein Modellprojekt für eine Destillerie in Java finanziert. Was ich bei meinem Besuch dort gesehen habe, hat nicht mehr viel mit meinen Erinnerungen von 1998 zu tun. Alles ist neu, solide und gut organisiert. Mit Tüchern auf dem Kopf gehen die Frauen in diesem traditionellen Zentrum auf der Insel ihrer Arbeit nach. Ohne zu reden, transportieren, wiegen und verladen sie die Ware. Geschickt, erfinderisch und fleißig haben sich die indonesischen Bauern an den Wert ihres Anbauproduktes angepasst, und mithilfe der neuen Projekte ist das Patschuliöl deutlich ertragreicher als in der Vergangenheit. Hier und dort entstehen immer mehr Initiativen. Die Idee dahinter: der Zusammenschluss kleiner Produzenten, eine hochwertige Destillationsanlage und die Einsparung unnötiger Zwischenhändler.

Seit fünf Jahren vollzieht sich ein spektakulärer Wandel in Indonesien. Die Exporteure begleiten heute die europäischen und amerikanischen Riechstoffeinkäufer zu den Bauern, es ist kein Tabu mehr, über die Erträge der Destillation und die Preise zu diskutieren, der Informationsfluss funktioniert, und Geheimniskrämerei ist nicht mehr angesagt. Die Kurse für das Öl sind seit mittlerweile zehn Jahren relativ stabil, was 2008 noch unvorstellbar schien.

Patschuli ist nach wie vor ein echtes Barometer für natürliche Riechstoffe. Transparenz, Verantwortung, Dialog, Investitionen an der Quelle und Respekt gegenüber den Landwirten sind die neuen Regeln der Parfumindustrie. Es scheint so etwas wie gesunder Menschenverstand und ethisches Verhalten zum Vorschein zu kommen beim Anbau von Duftpflanzen, einem labilen Kosmos, in dem das Überleben bestimmter Produkte manchmal am seidenen Faden zu hängen scheint.

Aufgrund der unsteten Geschichte des Patschuli hat es seit langer Zeit immer wieder Anpflanzungsversuche in anderen Ländern gegeben: Indien, Madagaskar, Brasilien, Kolumbien, Guatemala, Burundi oder Ruanda – lauter mehr oder weniger ehrgeizige Projekte. Doch bislang gibt es keine überzeugende Alternative zum indonesischen Monopol. Es kommt nur selten vor, dass eine leicht zu kultivierende und zu destillierende Pflanze nicht von mehreren Ländern produziert wird. Vielleicht ein Ausdruck des besonderen Charakters von Patschuli.

Um die Patschulipflanze mit den grünen Blättern und dem dunklen Öl ranken sich vielerlei Geschichten, in denen die Farbe Schwarz ihren Schatten wirft – bei den Chinesen, die das Pulver der Patschuliblätter ihrer Zeichentusche beimischten, als wollten die Kalligrafen ihre Gedanken auf dem Papier vom Duft begleitet wissen, ebenso wie bei Olivier, der schwarze Akzente in seinen Düften setzt wie einen schwarzen Pinselstrich. Im unergründlichen Patschuliöl schwingt ein narkotisches Schwarz mit, von der chinesischen Tradition bis zur Vision des Parfümeurs.

Das Land von Licht und Schatten

Haiti, Vetiver

Auch wenn ich immer wusste, dass Licht und Schatten in den Tropen nahe beieinanderliegen, so ahnte ich nicht, dass mich die Beschäftigung mit bestimmten Produkten von dort auch mit einer verstörenden Realität konfrontieren würde. Angesichts des Gegensatzes von schönen Orten und Produkten auf der einen und dem Elend und Schicksal der Einwohner auf der anderen Seite frage ich mich manchmal, welchen Sinn das hat, was ich in diesen Ländern tue. Das Erdbeben von 2010 stürzte Haiti in einen Albtraum. Mit den 230 000 Toten kam zur Armut des Landes eine weitere Tragödie von fürchterlichem Ausmaß hinzu. Ein Jahr nach dem Drama war ich zum ersten Mal in Haiti. Ich war zunächst durch Port-au-Prince gefahren, bevor ich die Straße Richtung Westen nahm, die in die Region führte, wo Vetiver wuchs. Begleitet wurde ich von unserem Partner Pierre, einem großen Produzenten von Vetiveröl auf der Insel, sowie von zwei Kollegen, die mit mir gemeinsam für ein Kooperationsprojekt und für die Schule verantwortlich waren, die wir gerade in Zusammenarbeit mit Pierres Firma eingerichtet hatten.

Haiti zum ersten Mal zu erleben war für mich wie ein Faustschlag. Der Anblick von Ruinen, kilometerlange aneinandergereihte Planen von Flüchtlingscamps, der zerstörte Nationalpalast, improvisierte Märkte auf Schuttbergen in den Straßen und ziellos umherirrende Menschenmengen.

Gegen Abend ging ein Gewitter nieder, bei dem der Regen in Strömen die abschüssigen Straßen hinunterfloss und Weltuntergangsstimmung verbreitete. Als wir bei Einbruch der Dunkelheit Leute trafen, die durch die Straßen liefen und dabei über leblose Körper hinwegstiegen, versteinerte sich Pierres Gesicht. Der Tod war allgegenwärtig in Port-au-Prince. Wir waren geschockt und sprachen kein Wort. Wie sollte man die astronomischen Summen der internationalen Hilfen, die angekündigt und in den Medien lang und breit kommentiert worden waren, mit der Tragödie in Einklang bringen, die sich hier in der Hauptstadt abspielte? Ich wurde unsicher: Der Grund meiner Reise schien mir keinen Sinn mehr zu ergeben. Ich war nach Haiti gekommen, um mich vor Ort mit Vetiver zu befassen und den Einfluss unseres gerade gestarteten Pilotprojektes einzuschätzen. Angesichts dessen, was ich hier schonungslos vom Zustand des Landes sah, erschien mir der Gedanke, Verhandlungen zu führen oder Geschäfte zu machen, mit einem Mal lächerlich, und ich fragte mich, was ich hier eigentlich tat. Haiti ist mit der extremen, schon so lange andauernden Armut und ohne sichtbaren Fortschritt ein rätselhaftes Land in den Tropen. Die angrenzende Dominikanische Republik floriert und empfängt Massen von Touristen, und jenseits der Grenze: nichts, kein Tourismus, keine Investitionen.

Bei meinem letzten Besuch im Jahr 2015, fünf Jahre nach dem Erdbeben, lag der Nationalpalast nach wie vor in Trümmern.

Innerhalb von zwei Jahrzehnten ist Pierre einer der großen Ölproduzenten auf der Insel geworden. Er ist jemand von Gewicht in Haiti. Er hat die Destillerie, die sein Vater vor sechzig Jahren gegründet hat, weiterentwickelt, und sie ist so groß geworden, dass die Behörden und die Repräsentanten der Firmen regelmäßig zu Besuch kommen. Inzwischen bereitet er die Übergabe an seine Kinder vor. Pierre hat etwas Unergründliches, durchaus Extremes und damit etwas Geheimnisvolles an sich, das gut zum Geist der Insel passt. Seine Leidenschaft sowohl für Vetiver als auch für sein Land ist unnachgiebig, manchmal sogar hitzig. Er stellt sie in den Dienst der Sache, zum Beispiel wenn er als Redner voller Überzeugungskraft von Haiti erzählt. Er hat mir von der dunklen Geschichte der Duvaliers erzählt, von den Geheimnissen der Geldwäsche aus dem Drogenhandel, den Straßensperren, die errichtet werden, um Benzin aus Lastwagen zu klauen, von der Gleichgültigkeit bei den internationalen Hilfen nach dem Erdbeben, aber auch von seiner persönlichen Trauer. Und er hat mir anvertraut, dass er sich geweigert hat, Präsidentschaftskandidat für die Republik zu werden. Sein Traum als Agraringenieur ist es, die Produktion von Limettenöl in Haiti wieder anzukurbeln. Die Extraktion von Limetten, die nach dem Krieg florierte, gibt es heute nicht mehr. Grund dafür sind die Zerstörung des Waldes auf der Insel und der allgemeine Niedergang der Industrie.

In seinem Haus hoch oben auf einem Hügel von Port-au-Prince lebt Pierre mit seinen Hunden George, Colin und Condoleezza. Die Namen seiner Gefährten zeigen deutlich, dass sein Verhältnis zu den USA zwischen Humor und Groll pendelt, sein Urteil über das Verhalten der Amerikaner gegenüber seinem Land ist gnadenlos. Pierre ist ambitionierter Geschäftsmann und zugleich ein Gefühlsmensch, der tiefe Liebe für das haitianische Volk empfindet. Es ist beeindruckend, wie er versucht, den Menschen mithilfe seiner Verbindungen Arbeit zu geben, und er betreibt zahlreiche Projekte. Gleichzeitig ist er sehr zurückhaltend und reserviert, wenn es um Kosten oder Erträge geht, er wahrt Distanz zwischen seinen Gesprächspartnern und seinem Unternehmen. Trotzdem habe ich mich schon immer gerne mit ihm unterhalten und ihn von seinen Erfahrungen und seinem Land erzählen hören. Eines Abends, als ich sagte, dass ich in Haiti immer diese beiden Seiten wahrnehme, Licht und Schatten, antwortete er mir sehr ernst: »Vergiss nie den Voodoo-Kult. Voodoo ist bei uns allgegenwärtig. Es ist ein Erbe, eine Tradition, eine Religion. Niemand von außen hat wirklich Zugang dazu, aber Voodoo ist ein Teil des Lebens der Haitianer.« Voodoo ist ein Geisterkult, der sich aus dem westafrikanischen Glauben entwickelte und mit den Sklaven nach Haiti gelangte. Er verbindet animistische und christliche Elemente, wird von der gesamten haitianischen Gesellschaft ausgeübt, ist seit 2003 als rechtmäßige Religion vom Staat anerkannt und findet seinen Ausdruck in Zeremonien, zu denen die Menschen kommen, wenn sie Hilfe brauchen – egal, ob es ums Essen geht, Gesundheit, Liebe oder Rache … Bei den Feiern spielen Blumen, Kerzen, Rum, manchmal Knochen und verschiedene Objekte eine Rolle, die mit Bedeutung aufgeladen sind und durch die die Anhänger des Kultes versuchen, in Trance zu geraten. Als Pierre mir vom Voodoo erzählte, fragte ich mich, welche Rolle der Kult wohl für ihn selbst, diesen starken, geheimnisvollen Mann spielte.

Der Name Vetiver wurde durch den Erfolg der Parfums »Vetiver« von Carven und Guerlain Ende der Fünfzigerjahre populär. Die holzigen, frischen Kompositionen lassen nicht erahnen, woraus die Essenz entsteht: Erstaunlicherweise wird sie aus den Wurzeln eines tropischen Grases gewonnen. Die großen, unscheinbaren Büschel sind aber bemerkenswert, vor allem wegen ihrer Wurzeln, die dem Boden Festigkeit verleihen und Erosion entgegenwirken. Vetiveröl hat Ähnlichkeit mit Patschuliöl. Beide werden letztlich erst seit Anfang des zwanzigsten Jahrhunderts verwendet, doch weil sie so einzigartig sind, haben sie einen beachtlichen Platz in der Parfümerie erlangt. Der Duft von natürlichem Vetiver ist so komplex, dass man ihn nicht synthetisch nachahmen kann. Das Öl, das an der Südwestspitze von Haiti hergestellt wird, ist acht Mal so teuer wie Patschuliöl, aber man benötigt auch fünfzehn Mal weniger davon. Wertmäßig liegen beide etwa gleichauf in der Parfümerie.

Ebenso wie bei Patschuli war auch der Duft der Vetiverwurzel bereits bekannt, bevor man sie in Alembiks destillierte und für Parfums verwendete. Die Franzosen entdeckten die Pflanze um 1750 in deren Herkunftsland Indien und waren hingerissen von den zu Rollos geflochtenen Wurzeln, die man mit Wasser besprenkelte, um die

Luft abzukühlen und die Zimmer im Haus zu parfümieren. Die handwerkliche Verwendung von Vetiverwurzeln ist schon alt und wird in Haiti und Madagaskar bis heute betrieben. Ein aus Vetiver geflochtener Fächer kann bis zu einem Monat einen schönen Duft verströmen. 1764 gelangte Vetiver auf die Île Bourbon, die heutige Insel La Réunion. Die Ursprünge der Ölproduktion gehen auf das Jahr 1865 zurück, doch richtig ging es damit erst in den Zwanzigerjahren los, als die Kolonisten den Anbau der Pflanze zusammen mit Vanille und Geranien entwickelten. Zu ihrem Höhepunkt war auf La Réunion etwa ein Drittel der heutigen weltweiten Produktion angesiedelt, aber im Zuge des Zweiten Weltkriegs entwickelte sich eine neue, weit entfernte Quelle, an der Vetiver seither beheimatet ist: Haiti.

Dieser Erfolg verdankt sich zwei Männern. Der Franzose Lucien Ganot führte 1930 als Erster Vetiverpflanzen von La Réunion in Haiti ein und richtete innerhalb eines Jahrzehnts vier Destillerien ein. Auf ihn folgte der Visionär und Pionier der Agrarindustrie auf der Insel Louis Déjoie. Er sah im Vetiver eine Chance für die Landwirte, entwickelte rasch und entschieden Anpflanzungen und Destillerien und nutzte die Kriegsjahre, um die amerikanische Parfümerie mit Öl zu versorgen, während in Europa Mangel herrschte. Haiti behauptete sich als neuer weltweiter Hauptlieferant für Vetiver und drängte andere Herkunftsländer an den Rand.

Drei Jahre nach meiner ersten so eindrücklichen Haiti-Reise kehrte ich im Frühjahr 2014 dorthin zurück, um mir einen Eindruck von der Qualität der neuen Fraktionen zu verschaffen, die Pierre in seiner Destillerie herstellte, und um zu sehen, wie es mit unseren Projekten vor Ort voranging. Die Anbaugebiete befinden sich im Westen der Insel, in der Region, in der auch die kleinen Städte Les Cayes und Port-Salut sowie die Insel mit dem hübschen Namen Île à Vache, Kuhinsel, liegen. Die Hügel auf den Anhöhen von Port-Salut bilden eine traumhafte Umgebung mit ihren steilen und mit Vetiver bepflanzten Abhängen, auf denen sich das Grün der Blätter und das Weiß des kalkhaltigen Bodens abwechseln, der so gut zu der Pflanze passt. Ein paar Palmen und Kokospalmen, winzige Häuser, kleine Holzschuppen mit Palmendächern, um die Wurzeln zu lagern, und ganz unten das türkise Meer. Wir fuhren hinauf zum Dorf Débouchette, von wo aus man am Ende einer staubig-weißen Piste über das Meer blickte. Pierre hatte das Dorf vier Jahre zuvor für die Gründung einer Kooperative ausgewählt, um dort das Einkommen der Plantagenbesitzer aus dem Dorf zu verbessern. Die Plantagen waren biozertifiziert, die Bauern gelistet, und wir kauften die Ernte hier zu einem höheren Preis ein, speziell für die Parfums von Marken, die auf technische, ethische, soziale und Umweltstandards bedacht waren. Ein Teil des Geldes ging an die Kooperative, um Projekte in die Wege zu leiten, die das Dorf brauchte, und das erste Projekt, für das die Mitglieder sich entschieden hatten, war eine Schule.

Ich hatte Harry vorgeschlagen, mich auf dieser Reise zu begleiten, denn ich brauchte seinen olfaktorischen Sachverstand bei der Einschätzung all der verschiedenen Ölqualitäten, die die Fabrik für uns herstellen konnte. Harry stammte aus Cannes, war Maître Parfumeur in New York, ein alter Freund von Jacques und wie dieser ein Star in seinem Metier. Er war ruhig und offen und begeisterte sich ebenso für Pflanzen und Gärten wie für Düfte. Er konnte sich in erstaunlichen Geruchsbeschreibungen von mal mehr, mal weniger feuchtem, gärendem Eichenholz beim Hacken oder von Feuer oder Rauch ergehen. In seinem Garten in New Jersey brachte er alles zum Wachsen, von Patschuli über alle erdenklichen Zitrusfrüchte bis hin zu Jasmin. Wir beide liebten Wälder und Bäume, Harry war mir von Grund auf sympathisch. Seit drei Tagen waren wir nun auf der Insel, und wenn er Vetiver beschrieb, kam sein großes Gespür für natürliche Düfte ins Spiel. Seine Freude darüber, die Wurzeln hier vor Ort zu erleben, war ansteckend. Harry verglich Vetiver und Patschuli miteinander, zwei grundlegende, originelle Noten, die ihm zufolge etwas sehr Menschliches hatten und so wesentlich waren wie der Duft von Feuer. Beide waren selbstverständlich holzig, aber auf sehr unterschiedliche Weise, Vetiver war wärmer und unglaublich komplex. Für Harry bestand das Verbindende im herrlichen Geruch der Erde. Er war mitgekommen, um die Wurzeln in der Erde zu riechen, und freute sich schon darauf.

Auf einem Feld erlebten Harry und ich die »Ausgrabungen« mit: Drei Bauern legten mit der Hacke eine Reihe Büschel mit langen grünen Stängeln frei, schüttelten die Ballen aus, schnitten die Wurzeln ab und spalteten sie mit der Machete. Hinter den Männern gruben zwei Frauen die abgeschnittenen Stücke wieder ein, aus denen im Laufe eines Jahres eine neue Pflanze hervorgehen würde. So lange dauert es, bis sich Wurzeln mit einem hohen

Ölgehalt ausbilden. Die Arbeit am steilen Abhang in der gnadenlosen Sonne war hart, aber für die Bauern, die das Glück hatten, vom Anbau leben zu können, war sie die Rettung. Sie wussten, dass sie dem entgingen, was all jene erwartete, die nach Port-au-Prince abwanderten, wo das Elend keine Grenzen kannte. Ich erinnerte mich an ein Interview, das Pierre und ich einmal zusammen gegeben hatten. Auf die Frage eines Journalisten zur Situation in Haiti hatte er theatralisch geantwortet: »Um Haiti steht es schlecht. Aber um das Vetiver steht es gut. Vom Öl leben 50 000 Plantagenbesitzer mit ihren Familien.«

Wir baten die Bauern, uns eine Hacke zu leihen, denn wir wollten es auch einmal versuchen. Ich hackte, um ein paar Pflanzen dicht über dem Boden freizulegen, und begriff schnell, dass man in der sengenden Sonne jegliche unnütze Bewegung vermeiden musste. Die Kinder, die mich beobachteten, fingen an zu lachen. Harry löste mich ab und freute sich. Mit unserer Reise nach Haiti erfüllte er sich einen Traum: Vetiverwurzeln aus der Erde zu holen und mit den Händen zu zerreiben, sie sich unmittelbar nach dem Ausgraben unter die Nase zu halten in einer anderen Umgebung, weit weg von New Jersey. »Das ist wirklich der Duft der Erde. So habe ich Vetiver noch nie gerochen …« Harry war Experte auf seinem Gebiet, speziell beim Öl, denn er hatte das Parfum »Grey Vetiver« kreiert – ein großer Duft und ein Erfolg der Marke Tom Ford.

Auf den benachbarten Feldern arbeiteten die Frauen direkt nach dem Ausgraben weiter. Sie suchten mit bloßen Händen nach allen Wurzeln, die nach dem Durchgang der Männer noch in der Erde geblieben waren, denn jedes Kilo Vetiver war kostbar. Wir gingen zu ihnen hinüber. Im Sitzen wühlten sie die Erde durch, schüttelten kleine Wurzelballen aus und füllten eine Tüte, bevor sie ein paar Meter weiter aufs Neue begannen. Mir kamen wieder die Bilder der indischen Feldarbeiter mit den hölzernen Pflügen auf den Feldern mit *Jasminum sambac* in den Sinn. Ich kann nicht genug davon bekommen, Zeit mit Landwirten aus aller Welt zu verbringen. Wie soll man diesen Beruf verstehen und begreifen, woher der Duft kommt, ohne je selbst Rosen im Regen gepflückt oder Vetiver gehackt zu haben? Harry roch noch immer an den Wurzeln, die er die ganze Zeit dicht unter der Nase hielt, er kniff die Augen schelmisch zusammen, und auf dem Gesicht des Parfümeurs zeichnete sich Glückseligkeit ab. Verschwitzt wie wir waren, tauschten wir einen Blick und mussten gar nichts sagen. Die Erinnerung an das gemeinsame Hacken und unsere Hände in der grauen, nach Wurzeln duftenden Erde würde uns noch lange begleiten.

Auf dem Weg oberhalb des Feldes spazierten Gruppen von Frauen in bunten Kleidern vorbei mit der natürlichen Eleganz, die karibischen Frauen eigen ist. Die neue Schule, die wir mit Pierre finanziert hatten, lag einsam am Ende der Piste und bot mehreren Hundert Kindern aus den drei umliegenden Dörfern Platz, die sehr adrett aussahen in ihren Uniformen. Die Schule war bescheiden, und es bedeutete einen ewigen Kampf, verlässliche Grundschullehrer für den Schuldienst zu gewinnen. Auch der Kampf ums Wasser erforderte einen langen Atem. Die Kinder mochten ihre Schule, wir sammelten in Paris Bücher für sie, und inzwischen war daraus eine kleine Bibliothek entstanden. Ich schwankte zwischen der Befriedigung, etwas auf die Beine gestellt zu haben, und dem Gefühl, dass diese kleine Schule lächerlich war in Anbetracht der riesigen Not, die aus der Passivität des Staates resultierte. In der Situation hier hallte der Zustand auf der Insel Madagaskar grausam wider, die in den Armutsberichten der Welt an der Seite von Haiti stand.

Die Destillerie von Pierre befindet sich in Les Cayes. Es ist die größte des Landes, und sie hält die Stadt am Leben. Bei unserem Besuch hatte die Fabrik bereits einen Brunnen eingerichtet, an dem Passanten Wasser holen konnten. Sie bot eine medizinische Versorgung für die Angestellten und hatte zudem eine Bankfiliale auf dem Gelände. In großen Gebäuden waren Dutzende Alembiks untergebracht, um die herum Berge von Wurzeln ständig umgeschichtet wurden. Nachdem sie von einem ganzen LKW-Tross auf einem fußballfeldgroßen Platz zum Trocknen abgeladen worden waren, breiteten Dutzende Arbeiter die Wurzeln mit der Forke aus. Sie warfen große Bündel in die Luft, damit sich die Erde löste, die noch an ihnen haftete. Der Wind formte Wirbel daraus, die in der Sonne ein staubiges Ballett tanzten. Der Duft kam und ging mit der leichten, warmen Brise, er war sanfter als der, den man rund um die Alembiks roch. Die ständige Herausforderung der Fabrik bestand darin, die Kessel mit genügend Material zu befüllen, damit sich die Kosten für den Dampf über den langen Destillationszeitraum von vierundzwanzig Stunden rentierten, der notwendig war, um ein gutes Öl aus dem braunen Gewirr zu gewinnen. Die Kessel wurden zunächst mit haufenweise trockenen, leichten Wurzeln befüllt. Anschließend mussten diese gepresst werden, wofür ein Team von fünf Männern zuständig war. Wenn die zehn Meter hohen Alembiks befüllt waren, stiegen die Arbeiter hinein, um die Pflanzenteile zusammenzudrücken und so viel wie möglich nachzufüllen. Ich wollte auch einmal mitmachen, und während wir gemeinsam auf den Wurzeln herumtrampelten, hielten wir uns an den Schultern und brachen in Gelächter aus. Nun fingen die Männer auch noch an, auf Kreolisch zu singen, so sehr amüsierten sie sich. Ich habe noch ein etwas unscharfes Foto von dieser Szene, das ich sehr mag: lauter ausgelassene Arbeiter im Alembik und mittendrin ein Weißer, der sich unweigerlich an das Keltern von Wein in seiner Jugend erinnerte.

Am Fuße der Alembiks war alles viel dunkler und enger. Die Anlagen waren zum Teil funkelnagelneu, zum Teil veraltet. Wieder dieser Übergang vom Licht zum Dunkel. Unten an den großen Alembiks, in denen gerade destilliert wurde, beobachtete Harry das tropfende kondensierte Öl-Wasser-Gemisch. Bei der Besichtigung der Fabrik war der Vetivergeruch in jedem Bereich unterschiedlich, und Harry fand sehr genaue, anschauliche Worte, um ihn zu beschreiben. Warm oder braun, nach Tabak, staubiger Erde, Wald oder Honig riechend, lang anhaltend oder aufsteigend … Mit einer Zedernholz-Note, trocken, aber trotzdem sanft mit ein wenig Humus … Die Bandbreite des Vokabulars und die Assoziationen von Parfümeuren sind erstaunlich, als würde die Intensität ihrer Sinneseindrücke sie zu dieser Kreativität zwingen, um sie mitteilen und anderen verständlich machen zu können.

Am Ende öffnete Pierre uns den Raum, in dem das dekantierte Öl gesammelt und gefiltert wurde – das Allerheiligste. Hierher führten alle Alembiks. Der intensive Duft machte mich tatsächlich schwindelig. Harry roch an einer Probe des frischen Öls, die Pierre ihm reichte, und war verblüfft: »Es ist so gut, als käme es direkt aus der Erde!« Für solche kräftigen, reichhaltigen Essenzen ist eine Frische charakteristisch, die sich mit einem komplexen Bouquet tiefer Noten verbindet und die dem Produkt obendrein so etwas wie eine Seele verleiht.

In seinem Büro präsentierte Pierre Harry verschiedene Fraktionen, verschiedene Qualitäten – die Ergebnisse einer ganzen Reihe von Versuchen, bei denen die Parameter der Destillation, das Alter der Wurzeln und der Grad, wie stark sie gewaschen wurden, variierten. Der Destillateur lauerte auf die Zustimmung des Parfümeurs, wobei er bewusst nicht zu viele technische Informationen zu den einzelnen Verfahren verriet. Denn Pierre aus Haiti liebte Geheimnisse – beim Vetiver ebenso wie bei anderen Dingen.

An diesem Tag spürte ich immer wieder, wie Harry in alles eintauchte: in den Geruch der Wurzeln, in die Gesten der Bauern und in das Öl, das er in der Destillerie hatte tropfen sehen. All das floss nun in seine aktuellen Projekte ein. Er nahm einen Wurzelballen im Gepäck mit, der in einem Glas noch immer in seinem Büro steht.

Harry fuhr zurück nach New York, ich blieb noch ein paar Tage bei Pierre. Ich beobachtete die Bewohner der Dörfer und kleinen Städte, wobei mir die Mischung aus der Schönheit der Leute selbst und derjenigen, mit der sie sich umgaben, auffiel. Die Kleidung, die Märkte, die kleinen Geschäfte, die Häuser, alles explodierte förmlich in Farben. Schönheit und Elend unter dem karibischen Himmel – woraus schöpft das Leben auf dieser Insel nur seine Kraft? Haiti bleibt ein Geheimnis.

Die Frage versetzte mich zehn Jahre zurück nach Afrika zu einer schönen Begegnung mit Pierre weit weg von seiner Heimat. 2004, zehn Jahre nach dem Völkermord, hatte ich in Ruanda ein erstaunliches Erlebnis, bei dem es um Vetiver und Patschuli ging. Ich war hergekommen, um mir die Patschuliplantagen anzusehen, die von den Behörden gefördert wurden. Die Ruander hatten von erfolgreichen Projekten im benachbarten Burundi gehört und wollten ebenfalls ätherische Öle im eigenen Land herstellen. Ein lokaler Unternehmer hatte Baumschulen eingerichtet und ein paar Felder mit Patschuli bepflanzt. Ich war von einem unserer Kunden damit beauftragt, deren Potenzial einzuschätzen. Eines Tages schlugen mir die Mitarbeiter des Agrarministeriums vor, weit draußen auf dem Land, wo neue Plantagen waren, an einer Informationsveranstaltung für die Bevölkerung teilzunehmen. Als wir ankamen, entdeckte ich zu meiner großen Überraschung Pierre, den Vetiver-Spezialisten aus Haiti. Ich war damals noch nicht auf seiner Insel gewesen, aber ich hatte ihn kennengelernt, als er nach Europa gekommen war, um den Parfümeuren seine Öle vorzustellen. Er stand auf einer Kiste am Rande eines kleinen Patschulifeldes und wandte sich an etwa fünfzig Bauern, die aufmerksam seiner leidenschaftlichen Rede darüber lauschten, welche Chance der Anbau in Ruanda und Afrika mit sich brächte. Weit weg von seinen eigenen Vetiverpflanzen stellte Pierre sich in den Dienst eines ambitionierten Vorhabens. Er war plötzlich aus dem Nirgendwo aufgetaucht und verwandelte sich zu meinem Erstaunen in den überzeugten Fürsprecher einer guten Sache – ein Don Quichotte der ätherischen Öle. Ich hörte mir seine Ansprache an, die darauf zielte, den ruandischen Bauern mit dem Anbau von Patschuli zu dem Glück zu verhelfen, das seine eigenen Landsleute mit dem Vetiver erlebten. Er glaubte fest daran, dass Afrika das neue gelobte Land für ätherische Öle sein würde, und wollte auch seine Zuhörer davon überzeugen. Und er träumte davon, an diesem Abenteuer teilzuhaben.

Manchmal, wenn wir beide in Haiti miteinander sprechen und Pierre mit erhobener Stimme seinen Standpunkt ins Feld führt, sehe ich ihn vor meinem inneren Auge, wie er im Duktus eines Kreuzfahrers mitten in der Region der Großen Seen auf seiner Kiste steht. Ob bewusst oder unbewusst, zelebrierte er damals auf seine eigene, vom Voodoo beeinflusste Weise eine Vision davon, wie man die Düfte der Welt vereinen sollte.

Die Fackeln der Kordilleren

Perubalsam in El Salvador

»Ich ging in den Wald, weil ich beinahe magisch von den Bäumen angezogen wurde, es war unwiderstehlich. Sie verströmten eine kraftvolle Energie, und ich war glücklich und voller Ehrfurcht in ihrer Gegenwart. Genüsslich fuhr ich mit der Hand über die graue Rinde. Ich ging näher an eine Stelle heran, an der brauner Saft austrat, und der Duft des Balsams ließ mich regelrecht erstarren. Ich blieb fast eine Stunde bei den Bäumen, ganz allein, ich hatte jegliches Zeitgefühl verloren. Ich kenne nur wenige Produkte, die so süchtig machen wie Perubalsam. Ich liebe seine unterschiedlichen Facetten, das Zusammenspiel von Gourmand- und Holz-Noten. Er riecht vor allem nach Vanille und ›balsamisch‹, seine Holzaromen sind hell, sie haben überhaupt nichts Dunkles an sich, ganz im Gegenteil: Perubalsam ist edel und weich.«

Marie war gerade aus El Salvador zurückgekehrt, wo sie einen wichtigen Kunden begleitet und Perubalsam in den Kordilleren kennengelernt hatte. Sie ist eine tolle Parfümeurin und hin und wieder meine Reisebegleiterin. Sie hat wunderschöne Parfums für Guerlain, Armani und

Nina Ricci kreiert und ist eine der Schöpferinnen von »Black Opium« von Yves Saint Laurent. Besonders liegen ihr Patschuli sowie Holz- und balsamische Noten am Herzen. Ich mag ihr außergewöhnliches Gespür für die verschiedenen Produkte, ihren intensiven, sanften Blick und ihre prägnanten Kommentare. Nun saß ich ihr in Paris gegenüber und lauschte ihr, während sie ihre Begegnung mit dem Perubalsam in Worte fasste. Indem sie mich an ihren Gefühlen teilhaben ließ, entführte sie mich in die Kordilleren und rief dabei meine eigenen Erinnerungen wach. Ich war hingerissen von ihrem Bild mit dem hellen Holz. »Beim Perubalsam denke ich ans Naschen, an Pâtisserie, an Vertrautheit und Wärme. Er wird in viel zu geringen Mengen in den Kompositionen verwendet, obwohl man eigentlich überschwänglich mit ihm umgehen müsste, um ihm gerecht zu werden!« Marie bedauerte es, dass die Normen wegen der allergenen Bestandteile nur noch eine sehr geringe Dosierung von Perubalsam in der Parfümerie erlaubten. »Das hat mich dazu bewogen, ihn auf der Grundlage anderer Naturstoffe nachzubilden, indem ich seine typischen Merkmale betone, wie bei einer Zeichnung: als würde ich mir bestimmte Motive aneignen, indem ich sie mit dem Bleistift betone.« Ich fragte sie nach den ausgewählten Düften. »Zimt, Sandelholz, Zedernholz, Kakao und Benzoe«, gab sie mit einem Lächeln zur Antwort. »Darauf wäre ich niemals gekommen, wenn ich nicht selbst im Wald gewesen wäre.«

Die Produzenten von Perubalsam sind schwer zu finden. Sie leben zurückgezogen in den Bergen El Salvadors, und ihre Anlagen wirken noch älter als die großen Bäume, von denen sie umgeben sind. Bei meinem ersten Besuch vor zehn Jahren sah ich zum ersten Mal eine Balsampresse, das Herzstück einer Produktionsanlage. Der Anblick dieser Maschinerie aus Seilen und Holzteilen, Schrauben, Stützbalken und Flaschenzügen unter einem einfachen Schutzdach hatte mich spontan an die Epoche der spanischen Eroberer denken lassen, als hätte Christoph Kolumbus mit seinen Männern die Presse hier vor fünfhundert Jahren gebaut und sie wäre bis heute unverändert. Eine Vorstellung, die den Perubalsam geheimnisvoll und reizvoll für mich machte.

Die moderne Geschichte des Perubalsams beginnt, ebenso wie die der Vanille, mit der Eroberung durch die Europäer. Sie entdeckten, dass die Völker Zentralamerikas zur Wundheilung einen Balsam verwendeten, dem der Saft aus einem Baum zugrunde lag. Die Substanz war wirksam und roch angenehm, und so wurde sie übernommen und gehörte fortan zu den vielen amerikanischen Produkten, die auch Europa seit dem sechzehnten Jahrhundert für sich entdeckte. Vor Ort zählte der Balsam seit jeher zu den natürlichen Arzneien. Man gewann ihn aus dem Balsambaum *Myroxylon pereirae*, der heute nur im Gebirge in El Salvador und Nicaragua vorkommt. In Peru war der Baum nie heimisch. Seinen Namen verdankt er den Spaniern, weil er über den Hafen von Lima, der Hauptstadt des Vizekönigreichs Peru, exportiert wurde. Ebenso wie Siam-Benzoe existierten die geheimnisvollen Produkte, die von weit her stammten, für die Europäer erst ab dem Hafen, von dem aus sie verschifft wurden. Seltsamerweise gab die Parfümerie sich lange mit diesen willkürlich gewählten und ungenauen Namen zufrieden.

Abgesehen davon, dass die Ursprungsorte vertraulich waren, zeigt das Beharren auf diesen Bezeichnungen ein offensichtlich mangelndes Interesse. Seit dem achtzehnten Jahrhundert schien die Parfümerie bei der Verarbeitung und Kreation immer mehr Abstand von den Rohstoffen zu nehmen, sie waren zu weit weg, erschienen zu bäuerlich. Diese Distanzierung begründete den Reichtum der Händler und großen Parfumfirmen, vor allem in Grasse, als sie sich dazu entschlossen, Niederlassungen an der Quelle der Rohstoffe aufzubauen.

2016 fuhr ich erneut nach El Salvador, um dort Elisa zu treffen, eine junge Guatemaltekin, die in ihrem Land eine Produktionsfirma für Aromaöle gegründet hatte. Entschlossen und talentiert hatte sie Chemie und Parfümerie in Frankreich studiert, einen französischen Ingenieur geheiratet und alle Hürden bewältigt, um in einem Land mit schwierigen Bedingungen etwas Neues zu etablieren. Ohne jegliche Erfahrung hatte sie Patschuli angepflanzt und eine Destillation eingerichtet. Ich hatte an der Planung ihres Vorhabens mitgewirkt und begleite seither die Entwicklung. Heute produziert sie erfolgreich Kardamom- und Patschuliöl und setzt sich seit mehreren Jahren begeistert für die Aufwertung von Balsam aus der Region ein: Styraxbalsam aus Honduras und Perubalsam aus El Salvador.

Elisa will die Bauern und die Gemeinschaften an ihrem Erfolg teilhaben lassen, denn sie ist empört über deren Armut, den Analphabetismus und die Isolierung, in der die Länder Zentralamerikas sie absichtlich belassen. Sie bezieht ihre Rohstoffe direkt bei den Produzenten zu einem Preis, der es ihnen ermöglicht, davon zu leben. Als Tochter eines Arztes bezahlt sie die Beiträge zur Krankenversicherung für die Arbeiter, die die Duftstoffe produzieren, und garantiert ihnen die Abnahme ihrer gesamten Produktion. Auch wenn das selbstverständlich scheinen mag, so ist es nach wie vor innovativ und schwierig umzusetzen. Doch Elisa macht mit unerschütterlicher Überzeugung weiter und lehnt jegliches Zugeständnis in Bezug auf ethisches Handeln ab.

Ich fuhr erneut in die Region der »Balsam-Kordilleren«, wie man sie in El Salvador nennt, um beim Dreh einer französischen Fernsehreportage mitzuwirken. Es ging darum, jemanden zu begleiten, der in einer abgelegenen Region nach neuen Düften sucht und bei der »Entdeckung« eines neuen Duftstoffes dabei zu sein. Zunächst hatte ich Vorbehalte gehabt und bezweifelt, dass das Fernsehen solche Geschichten rekonstruieren konnte, ohne sie zu verzerren oder zu verfälschen, um sie um jeden Preis interessant zu machen. Schließlich ließ ich mich aber von der Möglichkeit überzeugen, auf diese Weise die Sammler und ihren außergewöhnlichen Beruf zu zeigen, und sagte zu.

Wir waren sechs Stunden gefahren, nachdem wir von Elisas Firma in Antigua aus gestartet waren, der alten Hauptstadt von Guatemala, einem Juwel der Kolonialzeit. Um zu Elisas abgelegener Kooperative oberhalb von San Julián zu gelangen, mussten wir eine schmale Piste mit tropischer Vegetation hinauffahren bis zu den einfachen Gebäuden der Produzenten. Der Leiter der Kooperative erwartete uns schon in Begleitung einer Gruppe von Harzsammlern, die allesamt mit ihrem Hut in der Hand höflich aufgereiht dastanden. Hinter riesigen Bambusbüschen waren waldbedeckte Berge am Horizont auszumachen: Wir waren im Herzen der Balsam-Kordilleren. Die Produktionsstätte lag oberhalb eines kleinen baumbestandenen Tals, in dem alle zwanzig Meter ein *Myroxylon* aufragte. Die imposanten Balsambäume waren zwanzig bis dreißig Meter hoch und mindestens achtzig Jahre alt. Im Laufe der Zeit hatten sie erstaunliche Formen angenommen, und ihre grauen Stämme waren wie gekräuselt von den über Jahrzehnte hinweg bei der Balsamproduktion entstandenen Riefelungen.

Die Harzsammler waren selbstständige Arbeiter, die für die Eigentümer der Bäume arbeiteten, mit denen sie die Ernte teilten. Franklin, ein Mann um die fünfzig, war ein erfahrener Sammler, den ich seit meinem ersten Besuch kannte. Er ist dünn wie ein Strich, hat dunkle Augen, ein ausgemergeltes Gesicht, und egal was er tut, er hat immer seinen weißen Hut auf. Bereits mit fünfzehn Jahren hat er angefangen, in die Bäume zu klettern, und damit die Arbeit fortgesetzt, die ihm sein Vater beigebracht hatte. In seinem singenden Spanisch erzählte er nun von den Gefahren und der Härte seines Berufes. Das Anzapfen der Bäume zur Gewinnung von Perubalsam ist vielleicht die Tätigkeit, die mich auf meinen Reisen am meisten beeindruckt hat. Franklin bereitete sein Material auf dem Boden vor: Seile, ein Schaukelsitz, ein Fächer aus Karton, ein Messer, ein Bündel mit Lappen und ein Reisigbündel, das ihm als Fackel dienen sollte. Es bestand aus Kleinholz des Balsambaumes, weil dieses Holz langsam brennt und sehr gut glüht. Er zündete es an, wartete, bis es richtig Feuer gefangen hatte, nahm es mit der übrigen Ausrüstung auf die Schultern und wandte sich dem Fuß eines Baumes zu, wobei er eine Rauchfahne hinter sich herzog. Er warf das

Seil ein erstes Mal über eine hohe Astgabel und begann barfuß mit dem Aufstieg. In einer Höhe von etwa fünfzehn Metern setzte er sich auf seinen kleinen Sitz, der nun über dem Abgrund hing. Hinter seiner Schulter qualmte die Fackel noch immer, sodass er mit der Arbeit beginnen konnte. Zur Balsamgewinnung muss der Baum stimuliert werden. Franklin schnitt ein Stück Rinde vom Stamm ab, nahm die Fackel und fachte das Feuer an. Noch immer im Sitzen und mit den Füßen am Stamm abgestützt, führte er nun die brennende Fackel über das freigelegte Holz und die umliegende Rinde, um durch diese Verbrennung die Bildung des Balsams anzuregen. Man muss solche Rituale miterlebt haben, um die Berufe und das Leben der Menschen zu verstehen, die Düfte »sammeln«. Inzwischen befestigte Franklin die Lappen auf der verbrannten Stelle, die von den Rändern der abgelösten Rinde fixiert wurden. Zwei bis drei Wochen später würden sie mit Balsam vollgesogen sein, und Franklin würde den Balsam zum einen in den Lappen, zum anderen in den Rindenstücken ernten. Er wiederholte das Ganze an etwa zehn weiteren Stellen, die er mit Bedacht rund um den Stamm verteilte. Wie in Laos wusste auch der Harzsammler in El Salvador, was er von dem Baum verlangen durfte, ohne ihn zu gefährden. Von einem angezapften Baum darf man im Folgejahr nicht ernten, denn wenn man besonnen vorgeht, lassen sich auch hundertjährige Bäume noch bewirtschaften. Die Harzsammler kennen sich mit ihren Ressourcen aus. Schließlich hängt ihr Leben davon ab.

Später würde die Ernte zur Werkstatt gebracht werden – einer Zementplatte mit einem Blechdach darüber. Dort würde die wohlriechende wertvolle Flüssigkeit aus den Lappen und der Rinde gelöst, zunächst durch Auskochen, dann durch Pressen und Konzentration. Anschließend würde Franklin das Produkt seiner Ernte als Balsam für den Handel erhalten. Eine solche Presse funktioniert manuell: Dabei wird eine riesige Holzbohle, ein Hebel, betätigt, der einen Korb aus Stricken und Seilen zusammenpresst, aus dem sich nach und nach eine Flüssigkeit in eine Wanne ergießt, eine Mischung aus Balsam und Wasser. Zunächst wird das Ganze mit den Lappen durchgeführt, dann mit den Rindenstücken. Anschließend wird die Mischung erhitzt, bis sämtliches Wasser verdunstet ist und ein reiner Sirup entsteht. Ob er die richtige Zähflüssigkeit hat, wird geprüft, indem man ein paar Tropfen auf ein Stück Glas tropfen lässt. Der rohe Balsam hat ein köstliches, warmes Vanille-Aroma mit Karamell-Noten. Zu Öl oder Resinoid verarbeitet, macht sein beharrlicher Duft ihn in einer Komposition zu einem bemerkenswerten Fixateur, der sich leicht mit floralen Noten oder Sandelholz verbindet, zu denen er besonders gut passt.

Der Pressvorgang ist ebenso eindrucksvoll wie die Arbeit in den Bäumen, ein zeitloses Schauspiel. Als ob vor Ewigkeiten ein Gleichgewicht gefunden wurde zwischen der Herstellung und dem Ertrag, um eine natürliche Quelle bestmöglich zu nutzen, und als ob dieses Gleichgewicht durch nichts gestört werden darf. Wie kommt es nur, dass sich immer noch Leute finden, die unter solchen Bedingungen arbeiten?

Nachdem Franklin wieder vom Baum heruntergekommen war, rauchte er eine Zigarette im Schatten und erzählte mir von seinem Beruf. Zuerst von der Gefahr. Abstürze waren selten, konnten aber vorkommen, vor allem wenn der Haken ausriss, der das Brett hielt, auf dem der Arbeiter saß. Seit zwei Jahren ließ Elisa die Haken aus traditionellem Betonstahl durch solche aus Stahl ersetzen, und ihre Firma hatte eine Krankenversicherungspolice für alle Arbeiter der Kooperative unterschrieben. In die Bäume zu klettern war für die jungen Männer hier quasi die einzig mögliche Zukunft. »Wenn du was essen willst, musst du Balsam machen«, sagte Franklin. »Also bringt man es den jungen Leuten bei, aber man müsste Sicherheit bei den Preisen und dem Verkauf haben, damit sie wirklich dran glauben. Es hat schon so viele Jahre mit miserablen Preisen gegeben …« Im Laufe der Zeit hatten sich die angebotenen Qualitäten auf dem Markt verschlechtert und die Preise waren stetig gesunken. Die Industrie hatte die Harzsammler ausgepresst, wie diese die Lappen mit dem Balsam auspressten. Aus Desinteresse oder Nachlässigkeit überließen die europäischen und amerikanischen Einkäufer die Branche Maklern und lokalen Zwischenhändlern, die keinerlei Hemmungen gegenüber den Arbeitern der Kordilleren hatten. Damit wäre beinahe alles zu Ende gewesen. Die Produktion war so weit zurückgegangen, dass ein ernsthafter Mangel an Balsam entstanden war, der seit zwei Jahren zu einem Preisanstieg führte und die Einkäufer erschütterte. Elisa war darauf vorbereitet. Mit ihrer Kooperative, ihren Kaufverpflichtungen und einer klaren Botschaft an ihre Kunden: Ein reiner Balsam mit Herkunftsnachweis war durchaus möglich, allerdings unter der Bedingung, dass der entsprechende Preis gezahlt wurde. Für sie ließ sich die Produktqualität nicht von der außergewöhnlichen Arbeit der Harzsammler trennen. Es kam nicht infrage, das eine zu garantieren, ohne sich um das andere zu kümmern.

Der Dreh für die Fernsehsendung dauerte drei Tage. Das Team bestand auf dem zentralen Punkt: Der »Düftesammler« hatte gerade ein neues Produkt gefunden, und man wusste nicht, ob er Erfolg damit haben würde … Ich hatte den Eindruck, wir würden *Tim und Struppi in El Salvador* drehen, und fühlte mich in meine Rolle hineingedrängt, an der ich von Anfang an gezweifelt hatte, bis Elisa und ich eine Idee hatten: der Balsam aus der Rinde.

Die gesammelten Rindenstücke rochen auch nach dem Auspressen noch sehr gut, ein anhaltender erstaunlicher Duft, der dem klassischen Charakter des Balsams eine florale Note hinzufügte. Mithilfe der in Elisas Fabrik gerade neu installierten Ausrüstung war es möglich, die »ausgelaugte« Rinde in Alkohol zu extrahieren. Wir wären die Ersten, die das versuchten. Das Vorgehen ergab Sinn, und mir gefiel die Vorstellung, Marie eine neue Probe mitzubringen, ein kleines Stück des tropischen Waldes, von dem sie so schön erzählt hatte. Die Wortbeiträge von Franklin und den jungen Leuten waren ergreifend gewesen. Der Regisseur war ganz gefesselt von den schönen Szenen in den Bäumen und rund um die Presse. Und nach einigen Sequenzen in der Fabrik in Guatemala, die den Extraktionsversuch zeigten, konnte das Team schließlich die Abfahrt von *Tim, dem Düftesammler* mit der Duftprobe in der Tasche filmen.

Für die Schlussszenen, die in Paris in unseren Räumen

gedreht wurden, zeigte ich Marie die Probe mit dem »Rindenbalsam«, und sie fand sie sehr gut, anders als den klassischen Balsam, mit einer neuen Facette, die der Wärme des Holzes einen blumigen Hauch verlieh. Ich beobachtete sie, während sie daran roch, ihr Blick verriet, dass sie sich an ihre Gefühle im Wald erinnerte. Etwas Neues, das sich von einem bekannten Produkt ableitete – genau das bevorzugen die Parfümeure häufig, eine neue Note, die sie in die gewohnte Struktur integrieren können. Im Gespräch über ihre Arbeit betont Marie immer, was für ein Unterschied es sei, ob man an einem Flakon rieche oder an einem Stoff, den man zuvor selbst angefasst, gesammelt oder abgekratzt habe, und zwar dort, wo er wachse. Darin war sie sich mit Fabrice, Jacques und Harry einig. Die Parfümeure beneiden mich um meine Rolle und sind glücklich, wenn sie selbst auch hin und wieder Düftesammler sein können.

Ich kehrte einige Monate später wieder nach Zentralamerika zurück. Die Firma von Elisa und ihrem Mann Jean-Marie wuchs und entwickelte sich gut. Jean-Marie fuhr überall hin, nach Honduras für Styraxbalsam, nach Peru für Rosa Pfeffer. Sie hatten eine Plantage mit Ylang-Ylang im Dschungel von Guatemala gefunden, waren begeistert von Maya-Vanille und träumten davon, irgendwo in Kolumbien echten Tolubalsam zu finden.

Ihre Begeisterung war ansteckend. Mit ihrer Intelligenz, ihrer Energie und ihrem Ehrgeiz waren sie die Produzenten von morgen. Sie waren davon überzeugt, dass es das Wichtigste für ihren eigenen Erfolg war, die Einheimischen gut zu behandeln und gut zu bezahlen, und während ich ihnen zuhörte, musste ich selbstverständlich an Francis in Vientiane denken. Auf der anderen Seite der Erde, quasi gegenüber von Laos, traten Elisa und Jean-Marie in seine Fußstapfen.

Elisa hatte mir angekündigt, dass sich die Situation in El Salvador geändert hatte. Die gefürchteten Gangs des Landes, die Mara, die sich eigentlich auf Drogen und Verbrechen in der Stadt beschränkten, schienen sich nun auch für den Handel mit dem Balsam zu interessieren. Sie waren nach San Julián hinaufgekommen, um zu drohen und Schutzgeld von den Händlern zu erpressen, bis passierte, was passieren musste: Einen Monat vor meiner Ankunft hatten sie jemanden erschossen. Mit bewundernswerter Ruhe erzählte Elisa mir von der Sache mit den Mara wie von einem Fieberschub, der verschwinden würde, wie er gekommen war. El Salvador ist ein gewalttätiges, bedauernswertes Land und zudem das repressivste der Welt in Sachen Abtreibung … Frauen haben dort ein ganz besonders schweres Schicksal.

Wir fuhren wieder stundenlang bis in die Berge und hinauf zur Produktionsstätte, wo Franklin uns erwartete, selbstverständlich zusammen mit seinem Sohn. Wir versammelten uns rund um die Presse, um etwas zu trinken und uns zu unterhalten, die Wannen dampften, der Balsam wurde heiß. Ich dachte an die Erzählungen von Marie, und ich hatte Lust, mir am nächsten Tag ein Reisigbündel auf die Schulter zu binden und mir die Bäume anzuschauen. Franklin kam mit mir, er fand es lustig, mich mit einer Fackel ohne Feuer zu sehen. Ich sagte ihm, dass ich ihn dafür bewunderte, brennendes Holz auf der Schulter zu tragen. »Weißt du, die Fackeln hier in den Kordilleren sind unser Leben – die Verheißung des Balsams. Wer sie entzündet, hat etwas zu essen. Ohne Feuer sind die Fackeln zu nichts nütze. Wenn sie brennen, verdient man damit seinen Lebensunterhalt, vorausgesetzt man verbrennt sich nicht selbst daran.«

Der Opferwald

Guayana, Rosenholz

In Afrika lebten vor Ankunft der Europäer schätzungsweise vier Millionen Elefanten. Die Erhebungen von 2014 ergaben, dass es zu diesem Zeitpunkt nur noch zwei Prozent der Dickhäuter gab. Angesichts des Tempos, in dem die Tiere aktuell getötet werden – 20 000 Tiere im Jahr –, wird es 2022 nur noch ein Prozent der Elefantenpopulation geben, die in Afrika lebte, bevor die Europäer kamen. Innerhalb von lediglich zwei Jahrhunderten wird der Mensch es also geschafft haben, neunundneunzig Prozent einer Art auszurotten, die einhellig als eines der großen Wunder der Tierwelt gilt.

Im Pflanzenreich werden die Amerikaner in nur einem einzigen Jahrhundert zu demselben Ergebnis bei der *Sequoia sempervirens* kommen, dem Redwood- oder Küstenmammutbaum an der Nordwestküste der Vereinigten Staaten, dem wunderschönen Riesen. Die erhabenen Bäume sind die größten der Erde, sie können über zweitausend Jahre alt werden und bildeten wahrscheinlich den schönsten Primärwald der Erde. Der Bedarf an Bauholz, der mit dem Goldrausch in Kalifornien 1849 einherging, war der Startschuss für die Rodung einer Fläche von der Größe Korsikas, die bis in die Fünfzigerjahre andauerte und bei der nur ein Prozent der ursprünglichen Bäume stehen blieb.

Der Elefant und der *Sequoia*, zwei Symbole für die Schönheit der Erde, veranschaulichen auf schreckliche Weise die Beziehung der Eroberer und Kolonisatoren des neunzehnten Jahrhunderts zur Natur. Kaum hatte man die Welt entdeckt, betrachtete man die als gefährlich und feindselig empfundene Natur auch schon als unerschöpfliche Ressource. Sie wurde zum Gegenstand großer Eroberungen und unstillbarer Gier. Zahlreiche Berichte aus jener Zeit belegen, was die Jäger in Afrika oder Amerika gegenüber den riesigen Herden aller Arten empfanden. Niemand, selbst diejenigen, die es am wenigsten schlecht meinten, konnte sich vorstellen, dass die Elefanten oder Büffel »endlich« sein könnten. Erst hundert Jahre später riefen die Fotos der Jagdbeute, die ein Massaker zeigten, allmählich Bestürzung hervor. Dasselbe galt für die amerikanischen Holzfäller, deren Geschichte mich besonders berührt, weil mein Vater kurzzeitig dazugehörte. 1950 fällte er Bäume in Klamath, Kalifornien, darunter waren auch noch einige *Sequoias.* Mein Vater, der Bäume so sehr liebte, erzählte mir, wie die harten Arbeitsbedingungen beim Fällen und bei der Abfuhr der monströsen Stämme all seine Kraft banden und dass weder ihm noch seinen Kollegen je der Gedanke einer möglichen Erschöpfung des Waldes gekommen sei. Das eine symbolische Prozent hallt in mir wider wie eine allerletzte Alarmglocke. Die Redwoods, die überlebt haben, sind heute in wunderbaren Parks abgeschirmt. Wird die schwindelerregend niedrige Zahl von einem Prozent die Elefanten retten? Gibt es eine Schwelle, ab der der Mensch sich, bewusst oder unbewusst, gegen seine Gier, gegen Schmuggel, Elend und Leichtfertigkeit entscheidet?

Auch die Parfümerie hat ihre Elefanten und *Sequoias*, ihre gebeutelten und erschöpften Ressourcen. 2002 reiste ich nach Cayenne wegen einer solchen Geschichte, der berühmtesten ihrer Art vielleicht. Die Vernichtung von Rosenholz in Guayana in der ersten Hälfte des zwanzigsten Jahrhunderts war weithin in Vergessenheit geraten, als 1997 eine Meldung durch die Medien ging und diesen Baum wieder ins Rampenlicht rückte. Die französische Umweltorganisation Robin des Bois hatte damals eine Pressekampagne angekurbelt, die eine renommierte Luxusmarke beschuldigte, zur Abholzung des Regenwaldes beizutragen, weil in ihrem weltberühmten Parfum »N° 5« Rosenholzöl enthalten war. Man zeigte mit dem Finger auf diese Marke, weil sie das Öl eines vom Aussterben bedrohten Baumes verwendete. Auf der Titelseite der Tageszeitung *Libération* stand ein Artikel, der die Luxusindustrie beschuldigte, die Natur zu zerstören. Damit ließ sich das Blatt gut verkaufen, aber es spiegelte auch die steigende Aufmerksamkeit der Öffentlichkeit für die großen Umweltfragen, bei denen das Amazonasgebiet und die Abholzung schon immer an erster Stelle standen. Die Menge an Öl und Bäumen, um die es ging, war letztlich sehr begrenzt, vier bis fünf Bäume im Jahr, aber das Medienecho war wegen der Bilder ziemlich verheerend. Die Parfumfirma nahm die Sache sehr ernst, beide Seiten sprachen miteinander und einigten sich schließlich darauf, dass das Unternehmen Bäume im Amazonasgebiet pflanzen würde, und zwar in einem Umfang, der deutlich über dem des Verbrauchs lag. Meine Firma sollte diese Verpflichtung umsetzen, und wir betrauten die Niederlassung der französischen Forstbehörde Office national des forêts in Guayana damit, vier Hektar Rosenholz zu pflanzen.

Vier Jahre später reiste ich nach Cayenne, um mir anzusehen, wie es mit diesem Projekt voranging. Die Idee, aromatische Bäume nachzupflanzen, war noch neu, aber ich ahnte, dass das Ersetzen abgebauter Ressourcen aus der Natur durch neu gepflanzte Bäume unweigerlich zu einem wichtigen Thema werden würde. Durch die Einsicht, dass die tropischen Wälder gefährdet waren, wurde die Parfumbranche wegen ihrer überschaubaren Größe zum idealen Experimentierfeld. So war das kleine Projekt in Cayenne der Auftakt einer historischen Wende: Ein Parfümerieunternehmen pflanzte symbolisch den Baum nach, den der Berufsstand sechzig Jahre zuvor gefällt hatte.

Die Bezeichnung »Rosenholz« steht für verschiedene Öle aus tropischen Bäumen und bezieht sich auf die Farbe des Holzes oder auch auf den Duft. Rosenholz aus Madagaskar riecht nach nichts, was den Baum trotzdem nicht davor bewahrt, dass gnadenlos Raubbau an ihm betrieben wird wegen seiner guten Eigenschaften für die bei den Chinesen so geschätzte Kunsttischlerei. In Südamerika war ein anderer Baum unter dem Namen Rosenholz bekannt und von den Europäern seit dem siebzehnten Jahrhundert begehrt, weil sein schönes Holz sich in Intarsienarbeiten verwerten ließ. Dabei handelte es sich um die Sorte *Ani-*

ba rosaeodora, deren weibliche Pflanze eine einzigartige Eigenschaft besitzt: Ihr Holz ist reich an ätherischem Öl, das zu neunzig Prozent aus Linalool besteht, einem Aromabestandteil, der sehr verbreitet in Naturprodukten ist, insbesondere in Lavendel und Bergamotte. Das Öl dieses Holzes riecht göttlich und zeichnet sich durch eine feine, subtile, sanfte Frische aus, die in der natürlichen Form deutlich ausgeprägter ist als beim synthetischen Linalool. Aus den Händen der Kunsttischler gelangte das Holz auch in die Hände von Parfümeuren und unter ihre Nasen. Die erste Destillation des Öls wurde 1875 in Grasse vorgenommen, und es wurde zum Bestandteil erster Wahl in der Kopfnote von Parfums mit frischem Bouquet. Weil es so erfolgreich war, wurde ab sofort in den Kolonien nach Rosenholz gesucht. Die ersten Baumstämme kamen aus Guayana: In diesem Teil im Norden des Amazonasgebietes wächst das Holz besonders gut, und hier ist auch die Sorte mit dem höchsten Ölgehalt beheimatet. Schon bald ließen sich zwei französische Unternehmen in Cayenne nieder, um das Fällen der Bäume, das Verladen des Holzes auf Schoner und das Löschen der Ladung im Hafen von Cannes zu organisieren, wo die ersten Hunderte von Tonnen Stammholz, die entrindeten Baumstämme, eintrafen.

Das Aufkommen dieses Öls, das als weithin verfügbar präsentiert wurde, war ein Glücksfall für die expandierende europäische Parfümerie, und es fand in großen Mengen Eingang in die Kompositionen. Es war so erfolgreich, dass man schon bald versuchte, den Handel damit zu optimieren. Die ersten Destillerien für das Holz in Cayenne begannen 1890 zu arbeiten, in Alembiks, die normalerweise für die Produktion des lokalen Zuckerrohrschnapses Tafia vorgesehen waren. Die Produktion blieb mit ein bis zwei Tonnen Öl pro Jahr bis 1900 noch mäßig, doch dann ging alles ganz schnell. 1912 verschlangen sieben Destillerien fünftausend Tonnen Rosenholz und produzierten fünfzig Tonnen Öl. All das zu organisieren, was es brauchte, um Tausende Tonnen Holz aus dem Wald zu holen, war ein riesiges Abenteuer mit fatalen Folgen.

Mitte des neunzehnten Jahrhunderts kamen Goldsucher und Holzfäller in die Wälder von Guayana. Der einzige Weg in den Wald führte damals flussaufwärts über die Approuague und den Oyapock. Man suchte vor allem nach Gold, aber das Ergebnis war höchst unsicher, sodass sich die Abenteurer im Wald der Balata zuwandten, einer Art Kautschuk, die weniger elastisch ist als die des Kautschukbaumes, aber dieselben dämmenden Eigenschaften besitzt, welche für den expandierenden Elektrosektor von Interesse waren. Die Berichte vom Beginn des Jahrhunderts zeigen deutlich, dass die Praxis damals weit vom respektvollen »Anzapfen« entfernt war, die Bäume wurden in einem einzigen Durchgang komplett ausgeblutet, anschließend ließ man sie absterben. Der Wald wurde mit einem Bergwerk gleichgesetzt, und als solches behandelte man ihn auch. Durch die Nachfrage nach Rosenholz verzehnfachte sich der systematische Abbau der Bestände, die am leichtesten zugänglich waren, nämlich in Flussnähe. Die großen Bäume mussten gefällt und in Scheite von fünfzehn Kilo zerlegt werden, was viel Arbeit bedeutete. Wenn genügend Holz am Ufer aufgetürmt war, errichteten die Holzfäller eine Sperre im Fluss, ließen ihre Ernte hineingleiten und öffneten den Damm, damit der Strom das Holz so weit wie möglich flussabwärts trug. Eine klassische forstwirtschaftliche Methode, die Flößerei, die aber unter den Bedingungen im Wald von Guayana extrem beschwerlich war. Fieber, Schlangen, dürftige Nahrung – die Waldarbeiter beim Rosenholz arbeiteten zu derart harten Bedingungen wie Sträflinge. Und manchmal waren sie tatsächlich auch welche – Sträflinge, die aus Cayenne ausgebrochen waren und Zuflucht im Wald suchten. Einige Jahre lang war der Abbau der Bäume, die am dichtesten zum Küstengebirge wuchsen und am Ufer von Flüssen gut zugänglich waren, produktiv und günstig. Doch das Tempo nahm so schnell zu, dass die Holzfäller immer weiter in den Wald eindringen mussten. Nun fällte man Bäume, die drei oder vier Kilometer vom Ufer entfernt wuchsen. Zur ursprünglichen Arbeit kam noch hinzu, dass die Männer das Holz auf dem Rücken tragen mussten, jeweils vier bis fünf Stämme mit einer Pause alle dreißig Meter.

Nach dem Ersten Weltkrieg wurde aufgrund der hohen Nachfrage nach Rosenholzöl eine neue Schwelle bei der Beschaffung überschritten: mit der Erfindung der »schwimmenden hydraulischen Destillerie«. Dabei handelte es sich um einen patentierten Frachtkahn, der in der Lage war, die Stämme zu zerkleinern und am Ufer zu destillieren, mitten im Wald, damit man nur das Öl und nicht das Holz transportieren musste. Die Maschinen kamen aus dem Mutterland, und im Jahr 1926, dem Rekordjahr mit einer Produktion von mehr als einhundert Tonnen Öl, gab es bis zu zehn solcher schwimmenden Destillerien.

Ich versuche mir das Fällen der Bäume auszumalen, die Zerkleinerung und die Destillation von 10 000 Tonnen Holz im Wald von Guayana. Die harten Arbeits- und

Lebensbedingungen sind heute nicht mehr vorstellbar. Man kann sich nur schwer in die Welt der Männer hineinversetzen, die das Harz der Kautschukbäume ernteten oder Rosenholzbäume fällten, die bereit waren, einen manchmal horrenden Preis für die Maßlosigkeit zu zahlen. Diese »Bergarbeiter« aus dem Wald waren die ersten Opfer – einfache Verrichtungsgehilfen einer Industrie, die beschlossen hatte, sich nicht um die Ressourcenverwaltung zu kümmern.

Auch wenn man in Guayana noch nichts ahnte, so begann die Rosenholz-Ader in den Zwanzigerjahren zu versiegen. Ab dem Ende des Jahrzehnts ließ die Produktion erheblich nach, das Holz war zu weit weg, zu selten, zu teuer. Es hielt noch bis zum Zweiten Weltkrieg stand, von da an war die Produktion nur noch symbolisch, die letzte Destillerie in Cayenne schloss 1970. Die Destillation wurde offiziell im Jahr 2001 verboten. Innerhalb von fünfzig Jahren hatte man die Ressource dort, wo sie zugänglich war, ausgelöscht. Das Verschwinden von Rosenholzöl wurde durch synthetisches Linalool ausgeglichen, das nun generell zum Einsatz kam, ein Beispiel dafür, wie die Parfümerie in den Siebzigerjahren kippte, als die natürlichen Essenzen weitgehend durch synthetische Moleküle ersetzt wurden.

Nach dem Zweiten Weltkrieg bemühte Brasilien sich, die Rosenholzproduktion zu übernehmen mit einem Öl, das aus einem Baum gewonnen wurde, der mit dem aus Guayana verwandt, aber von geringerer Qualität war. Auch hier wurden die Bestände verwüstet. Nach und nach wurde den Behörden das Problem bewusst und sie versuchten, Neupflanzungen anzuordnen, was jedoch nie eingehalten wurde. Schließlich beschränkten sie das Fällen drastisch, indem sie den Baum auf die Liste des Washingtoner Artenschutzabkommens setzten, das den Handel mit gefährdeten Tieren und Pflanzen regelt. Heute wird die Produktion in Brasilien stark überwacht und ist auf wenige Produkte begrenzt. Das Öl fehlt inzwischen auf der Palette der Parfümeure, zu ihrem großen Bedauern.

In Cayenne, wo ich ankam, ließ nichts auf all das schließen. Als ich die Stadt verließ, hatte ich das Gefühl, in einem Randgebiet des Amazonas zu sein. Jegliche Spur des Primärwaldes war seit Langem verschwunden, hier und da ragte Sekundärwald hervor, mehr oder weniger hoch und mehr oder weniger dicht. Ein Forsttechniker führte mich bis zur Anpflanzung, die eine Stunde von Cayenne entfernt war. Es regnete Bindfäden, als wir an der Parzelle ankamen, und der Förster bahnte uns einen Weg mit der Machete zu den Bäumen durch die dichte Vegetation, die sich in der Regensaison gebildet hatte. Aufgereiht ragten die Wipfel der jungen Pflanzen aus den Sträuchern und Lianen hervor, sie mochten etwa vier Meter hoch sein, ihre Stämme waren nicht dicker als ein Besenstiel. Nicht alles wächst schnell in den Tropen.

Rosenholz ist dicht und feinporig, wächst nur langsam und darf niemals vor Ablauf von dreißig Jahren geschlagen werden. Völlig durchnässt schob ich das Grün und die Lianen beim Weitergehen beiseite. Am Fuße eines jungen, neu gepflanzten Stammes dachte ich an die grausame Menge von Bäumen, die hier fehlte, Zehntausende Tonnen, die innerhalb von nicht einmal einhundert Jahren auf bestialische Weise gefällt worden waren.

Der Biodiversität im Amazonasgebiet nährt viele Wünsche bei allen Industriezweigen, die Pflanzen verschlingen – Nahrungsmittel-, Kosmetik- und Arzneimittelindustrie. Die Parfümerie steht dem in nichts nach. Die Parfümeure fragen mich regelmäßig, mit welchen neuen Produkten aus Holz, Blumen, Beeren oder Früchten aus dem Wald sie ihre Palette ergänzen könnten. Obwohl viel gesucht und probiert wird, beschränken sich die Rohstoffe aus dem Amazonasregenwald, die maßgeblich in Parfums verwendet werden, überraschenderweise auf drei Essenzen. Der Tonkabohnenbaum wird erhalten, weil seine Früchte wertvoll sind. Copaiba-Öl oder Kopaivabalsam wird hergestellt, ohne die Bäume zu fällen, und zwar indem man die Stämme in regelmäßigen Abständen anbohrt, damit der duftende Saft austritt, wobei der Baum nicht gefährdet wird. Der Duft des Rosenholzes ist zu seinem eigenen Unglück in Holzfasern enthalten, man muss den Baum fällen, um an den Duft zu gelangen. Genau das war sein Schicksal.

Es hat Jahrzehnte gedauert, bis aus dem Wald, der wie ein Bergwerk genutzt wurde, ein Wald wurde, der einem Garten gleicht. Was werden wir jetzt mit dieser Anpflanzung machen? War sie lediglich ein Gegenfeuer, um dem medialen Angriff etwas entgegenzusetzen, oder der Auftakt zu einem verantwortungsvollen Verhalten bei einem möglichen Wiederaufleben der Destillation in Guayana? Der Wille der Marke, es richtig zu machen, stand nicht infrage. Sie hatte seit Jahren in die Anpflanzung von Rosen und Jasmin in Grasse investiert und eine Vorreiterrolle übernommen im Erneuerungsprozess des historischen Erbes der Parfümerie. Beim Rosenholz war es unter dem

Zeitdruck eine gute Antwort gewesen, mehr Bäume zu pflanzen, als man sich nahm, und sicherzustellen, dass sie wuchsen. Doch der Ölbedarf der Marke war zu gering und wurde durch den Einkauf in Brasilien gedeckt, sodass es keine neue Destillerie in Cayenne gab. Zehn Jahre nach meinem Besuch entstanden weitere Plantagen für Rosenholz in Brasilien. Mehrere Initiativen versuchten die Destillation der Zweige zu fördern, um das Fällen der Bäume zu vermeiden, also eine Auslichtung vorzunehmen anstelle einer Rodung. Doch während unklar ist, ob es ein Linalool aus Zweigen von guter Qualität und in ausreichender Menge geben wird, versorgen sich die meisten Parfümeure mithilfe anderer natürlicher Quellen für Linalool mit geringerer Qualität oder geben sich mit der synthetischen Variante und ihrem eindimensionalen, flacheren Duft zufrieden. Viele bedauern, dass es das Öl aus Guayana mit seiner unvergleichlichen rosigen Finesse nicht mehr gibt, und sollte es durch eine nachhaltige Nutzungsweise in Brasilien zu neuem Leben erwachen, wäre das eine gute Nachricht.

Heute ist die Parfumindustrie entschlossen, sich für die Kultur und den Schutz natürlicher Ressourcen einzusetzen, doch dieses Engagement bleibt zurückhaltend in Bezug auf Wälder. Der Wunsch, aromatische Bäume zu pflanzen, sieht sich schnell mit der Frage konfrontiert, ab wann die Bäume genutzt werden können, also mit der Frage der Rentabilität. Kann das ursprüngliche Rosenholz trotz allem wieder aufleben? Wer lässt sich heute schon darauf ein, in großem Stil Linalool zu pflanzen, das man erst in zwanzig oder dreißig Jahren ernten kann?

Vor zwanzig Jahren wagte mein Vater sich daran, ein Arboretum anzulegen, eine Sammlung verschiedenartiger Bäume auf ein paar Hektar in den Landes. Einer der ersten Bäume, den er in der Mitte der Fläche pflanzen wollte, war ein *Sequoia sempervirens.* Weit weg von seiner Heimat ließ der Redwood sich darauf ein, dort zu wachsen, heute ist er um die zwanzig Meter groß. Mein Vater bedachte ihn mit besonderer Aufmerksamkeit, sah ihm beim Wachsen zu und hatte dabei seine Erinnerungen als Holzfäller in Kalifornien im Kopf. Es war eine symbolische Geste, einen Baum der Sorte zu pflanzen, die er damals gefällt hatte. Wenn er mich nach meinem Buchprojekt fragte, erzählte ich ihm davon, was ich über die aromatischen Bäume schreiben wollte. »Vergiss nicht zu sagen, dass alle Wälder wieder wachsen, von selbst oder mit Hilfe. Bäume sind nicht nachtragend, sie haben nur viel mehr Zeit als wir.« So schwer und lang der Weg auch sein mag, ich möchte gerne daran glauben, dass es möglich ist, die Flüchtigkeit eines Parfums und das hohe Alter der großen Bäume in Einklang zu bringen. Und an das Überleben der Elefanten.

Von träger Flut getragen

Venezuela, Tonkabohne

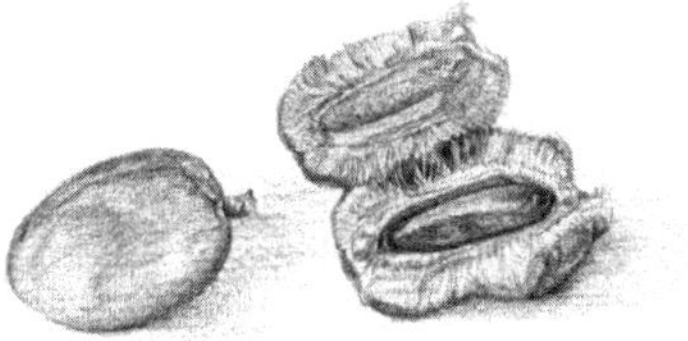

Unsere Piroge fuhr den Río Caura hinauf, einen Nebenfluss des Orinoco in Venezuela. In der feuchten Hitze und dem grellen Licht gingen das Grau des Himmels und des Wassers ineinander über. Weiße Silberreiher flogen mit gellenden Schreien vor uns auf. Ich betrachtete das vorbeiziehende Ufer, das mit Bäumen unterschiedlichster Form gesäumt war, deren riesige Wurzeln im Fluss versanken, und mit jedem neuen Detail der fremdartigen Natur fühlte ich mich noch mehr mitten im Amazonasgebiet. Manchmal tauchte ein gewaltiger Baum in Ufernähe auf mit einem dreißig Meter hohen Stamm und einer riesigen Baumkrone, die sich vor dem Himmel abzeichnete. Wir fuhren an hohem Laubwerk vorbei, aus dem einzelne, mit Blüten in Orange oder Gelb übersäte Äste hervorragten. Ich dachte an alles, was ich über die große grüne Lunge des Planeten gehört und gelesen hatte – an die verbreitete Vorstellung eines ins Unendliche wogenden Waldparadieses, eines Naturschutzgebietes, dessen Biodiversität noch immer nicht vollständig entdeckt war; aber auch an die harte Realität der maßlosen Zerstörung des Waldes und der damit einhergehenden Vertreibung indigener Völker, die schon immer hier gelebt hatten, was ihnen zum großen Nachteil geriet. Die Frage des Schicksals von aromatischen Bäumen, die entweder gefällt oder geschützt wurden, begleitete mich seit meinem Berufseinstieg. Hier auf diesem Fluss im Amazonas wurde sie konkret.

Auf der langen Liste der natürlichen Riechstoffe ist der Fall der Tonkabohne ein ganz erstaunlicher. Sie ist die Frucht eines wild wachsenden Baumes, der über den Wald verstreut ist, und sie besitzt verschiedene Nachteile und Risiken, die eigentlich dazu hätten führen müssen, dass sie gar nicht in der Palette der Parfümeure auftaucht. Je nach klimatischen Bedingungen und Unwägbarkeiten kann es sein, dass der Baum unerwartet nicht zur Blüte kommt, manchmal sogar mehrere Jahre hintereinander. Die Blüten müssen Früchte bilden, und auch das ist nicht immer der Fall. Anschließend, wenn die Bäume Früchte tragen, hängt die Ernte der Bohnen von Gemeinschaften ab, die damit ein zusätzliches Einkommen erzielen, und zwar zu einem zufallsbedingten Preis. Für die Erntearbeiter ist diese saisonale Arbeit unverlässlich, unregelmäßig und unsicher. Zudem ist der Baum aufgrund seines hochwertigen Holzes vom Fällen bedroht. Trotzdem schätzen ihn die Parfümeure derart, dass die Tonkabohne seit fast zwei Jahrhunderten weiterhin gesammelt, getrocknet und nach Europa und in die USA exportiert wird. Gilbert, mein Lieferant für Tonkabohnen, hatte mich eingeladen, damit ich mir selbst einen Eindruck davon machen konnte, wie schwierig es war, diese Arbeit im Wald aufrechtzuerhalten, die jedoch eine wichtige Einnahmequelle für die zurückgezogen lebende Bevölkerung war. Zusammen mit seiner Frau Beatriz aus Venezuela hatte Gilbert, der aus Genf stammte, zur Jahrtausendwende mit dem Handel von Tonkabohnen begonnen, um den indigenen Stämmen Panaré und Piaroa zu helfen, die in einer vollkommen abgelegenen Region im Süden des Orinoco leben. Seit einigen Jahren kaufte ich Gilberts Bohnen, und er schrieb mir von seiner Tätigkeit und den damit verbundenen Problemen. Er suchte nach Möglichkeiten, um die illegale Zerstörung des Waldes in der Region einzugrenzen. Ihm zufolge war das einzig probate Mittel, dem entgegenzuwirken, ein regelmäßiges Einkommen zu gewährleisten, und zwar durch das Sammeln von Waldprodukten. Wenn die Bäume geschlagen wurden, so war das ein letzter Ausweg, weil eine hinreichende Entlohnung fehlte. Er wollte, dass unsere Industrie die soziale Tragweite beim Einkauf von Tonkabohnen verstand, ganz abgesehen davon, dass ein historischer Parfumbestandteil erhalten werden sollte. Die Macht der Riechstoffeinkäufer der Parfümerieunternehmen und deren Konventionen – Menge, Preise, Einhaltung von Verpflichtungen – betraf direkt das Schicksal Tausender Familien. Die Unternehmen mussten ihre Rolle wahren und durften sich nicht aus der Verantwortung stehlen. Zu Beginn der Zweitausenderjahre erregte diese Botschaft wenig Aufmerksamkeit, es dauerte zehn Jahre, bis sich durch die Beharrlichkeit der Akteure vor Ort und die Sensibilisierung der Konsumenten die Denkweise veränderte.

Der Tonkabohnenbaum, *Dipteryx punctata*, ist überall im Norden des Amazonasgebietes anzutreffen, in Guayana, in Brasilien und im Orinocobecken von Venezuela. Der Baum mit seinem dichten, feinen Holz wird so lange vom Fällen verschont, wie seine Bohnen etwas wert sind und Abnahme finden. Er kommt einzeln verstreut über den ganzen Wald vor, manchmal auch in Gruppen auf kleinen Lichtungen, die den Bohnensammlern wohlbekannt sind. Nach der hübschen lila Blüte kann der Baum innerhalb eines Jahres bis zu siebentausend Früchte bilden, die Kiwis ähneln und am Ende eines dünnen Fadens von den Zweigen herunterhängen. Ungeduldige Papageien beißen diesen Faden durch, um das Fruchtfleisch zu fressen, kaum dass es reif ist. Im Innern der Frucht umschließt eine sehr harte Nuss einen Kern: die Tonkabohne. Die hellbraune, glatte Bohne ist ein paar Zentimeter lang und duftet süß nach Nugat, wenn man sie knackt. Ihr Aroma entwickelt sich beim Trocknen, eine Mischung aus gebrannter Mandel, Karamell und frischem Heu, die auf ein bemerkenswertes Molekül zurückgeht: das Kumarin. Dieser Name ist geläufiger geworden, seit gemahlene Tonkabohnen in zahlreichen Desserts vorkommen. Pâtissiers begehren Tonkabohnen aufgrund ihres feinen Aromas, das intensiver ist als das von Nugat, zudem zaubert der Name einen Hauch Exotik auf die Speisekarte. In der Parfümerie kommt man um die Tonkabohne nicht herum, die oftmals Bestandteil orientalischer Kompositionen ist oder Patschuli, Vetiver oder Myrrhe ergänzt. Sie wird mit Tabak, Honig, Vanille und Benzoe kombiniert und verfügt über einen so eigenen Charakter, dass manche Parfums ihren Namen nutzen, so zum Beispiel »Tonka« von Réminiscence. Die Tonkabohne hat sich ebenso auf den Speisekarten von Restaurants wie in der aktuellen Parfumkreation etabliert und ist ein begehrtes Gewürz vor allem für Süßspeisen.

Drei Tage lang waren wir unterwegs, um uns mit den Sammlern der Tonkabohne an den Ufern des Río Caura zu treffen, des Flusses, der mit dem Cuchivero das Hauptverarbeitungsgebiet für die Tonkabohnenbäume in Venezuela bildet. Das Unternehmen von Gilbert hatte seinen Sitz an der Küste in Valencia, der drittgrößten Stadt des Landes, von wo aus wir mit seinem kleinen Flugzeug zwei Stunden Richtung Süden nach Maniapure flogen, wo die Familie im Wald wohnte. Gilbert und Beatriz hatten sich dort ein einfaches Haus an einem paradiesischen Ort gebaut, am Ufer eines Flusses mit flachen Wasserbecken und Wasserfällen. Maniapure liegt im Herzen der Region, in der sie die Ernte einsammeln, eine Waldfläche von fünfzig mal fünfzig Kilometern. Beatriz hatte dort ein Buschkrankenhaus gegründet, in das sie viel Energie steckte und um das sie sich entschlossen und hingebungsvoll kümmerte. Ihr Sohn Juan Jorge war im Laufe der Jahre zum Profi der Tonkabohne und ihrer Ernte geworden und hatte inzwischen die Familiengeschäfte übernommen. Er hatte einen Großteil seiner Kindheit mit den Indigenen aus den umliegenden Dörfern verbracht, und sein Vater zeigte mir Fotos von ihm als kleinem Kind, nackt und mit rot bemaltem Gesicht, wie er Maniok und gegrilltes Eichhörnchen mit den Kindern des Stammes aß. Er sprach ihre Sprache, und sie betrachteten ihn als einen der Ihren.

Mit uns saßen zwei Sammler in der Piroge, die sicher von Juan Jorge gesteuert wurde, jeder von ihnen war für einen Bereich zuständig und für Dutzende *sarrapieros*, diejenigen, die die Tonkabohnen ernteten. Die Sammler waren entweder Indigene oder *criollos*, Kreolen aus den Dörfern im Wald. Die *criollos* stammten häufig von den berühmten *seringueros* ab, den Kautschuksammlern, den armen Arbeitern, die zwischen 1870 und 1920 brutal ausgebeutet worden waren und Opfer des brasilianischen Kautschukbooms wurden, durch den Manaus zu irrwitzigem Reichtum gelangte und kurzzeitig zur legendären Hauptstadt des Kautschuks aufstieg. Dieses Glück der Stadt war Anfang des zwanzigsten Jahrhunderts urplötzlich zu Ende, als die Engländer die Kautschukpflanze nach Malaysia mitnahmen, um sie dort auf riesigen Plantagen wachsen zu lassen, wobei sie Tausende von Sammlern ohne Arbeit zurückließen und das Amazonasgebiet tief traumatisierten. Juan Jorge beschäftigte fünfzig Sammler und gab dreitausend Erntehelfern Arbeit. Sein Vater und er hatten dieses Netzwerk mit viel Geduld über Jahre aufgebaut, und Juan Jorge war als Mann des Waldes, der er geworden war, der ganze Stolz seines Vaters. Der Sohn eines Schweizers war beinahe zu einem Panaré geworden, eine Geschichte, die nicht alle Tage vorkam.

»Hinab glitt ich die Flüsse, von träger Flut getragen …«, der erste Vers des *Trunkenen Schiffs* von Rimbaud ging mir durch den Kopf, als ich meine Hand durchs Wasser gleiten ließ, während unsere Piroge auf dem Río Caura weiterfuhr. Indem ich die Bilder des Flusses mit denen des berühmten Gedichtes kombinierte, bekam das, was ich hier sah, eine andere Bedeutung: »Hinunter gings die Flüsse, wohin, das stand mir frei.« Nach einem halben Tag auf dem Boot hielten wir an einem kleinen Strand an, der mit ein paar Pflöcken und Plastiktüten gekennzeichnet war und in einen Pfad zum Sammeln mündete. Hier würden wir die Nacht verbringen. Juan Jorge grillte den Fisch, den er gefangen hatte, und wir wuschen uns im Fluss, aus dem ich auch trank, nachdem Gilbert mir versichert hatte, dass er sauber sei.

Die tropische Dunkelheit brach schnell herein und ließ die Schreie der Affen und Vögel immer lauter werden. Bevor wir uns in unsere Hängematten legten, hatte Juan Jorge mir noch tausend Dinge über diese Ecke von Venezuela und das Sammeln der Tonkabohne zu erzählen. Ebenso wie in Brasilien oder Guayana hatten auch hier zahlreiche Gemeinschaften Seite an Seite mit den Indigenen Familien im Wald gegründet und versuchten seit Jahrzehnten, hier zu überleben. Einige seiner Sammler kamen aus einem Dorf, in dem Nachkommen von Sklaven lebten. All diese Menschen waren arm und lebten von wenig, und da die Genehmigung zur Nutzung von Bauholz schwer zu bekommen war, blieb das Sammeln von Produkten aus dem Wald äußerst wichtig für sie. Tonkabohnen hier, Kopaivabalsam anderswo und für Juan Jorge außerdem Chinarinde. Auch wenn die Bewohner dieser Dörfer sesshaft waren, so blieben sie doch vor allem Jäger und Sammler. Sie jagten die essbaren Tiere des Waldes und sammelten Nüsse, Bohnen, Harze und Rinden.

Am nächsten Morgen liefen wir zwei Stunden, um uns mit einer Gruppe von Sammlern an dem Ort zu treffen, wo die Früchte gesammelt und gelagert wurden. Von hier aus gab es weitere Wege, über die man noch tiefer in den Wald gelangte. Ein guter Tonkabohnenbaum konnte innerhalb eines Jahres zwanzig Kilo Bohnen produzieren. Die Indigenen gingen auf diesen Wegen mit Körben aus geflochtenen Palmenwedeln hin und her, sie sammelten Früchte und beförderten sie auf die Lichtungen, wo sie sie trocknen ließen und anschließend öffneten.

Drei Indigene waren damit beschäftigt, die Früchte zu spalten und die Nüsse zu knacken. Sie verwendeten dafür einen traditionellen *mano de piedra*, einen Hammer aus Stein, der zu Ende der Saison am Fuße eines Baumes vergraben und im nächsten Jahr wieder ausgegraben wurde. Man reichte mir einen Hammer, und ich gesellte mich zu der Gruppe. Der präzise behauene Stein lag gut in der Hand, und durch sein Gewicht war er sehr effektiv. Meine ersten Schläge landeten allesamt auf meinen Fingern, aber die Indigenen korrigierten mit großer Ernsthaftigkeit meine Bewegungen, und schließlich gelang es mir, die Nüsse zu knacken.

Unsere aufgehäuften Bohnen bildeten einen braunen Hügel, der in seiner Fülle in der Sonne leuchtete. Man brauchte die Bohnen nur zu zerbrechen, um den Duft zu riechen, das Innere war elfenbeinfarben oder violett. Die Bohnen wurden in Körbe mit siebzig Kilo Fassungsvermögen gefüllt, die die Sammler anschließend auf dem Rücken bis zum Fluss trugen, manchmal mehr als eine halbe Tagestour entfernt.

Beim Nüsseknacken erklärte Gilbert mir, dass die Indigenen die Bohne traditionell verwendeten, um ihren Tabak zu aromatisieren und wegen seiner heilenden Wirkung, insbesondere als gerinnungshemmendes Mittel und als Herztonikum. In Venezuela war das Sammeln seit 1870 gut organisiert, und das Geschäft mit den Bohnen war nun schon seit einem Jahrhundert ein Erfolg. Bei ihrer Einführung in Europa waren sie normalerweise in kleine Fässer abgefüllt, die sogenannte vereiste Bohnen enthielten: die mit Kumarin-Kristallen bedeckten Tonkabohnen. Die Händler, mit denen Gilbert am Anfang verkehrte, hatten ihm erzählt, dass sie, um Zoll und Steuern zu umgehen, die Tüten hinter ihren Pirogen durch den Fluss zogen. Durch das Wasser wurden die frischen Tonkabohnen, die bei der Ernte braun waren, im Zuge des Trocknens schwarz und überzogen sich mit weißen Kristallen, dem Kumarin. Dieser Prozess war verbessert worden, indem man die Bohnen in einheimischen Rum einlegte. Man füllte sie in kleine Fässer voller Rum, ließ sie zwei Tage darin mazerieren und stach das Fass anschließend an, um den Alkohol noch zu verwerten. Die Bohnen »vereisten« während des Transportes, was für die Einkäufer zum Qualitätsmerkmal wurde, und dieser Brauch setzte sich bis in die Siebzigerjahre fort. Angeblich wollte man durch dieses Vorgehen die Keimfähigkeit der Bohnen unterbinden, um die Verbreitung der Setzlinge zu vermeiden, denn man erinnerte sich noch gut an die Entführungen des Kautschukbaums aus dem Amazonasgebiet nach Südostasien.

Doch die Heilwirkung der Tonkabohne sollte sich ins Gegenteil verkehren. Es wurde vermutet, dass Kumarin in hohen Dosen Leber- und Lungenschäden hervorrufen könne. Um 1960 wurde die Tonkabohne in Aromen in den USA verboten, womit dem Hauptabsatz, nämlich der Verwendung als Tabakaroma, ein Ende gesetzt wurde. Die Tonkabohne konzentrierte sich also auf ihren anderen Abnehmer, die Parfümerie, wo die Dosierungsvorschriften sie als ungefährlich einstuften.

Ich habe Juan Jorge vor Kurzem in Paris wiedergetroffen, fünfzehn Jahre nach meinem ersten Aufenthalt auf dem Río Caura. Nach zwei guten Ernten wollte er gerne seine Kunden in Europa besuchen, und ich freute mich, ihn wiederzusehen, und nutzte die Gelegenheit, um mit seinem Vater zu telefonieren, der sich aus dem Geschäft zurückgezogen hat und noch immer so reizend ist wie früher. Die Zeit vergeht langsam am Orinoco. Es hat sich nichts Grundlegendes geändert in der Organisation, bei den Methoden oder den Werkzeugen, abgesehen von GPS. Natürlich kann Juan Jorge die Bäume jetzt leichter wiederfinden, aber die Nüsse werden nach wie vor mit dem Steinhammer geknackt. Ich war neugierig zu erfahren, wie sich die Dörfer der Panaré entwickelt hatten, die ich damals besucht hatte, und ob die Tonkabohnen noch immer auf dem Rücken der Männer transportiert wurden. Juan Jorge erzählte mir, dass der einzig wahre Fortschritt die Einführung des Fahrrades gewesen sei, das man sich inzwischen von drei bis vier Tagesgehältern leisten könne. Malaria habe nach wie vor verheerende Auswirkungen, und das Krankenhaus seiner Mutter habe noch nie zuvor derart viel Arbeit gehabt und so viel Geld benötigt.

Wir kamen auf seine schlimmen Erfahrungen mit dem Klimawandel während der letzten zehn Jahre zu sprechen. Er hatte ganz neue Situationen verkraften müssen, zum Beispiel mehrere Jahre hintereinander, in denen die Bäume nicht geblüht, und weitere, in denen die Blüten nur wenige Früchte hervorgebracht hatten. Angesichts dieser unvorhersehbaren Zwischenfälle hatte er mehr als einmal mit dem Gedanken gespielt, alles hinzuwerfen. Ich glaube, seine indigene Seite und die enge Bindung an seine indigenen Freunde aus der Kindheit haben ihn daran gehindert. Juan Jorge weiß, dass ihm die Produktion der Tonkabohne in Brasilien hilft. Die brasilianische Bohne bildet außerhalb der venezolanischen Saison ihre Früchte aus, und lediglich dieser Ausgleich zwischen den beiden Herkunftsländern hat es ermöglicht, dass das Produkt seinen Platz in der Parfümerie behaupten konnte.

Dass die Orte, die Techniken und die Menschen, die die Tonkabohnen sammeln, stets dieselben bleiben, steht Fortschritt und Modernität entgegen. Auf Pfaden, die die Väter ihren Söhnen zeigen, durch die Wälder zu streifen, um Nüsse zu sammeln, die mit einem Stein geknackt werden, bevor sie an die Luxusindustrie verkauft werden, mag unglaubwürdig erscheinen und verwundern. Wie lange wird das noch so bleiben können? Auf dem Rückweg von unserem Abstecher in den Wald, während die Bäume an den wilden Ufern des Río Caura vorbeizogen, versuchte ich mir die Zukunft der Aromen aus dem Amazonasgebiet vorzustellen. Gefällte oder geschützte Bäume? Diese Dualität bringt das auszulotende Gleichgewicht auf den Punkt, das so wichtig für die Menschen ist, die nach wie vor vom Wald und im Wald leben, die abhängig von dem Rummel um Parfumkreationen und Luxusartikel sind und die still und leise die Zeichen achten, die Bäume nicht zu fällen, sondern weiterhin den Flüssen und den Pfaden der Tonkabohne zu folgen.

Der heilige Baum

Sandelholz in Indien und Australien

Sandelholz, Adlerholz und Weihrauch: Diese drei Grunddüfte sind so alt und haben in der Parfümerie derart tiefe Spuren hinterlassen, dass sie sich zu einem wahren Mythos entwickelt haben. Für das Ende meines Buches habe ich mir daher diese drei legendären Bäume aufgehoben, diese drei ganz besonderen Düfte, die die Menschen mit ihren Religionen verknüpft haben, mit dem Heiligen, dem Kern des Lebens. Die großartig duftenden Hölzer und ihre Harze erzählen davon, welche Rolle Düfte im Rahmen von Zeremonien spielen, in denen der Mensch seit Urzeiten mit dem Göttlichen kommuniziert. Sie erzählen davon, dass die Völker schon sehr früh in der Lage waren, die außergewöhnlichsten Wohlgerüche zu entdecken und auszuwählen, die ihnen die Natur darbot. Bis heute sind diese Düfte unverändert, geheimnisumwittert und wertvoll und zeugen von einem spirituellen, emotionalen und sinnlichen Weg, der sich wie ein roter Faden durch mehr als dreitausend Jahre Menschheitsgeschichte zieht.

Das erste Kapitel dieser Trilogie dreht sich um den Sandelholzbaum, den heiligen Baum Indiens, der so verehrt wurde, dass man ihn gar für unsterblich hielt, bevor seine Geschichte in einer Tragödie mündete. Als Raja und ich eines Tages auf den Bauernhof seiner Familie nicht weit von Coimbatore entfernt fuhren, führte er mich zu einer großen bewaldeten Fläche hinter die letzten Reihen seiner Jasminfelder. »Hier wuchsen einst unsere Sandelholzbäume, sie waren schon mehr als zwanzig Jahre alt …« Die Geschichte hatte sich 2005 zugetragen, zehn Jahre vor unserem Gespräch. Ein Dutzend bewaffnete und maskierte Männer waren nachts in die Häuser der Aufseher und ihrer Familien eingedrungen und hatten kurz und knapp mit dem Gewehr im Anschlag erklärt, sie kämen, um die Sandelholzbäume zu fällen. Sie schlossen die unglücklichen Bauern ein und beteuerten, man täte ihnen nichts, solange sie in ihren Häusern blieben. Die Aktion dauerte die halbe Nacht, und die Diebe verschwanden schließlich mit fünfundzwanzig Sandelholzstämmen. Dieses Erlebnis hatte sich Raja tief eingeschrieben. Die Familie hatte das brutale Fällen der Bäume wie eine Vergewaltigung erlebt, eine niederträchtige Bande hatte sich der Bäume bemächtigt, die für die meisten Inder Schönheit und Spiritualität bedeuteten. Ich hatte schon von ähnlichen Geschichten gehört. Anderswo waren sie oftmals schlechter ausgegangen, und die Sandelholzdiebe hatten nicht gezögert, die Bauern umzubringen, die versuchten, ihre Bäume zu verteidigen. Im Süden Indiens hatte man mir mehrere Orte gezeigt, an denen Bäume gestohlen und die Baumstümpfe herausgerissen worden waren. Einige Monate vor dem Überfall hatte Raja, ebenso wie ich, von einer neuen, Tausende Hektar großen Sandelholzplantage in Australien gehört, und diese Sache beschäftigte die Parfumbranche. »Ich fand es zuerst nicht gut, dass ein Land sich einen Baum aneignet, der Teil unserer Kultur ist. Aber nach dem, was auf dem Hof passiert war, habe ich mir gesagt, man muss es akzeptieren. Wir haben unseren Bäumen so viel angetan, wir haben es vielleicht verdient, dass sie an einem anderen Ort zu neuem Leben erwachen.«

Raja brachte damit die bittere Geschichte der Ausbeutung des Sandelholzes in Indien auf den Punkt: Von den Siebzigerjahren bis heute hatte sich der Mangel an Sandelholz zu einer Tragödie ausgeweitet. Organisierte Banden hatten sich darauf spezialisiert, die Bäume zu rauben, und dabei mafiöse Strukturen etabliert. Was daraus folgt, dass die Sandelholzbäume immer seltener wurden und beinahe ganz verschwanden, ist erschreckend und steht in völligem Gegensatz zu dem, was dieses Holz und sein Duft in der Geschichte des Landes und für die Inder repräsentieren.

Sandelholz ist in der Kultur Indiens tief verwurzelt. Der Literaturnobelpreisträger Rabindranath Tagore sagte, er habe seine beste Prosa und seine besten Gedichte geschrieben, nachdem er seine Fußsohlen, seine Handflächen und seinen Scheitel mit Sandelholzöl eingerieben habe. »Wie als Beweis, dass Liebe über Hass siegt, verströmt der Sandelholzbaum seinen Duft um die Axt, die ihn fällt«, schrieb er in Anlehnung an ein altes Bild aus der Literatur.

Der markante, einzigartige Sandelholzduft ist zugleich holzig und milchig und unverwechselbar. Er schlägt die

Menschen aus dem Westen in Bann und weckt in ihnen etwas Exotisches, Mystisches, Heiliges, ein unwiderstehliches Bild von Indien. Wir assoziieren diesen Duft spontan mit dem Rauch von Räucherstäbchen in indischen Tempeln, egal ob wir es selbst gerochen haben oder uns nur vorstellen. Sandelholzduft wird ebenso vom Hinduismus wie vom Buddhismus und vom Islam geschätzt und verehrt, und zwar im Zusammenspiel mit Aloeholz, auch Adlerholz oder Oud genannt. In Indien und China spielt Sandelholz traditionellerweise eine Rolle in Religion, Medizin und Kosmetik sowie bei Festen und im Kunsthandwerk. Es gibt zahlreiche uralte Traditionen, nach denen es verbrannt, geschnitzt und zu Pulver oder Paste verarbeitet wird. Die Buddhisten verbrennen Sandelholz während ihrer Gebete und Meditationen, die Hinduisten verwenden Sandelholzpaste, um damit die Götter der Tempel und die Stirn der Pilger zu salben. Zudem gibt es Skulpturen aus Sandelholz, die wertvolle Objekte sind: Gebetsperlen oder Schmuckschatullen, Bildnisse indischer Götter oder Meisterwerke von Kunsttischlern wie prächtige Palasttüren.

Wenn ich mit Raja durch den Tempel von Madurai und die Läden mit den kleinen Sandelholzfiguren schlenderte, erzählte er mir oft davon, was dieser Duft für ihn bedeutete. In seiner Kindheit prägte er den Alltag und war gleichzeitig sehr exotisch und ganz vertraut. Beim Ritual der *Puja*, bei dem man im eigenen Haus betet und einer Statue Blumen darbietet, wird ein wenig Sandelholz gerieben, um daraus zusammen mit Öl und Kampfer eine Paste herzustellen, die zwischen den Augen auf die Stirn aufgetragen wird. »Der Ritus des Sandelholzes bei der *Puja* hat mich geprägt, bevor ich überhaupt zur Schule kam«, erzählte Raja mir. »Und er begleitet uns bis ans Ende des Lebens. Wenn jemand stirbt, gibt man ihm ein Stück Sandelholz mit auf den Weg, das den Geist des Verstorbenen begleiten soll und das bei der Einäscherung mitverbrannt wird, ein wichtiges Ritual, selbst wenn nur die Reichsten ganze Holstücke verbrennen«, fügte er hinzu. »Für mich ist Sandelholz immer mit dem Duft unserer Seifen verbunden, es hat etwas mit Sauberkeit zu tun und erinnert uns an das Göttliche in unserem Leben.«

Dass Sandelholz schon so lange eine derart wichtige Rolle in der indischen Kultur spielt, reichte dennoch nicht aus, um es zu schützen. Es wurde zum Opfer seines eigenen, seit einem Jahrhundert währenden Erfolges in der Parfumindustrie. Das traurige Schicksal des Sandelholzes in Indien steht dem des Rosenholzes in Guayana in nichts nach.

Es gibt sechzehn verzeichnete Arten von Sandelholz, die sich über das riesige Gebiet des Indopazifik verteilen, von Indien bis Hawaii – verschiedene Essenzen, unterschiedliche Düfte, aber allesamt geprägt vom spezifischen, unverkennbaren Charakter des Sandelholzbaumes. Es gibt vier endemische Sorten in Australien, spezielle Sorten in Neukaledonien, auf den Fidschi-Inseln, in Tonga und Vanuatu, doch der König des Sandelholzes ist der Weiße Sandelbaum, *Santalum album*, der von Indien über Sri Lanka bis nach Timor verbreitet ist. Da Sandelholz traditionell für religiöse Zwecke und für Skulpturen verwendet wird, verwundert es nicht, dass sich das Ausmaß der Nutzung zum ersten Mal spektakulär im achtzehnten und neunzehnten Jahrhundert ausweitete. Im Pazifik war dies mit dem raschen Ausbau des Teehandels zwischen China und den australischen Kolonien verbunden. Die Chinesen reisten zu den Inselgruppen und erhielten das Sandelholz der Inseln im Tausch gegen Stoffe, Metall, Waffen und Alkohol.

Dieser Handel erschütterte die lokalen Kulturen und machte Sandelholz sehr schnell zu einem raren Gut, was seit Mitte des neunzehnten Jahrhunderts belegt ist.[4] In Indien konzentrierte sich der Bestand an Sandelholzbäumen ursprünglich vor allem auf den Bundesstaat Karnataka, in dessen Süden die Stadt Mysore liegt, und bedeckte einen Waldstreifen, der sich mit einer Breite von zehn bis vierzig Kilometern über vierhundert Kilometer von Norden nach Süden erstreckte – eine riesige Fläche mit Mischwald, denn der Sandelholzbaum braucht Nachbarn, von deren Wurzeln er sich als Schmarotzerpflanze ernährt. Er ist ein eher kleiner Baum, der langsam wächst, und im Laufe der Zeit konzentriert sich in seinem Innern der Duft seines Öls. Mit zunehmendem Alter wird das Holz sehr dicht und bekommt eine schöne braune Farbe, es ist reich an ätherischem Öl, weshalb sein Duft noch Jahre nach dem Fällen anhält.

Der Baum wurde immer begehrter und 1792 von Tipu Sultan, dem Herrscher des Königreichs Mysore, zum »königlichen Baum« erklärt. Gleichzeitig sicherte dieser sich das Monopol auf den Handel mit dem Holz. Die Aneignung des Sandelholzes durch die indischen Behörden mit Unterstützung der Engländer dauert bis heute an und ist der vorrangige Grund für das drohende Aussterben des

4 *L'Herbier Parfumé* von Jean-François Butaud.

Baumes. Verschiedene Artikel von 1910 beschreiben sehr schön, wie der Handel in großem Stil organisiert war und wie jährlich zweitausend Tonnen Holz gefällt wurden, das in achtzehn Qualitäten eingestuft und versteigert wurde.[5] Zwanzig Jahre später lag die jährliche Menge bei dreitausend Tonnen, und der Baum wurde bereits mit dreißig statt wie ursprünglich mit vierzig oder fünfzig Jahren als nutzbar eingestuft.

Das Todesurteil des Sandelholzbaumes wurde mit der Entscheidung der Behörden gefällt, sich das exklusive Recht zum Pflanzen zu reservieren, zum Nachteil von Privatpersonen. Dieses Monopol bremste plötzlich die Möglichkeiten aus, die Art zu erneuern, wovon sie sich nicht erholen sollte. 1916, während Europa im Ersten Weltkrieg versank, ließ der Maharadscha von Mysore eine große Destillerie für Sandelholz bauen, um die unverkauften Holzvorräte aufzubrauchen. Dadurch wurde Sandelholzöl bekannt, das als herrlicher Duft in die Palette der Parfümeure aufgenommen wurde. Unter dem Namen Mysore-Sandelholz gelangte das Öl zu einem Ruf, der dem der bulgarischen Rose gleichkam. Bis 1960 wurde Mysore-Sandelholz im Umfang von dreitausend Tonnen pro Jahr verarbeitet, allen Hinweisen auf die Erschöpfung des Bestandes zum Trotz. 2010 gaben die offiziellen Zahlen eine Produktion von fünfundvierzig Tonnen Holz an, es gab praktisch keine Bäume mehr. Die Geschichte war zu Ende.

Aufgrund von Korruption beim Handel und des Regie-

5 *Plantes à Parfums* von Hubert Paul, 1909, und *La Parfumerie Moderne*, Juni 1910.

rungsmonopols kennt heutzutage niemand die tatsächlichen Zahlen. Angesichts dieses Dramas brauchte die Industrie lange, um zu reagieren, und gab sich mit Zertifikaten zufrieden, deren Herkunft mehr als fragwürdig war, sowohl beim Holz als auch beim Öl.

Anschließend orientierte sie sich nach und nach in Richtung Sri Lanka, einer weiteren Quelle des Weißen Sandelholzbaums. Aber auch hier gehen die Bestände zurück, und die Pflanzprogramme, die gerade erst anlaufen, sind begrenzt. Der Mangel an Mysore-Sandelholzöl stellt ein echtes Problem für die Parfümerie dar, denn es ist in Hunderten Rezepturen enthalten. Der Rückgriff auf Öl aus anderen Sandelholzarten, aus Neukaledonien oder Australien, bietet nur teilweise eine Ersatzlösung und tröstet die Parfümeure nicht darüber hinweg, dass sie das Mysore-Sandelholzöl von ihrer Palette streichen mussten.

Anfang der Zweitausenderjahre ließ die erste Resonanz auf eine erstaunliche Initiative die Branche ebenso aufhorchen wie auch Raja. Sollte es tatsächlich möglich sein, durch Tausende Hektar Plantagen in der Wüste im Nordwesten Australiens eine Perspektive für eine vollkommen neue, fruchtbare und nachhaltige Quelle von *Santalum album* zu schaffen? Das Unternehmen, für das ich arbeite, hatte beschlossen, kein Sandelholzöl mehr in Indien zu kaufen, da die Branche, soweit sie noch existierte, undurchsichtig war und das Schlimmste vermuten ließ. Unsere Versorgung aus Sri Lanka war begrenzt und unsicher, und es gab Korruption rund um die Ausfuhrquoten. Sandelholzöl war für mich somit zu einem großen Problem geworden. Das Risiko, beschuldigt zu werden, mit Gewaltverbrechern gemeinsame Sache zu machen, war reell. Wir sprachen darüber mit Raja, der seinerseits regelmäßig Angebote ablehnte, bei denen Holzchargen bar bezahlt werden sollten. Immer, wenn er irgendwie mit dem Handel von Sandelholz in Berührung kam, wurde er nervös. Fünfzehn Jahre nach der Anpflanzung der ersten Bäume in Australien wollte ich mir unbedingt diesen neuen Wald auf der südlichen Halbkugel ansehen.

Von Perth braucht man fünf Stunden mit dem Flugzeug, um nach Kununurra zu gelangen, einer kleinen Stadt irgendwo im riesigen Nordwesten des Landes, am Ende der Welt. Dabei hätte die Stadt Berühmtheit verdient, denn eine große Mine in der Nähe nahm für sich in Anspruch, die einzige zu sein, die rosa Diamanten produzierte, die seltensten und wertvollsten Diamanten, die es gab. Diese außergewöhnlichen Steine, die mehrere Millionen Dollar kosten können, wurden hier in aller Ruhe in einem menschenleeren Laden in der Stadt ausgestellt, die in der erdrückenden Hitze vor sich hin dämmerte. Ich erfuhr, dass die Diamanten inzwischen zu selten vorkamen und die Mine schließen sollte. Kununurra brauchte also etwas Neues, um seinen Ruf aufrechtzuerhalten, und womöglich war die Stadt gerade im Begriff, genau das im Sandelholz zu finden. Vor zwanzig Jahren waren Australier, die Sandelholzöl aus der endemischen Sorte *spicatum* produzierten, auf Investitionsmittel gestoßen, die auf steuerlich attraktive Investition im Forstbereich ausgelegt waren. Der Vorschlag, in die Kultur von indischen Sandelholzbäumen zu investieren, wurde überdacht, geprüft und schließlich angenommen. Die Wahl fiel auf die Region von Kununurra wegen ihres Klimas, ihres Bodens und der

Möglichkeit einer unbegrenzten Bewässerung durch den größten künstlichen See Australiens ganz in der Nähe. Inzwischen ist das Projekt trotz Turbulenzen und Konflikten zwischen den konkurrierenden Plantagenbesitzern und Investoren umgesetzt. Und innerhalb von fünfzehn Jahren sind fast 10 000 Hektar Sandelholzplantagen aus der Erde gesprossen.

Mein Reiseführer in Australien war ein Franzose: Rémi. Als Ingenieur hatte er Stationen in Harvard und bei großen amerikanischen Unternehmen hinter sich. Er stammte aus Paris und hatte lange in New York gelebt, bevor er im Rahmen von Übernahmeprojekten für einen großen Parfumkonzern gearbeitet hatte. Vor einigen Jahren hatte er die Leitung einer der beiden Firmen übernommen, die sich die Plantagen teilten. Seither verwaltete er dreitausend Hektar mit Sandelholzbäumen in Kununurra, und er hatte mir vorgeschlagen, ich sollte mir all das einmal ansehen. Rémi kannte sich in der Luxusparfümerie gut aus, und nun lernte er durch seinen neuen Posten mit viel Vergnügen die Welt der pflanzlichen Rohstoffe kennen. Er war Jazzmusiker und Pferdezüchter und lebte als solcher in Paris und in der Bretagne, aber er hatte die Herausforderung, ein neues Modell für Sandelholz zu entwickeln, angenommen und pendelte nun für eine gewisse Zeit zwischen Frankreich und Australien. Mit glänzenden Augen erzählte Rémi mir von seiner neuen Aufgabe, mit Humor und echtem Enthusiasmus. Eigentlich war er es gewohnt, auf Cocktailempfänge zu gehen, wenn ein neues Parfum herauskam, jetzt berichtete er mir, wie er hier in der großen Einsamkeit im Norden das lokale Team formiert hatte und leitete. Alles musste getan werden: Baumschulen einrichten, jedes Jahr Hunderte Hektar bepflanzen, die älteren Bäume nach und nach nutzen, hobeln und mit dem Lastwagen zur Destillerie ins dreitausend Kilometer südlich gelegene Perth schicken – eine Aufgabe, die vom Ausmaß ganz dem Land entsprach und das ehrgeizige Ziel des gesamten heiklen Projektes spiegelte. Bei meinem Besuch stand für uns beide einiges auf dem Spiel. Ich wollte unseren Parfümeuren beweisen, dass die Bäume in Kununurra, die höchstens fünfzehn Jahre alt waren, ein Öl hervorbringen konnten, das nahe genug am indischen Standard war, um dieses zu ersetzen. »Ich lasse dich nicht zurückfahren, bevor wir das nicht geschafft haben!«, sagte Rémi, dem die Schwierigkeit des Unterfangens durchaus klar war.

Am späten Nachmittag nahm er mich mit, um mir seine neuesten Plantagen zu zeigen, und ich staunte nicht schlecht bei diesem Anblick. So weit das Auge reichte, bedeckten Tausende kleine weiße, schnurgerade aufgereihte Behälter die dunkle Erde. Die kleinen Rohre schützten die jungen Pflanzen, von denen lediglich einige Blätter herausragten. »Die Parzelle ist sechzig Hektar groß«, sagte Rémi. »Wir probieren hier einen neuen Abstand zwischen den Sandelholzbäumen und den Wirtsbäumen.« Der Agraringenieur der Plantage war zu uns gestoßen. Er erläuterte mir genauer, was Raja mir bereits in Grundzügen erklärt hatte. Die Wurzeln des Sandelholzbaumes müssen auf den Wurzeln von benachbarten Bäumen einer anderen Sorte schmarotzen, wobei es nicht egal ist, welche Sorte das ist. Die Auswahl der »Wirts«-Essenzen, der Abstand, wie lange man sie neben dem Sandelholzbaum wachsen lässt, all das beeinflusst den Erfolg der Pflanzungen. Rémi vertraute mir an, er habe sich zwei persönliche Ziele bei dieser Aufgabe gesetzt: herauszufinden, unter welchen Bedingungen die Bäume am besten wachsen, und aus dem Holz von jungen Bäumen ein brauchbares Öl für die größten Parfümeure zu gewinnen. Die Plantage, die ich hier sah, war riesig, ein vollkommen anderer Maßstab als der, den ich ansonsten von aromatischen Bäumen gewohnt war. Rémi schaute mich an und war zufrieden mit dem Eindruck, den er mir vermittelte. »Dieses Jahr werden wir zweihundertvierzig Hektar pflanzen. Was hältst du davon?« Ich hielt viel davon. Mein Blick schweifte über die riesige Fläche mit den jungen Pflanzen, und dabei hatte ich die zerstörte Parzelle auf dem Bauernhof von Raja vor Augen. Ich spürte eine Erregung, die mir Lust machte, einen Spaten zu schnappen und Bäume zu pflanzen, ohne groß darüber nachzudenken. Der Anblick fegte all die dramatischen Geschichten von Raub, Schmuggel und Artensterben beiseite. Hier war nichts als Wachstum und Gedeihen. Es wurde dunkel, und der Himmel am südlichen Wendekreis begann zu glühen. »Sieh dir nur mal dieses Rosa an, das ist typisch für die Abende hier. Die Leute sagen, der Himmel ist saphirrosa, weil sie sich nicht trauen, noch einen Schritt weiter zu gehen und ihn diamantrosa zu nennen …« Der Sonnenuntergang färbte die Schutzhüllen der Setzlinge und ließ mich verstummen, Rémi musste mich quasi ins Auto schubsen. Seine Tatkraft beeindruckte mich. Er amüsierte sich über die Krokodile, die den hiesigen Fluss heimsuchten, und die erdrückende Hitze in Kununurra schien ihm nichts mehr auszumachen. »Man gewöhnt sich schnell daran«, meinte er, als ich an jenem Abend vollkommen erschöpft und zugleich aufgewühlt war von der Zeitverschiebung und dem Saphirhimmel.

Am nächsten Tag besuchten wir Plantagen mit Bäumen unterschiedlichster Altersklassen. Rémi war sich sicher, dass sie kurz davor waren, das erfolgreichste Modell zu finden, und ich musste ihm versprechen, in zehn Jahren wiederzukommen, um mir das Ergebnis anzusehen. Für den späten Nachmittag hatte er sich den schönsten Programmpunkt vorbehalten, den Besuch der ältesten Parzelle mit Bäumen, die vor fünfzehn Jahren gepflanzt worden waren. Es war noch immer sehr heiß, und Rémi führte mich zu einer lauten Maschine, damit wir zusehen konnten, wie die Bäume bewirtschaftet wurden, die alt genug zum Destillieren waren. Die größte Herausforderung bestand darin, zu ermessen, ob die Bäume schon so weit waren, um daraus ein Öl zu produzieren, das bei unseren Parfümeuren Anklang fand. Auf der Plantage lief man im angenehmen Schatten der Reihen mit fünf bis sechs Meter großen Bäumen, wobei Sandelholzbäume und Wirtsbäume ein schönes Wechselspiel von Formen und Astwerk bildeten und zusammen ein Gewölbe ergaben, das schon an einen Wald erinnerte. Ich dachte an Raja und hatte den Eindruck, hier zu sehen, wie das wieder aufgebaut wurde, was eigentlich auf den indischen Hügeln von Karnataka hätte wachsen sollen und heute verschwunden war.

Auf der Nachbarparzelle war gerade ein Schaufelbagger am Werk. Die Sandelholzbäume wurden entwurzelt, damit man auch den unteren Stamm verwenden konnte, der besonders viel Öl enthielt. Rémi ging voran. Wir sahen dabei zu, wie der Schaufelbagger einen Baum zu Fall brachte. Und plötzlich roch ich ohne Vorwarnung den warmen, intensiven Duft von Sandelholz. »Komm mal her und sag, was du riechst«, rief Rémi mir zu. In die Aushöhlung, die der umgestürzte Baum hinterlassen hatte, ragten noch dicke, teilweise vom Bagger aufgesplitterte Wurzeln. Ich trat näher und bemerkte, dass sie es waren, die den guten Duft verströmten. Ich grub eine Wurzel aus, ihr Holz war in der Mitte orange und violett. Der vertraute Geruch war in der Natur noch viel aromatischer und durchdringend in der betörenden Mischung der intensiven holzigen und der feinen, zu Kopf steigenden milchigen Note. Ich bewahrte das Stück Wurzelholz auf. Heute, vier Jahre später, duftet es noch immer.

Auf einem großen Platz wurden die Bäume gewaschen, von der Rinde befreit, in große zylinderförmige Stücke geschnitten und nach Qualität geordnet. Von den traditionell überlieferten achtzehn indischen Qualitätsstufen wurden sechs beibehalten. Stumpf, unterer und oberer Stamm, dicke und dünne Äste – die Beschaffenheit des Öls hing stark von den verschiedenen Teilen des Baumes ab. Es erforderte unterschiedliche Destillationen und Zusammenstellungen, um zu einer Qualität zu gelangen, die den Parfumkreateuren zusagte. Die große Schwierigkeit bestand, wie immer bei aromatischen Bäumen, im Alter. Im Norden Australiens konnte die Investition nicht so lange warten, wie es das ideale Modell mit vierzig oder fünfzig Jahren vorsah, es war entschieden worden, mit der Nutzung der Bäume im Alter von fünfzehn Jahren zu beginnen. Das schien die äußerste Grenze zu sein, kein einziges Öl aus jüngerem Holz wurde für gut befunden – Bäume mögen eben keine Eile. In den Lagerschuppen wurden die verschiedenen Holzqualitäten nach der Entrindung voneinander getrennt, und Rémi ging die denkbaren Mischungen durch, während er mit mir darüber diskutierte, was uns zusagen könnte. Begleitet von einem Team australischer Techniker in weißen Kitteln begaben wir uns in Rémis brandneues, klimatisiertes Labor. Ich staunte angesichts der Anlagen, die unseren Standards in Paris glichen und weit entfernt waren von den einfachen Anlagen der Sandelholzdestillerien, die ich auf Sri Lanka gesehen hatte. Während der Besprechung fühlte Rémi sich zurückversetzt in die Welt der Parfümerie, die er so gut kannte, die Welt der Marken und Nischenparfums. Er hatte mein Öl von Sri Lanka genau analysiert und erklärte mir, mit welcher Dosierung seiner Fraktionen er versuchte, es nachzubilden. Wir rochen an den etwa zehn Proben, die er vorbereitet hatte, die Unterschiede waren deutlich. Das junge Holz hob die milchige Seite des Sandelholzes im Öl hervor, für meinen Geschmack war das ein Vorteil, doch der Duft wich von unserem Standard ab. Die besten Proben waren diejenigen, die einen großen Anteil an Holz aus dem Wurzelstock hatten, zwei davon schienen mir sehr nah am Ziel zu sein, unsere Spezialisten in Paris und Genf würden darüber urteilen. Ich roch an den Teststreifen, während ich nach wie vor mein Stück Wurzelholz mit dem unwiderstehlichen Duft in der Hand hielt. Anschließend standen wir wieder in der Sonne, mitten auf dem Platz, auf dem sortiert wurde und wo ein riesiger Haufen weißer Stammstücke ohne Rinde zum Trocknen aufgehäuft lag, bevor sie einige Monate später zerstückelt werden würden. Der hübsche Haufen erinnerte mich an ein Foto aus den

Zwanzigerjahren, das Raja mir gezeigt hatte: indische Arbeiter und ihr Vorarbeiter mit kleinem Schnurrbart und Turban, die mit ernster Miene vor einem Haufen Sandelholz posierten, das zum Verkauf bereitlag. Einhundert Jahre später fragte ich Rémi, ob er mit mir für ein Foto die indische Szene vor seinem Schatzhaufen nachstellen würde, allerdings mit Schirmmütze und Sonnenbrille.

Bevor ich aus Kununurra abreiste, schlug Rémi mir vor, einen Baum zu pflanzen. »Damit du wiederkommen musst, um ihn zu sehen. Dann kannst du den Schatten meiner Plantagen genießen, die dann groß sein werden. Bald schon, wart's nur ab.« Eine Idee, Geld, Wasser und viel Energie – daraus war ein Wald mit aromatischen Bäumen inmitten von Diamanten und Krokodilen gewachsen. Nach meiner Rückkehr aus Australien dauerte die Analyse von Rémis Proben in Genf zunächst sehr lange. Doch schließlich wurden zwei davon akzeptiert, ihre Mischung war von nun an unser Standard.

In Paris beschloss ich, ein Treffen zwischen Rémi und Raja zu organisieren, denn ich wollte gerne, dass sie sich kennenlernten. Ich erzählte ihnen vom ähnlichen Schicksal des Rosenholzes und des Sandelholzes. Im zwanzigsten Jahrhundert schlug man jährlich 200 000 Tonnen Holz beider Bäume, eine Menge, die genügte, um sie auszurotten. Es scheint unvorstellbar, aber die viertausend Jahre währende Geschichte zwischen Menschen und Sandelholz wurde in weniger als einem Jahrhundert beinahe ausgelöscht. Raja, der Jasminproduzent, hatte es immer abgelehnt, wieder Sandelholz zu destillieren, aber was wir aus Kununurra erzählten, interessierte ihn sehr. Als das

Gespräch auf Indien kam, erklärte er uns, dass die indische Regierung angesichts der neuen Situation in Australien gezwungen gewesen sei, zu reagieren. Die Gesetzgebung hatte sich geändert, und es waren wieder private Sandelholzplantagen möglich. Sein Onkel würde ab sofort die fünfzehn Hektar mit Bäumen, die er umzäunt hatte und bewachen ließ, wieder nutzen können und war nicht mehr gezwungen, alles an die Regierung zu verkaufen. Das historische Monopol, das so verheerende Schäden angerichtet hatte, war endlich beendet, und Raja glaubte an ein Wiederaufleben des Sandelholzes in seinem Land, auch wenn er wusste, dass ein Ergebnis zwanzig oder dreißig Jahre auf sich warten ließe. »Ganz ehrlich, ohne das australische Sandelholz hätte sich nichts verändert, das ist mal klar«, sagte Rémi.

Eine schöne Geschichte: In zwanzig Jahren wird Kununurra mit seinen Tausenden Hektar großen Plantagen und den ausgewachsenen Bäumen stolz darauf sein, die Welthauptstadt des Sandelholzes zu sein. Ein Diamant der Parfümerie wird die symbolische Nachfolge des rosa Diamanten antreten. Ich habe mir fest vorgenommen, zurückzukommen und meinen Baum wiederzusehen, wenn er fünfzehn Jahre alt ist, im Sonnenuntergang, unter dem saphirrosa Himmel.

Das Holz der Könige

Oud in Bangladesch

In den stillen Wäldern Bangladeschs, wo noch Tiger und Kobras leben, habe ich begriffen, was es mit dem Namen »Holz der Könige« auf sich hat. Denn die Experten dieses Baumes, seines Duftes und seiner Geschichte haben mir davon erzählt. Von der Antike bis ins sechzehnte Jahrhundert hatte dieses Holz viele verschiedene Namen: Auf Sanskrit heißt es »Agarholz«, in der Bibel wird es »Aloeholz« genannt, in der portugiesischen Schifffahrt nannte man es »Adlerholz« und bei den Arabern ganz einfach *oud.* Man sagt auch »Holz der Könige«, und vielleicht passt dieser Name letztlich am besten, weil er den Wert, die Besonderheit, die Kraft und Aura herausstellt, die dieses Holz in der Geschichte an den Höfen und Palästen von Indien bis nach Versailles prägten.

All die Namen beziehen sich auf die Harzbildung im Innern des Baumes der Sorte *Aquilaria.* Als Abwehr gegen Pilzsporen, die durch Insekten übertragen werden und in Wunden oder Schwachstellen des Baumes eindringen, entwickelt er in seinem weißen, leichten Holz schwarze Stellen, die durch ein Harz dunkel und dicht werden, dessen olfaktorische Kraft ihresgleichen sucht. Die Alchimie innerhalb des Baumes, die etwas hervorbringt, das im Stamm verborgen bleibt wie Goldklumpen in einem Flussbett, ist ein bemerkenswertes Phänomen. Die Entstehung von Oud in Adlerholzbäumen – die Verwandlung von Weiß in Schwarz – hat etwas Geheimnisvolles, was die Geschichte dieses Duftstoffes und die der Menschen, die ihn aufspüren, verarbeiten und nutzen, prägt. Dieser Zauber empfing mich schon bei meiner Ankunft in Bangladesch, seinem Entstehungsland, und er lag später auch über jenem Abend, der dem Parfum mit diesem Duft gewidmet war.

Oud ist von großer Bedeutung in der Parfümerie des Mittleren Ostens. Im Westen war das Oud-Öl in Vergessenheit geraten, heute entdeckt man den üppigen Duft fasziniert wieder, der die Kraft und Sinnlichkeit von Harz und Holz verbindet. Die Männer im Mittleren Orient parfümieren sich gerne mit einem Tropfen Oud, alle arabischen Parfums enthalten es oder versuchen, seinen Geruch heraufzubeschwören. Seit etwa zehn Jahren schätzen auch die westlichen Parfümeure es. Anfang 2015 reiste ich in den Norden von Bangladesch, um Oud an seiner Quelle zu entdecken, im Herzen der historischen Region Assam, an die das Land grenzt. Man kam nicht allein dorthin, man musste eingeladen werden. Meine Reiseführer waren zwei Männer, die hier eine versteckte Tradition am Leben hielten: der Bangladescher Muslah, ein Sufi, und der Franzose Damien, sein Kompagnon. Sie empfingen mich in ihrer Destillerie in Susanagar in der Nähe der Stadt Sylhet. Bei mehreren Treffen zuvor hatte ich das Vertrauen der beiden Männer gewonnen, die bereits seit ihrer Kindheit befreundet und vollkommen unterschiedlich waren. Muslah hatte Familie in Paris, und dort hatten sie sich zufällig kennengelernt und nie aus den Augen verloren. Auf der Suche nach einem Partner in der internationalen Parfümerie hatten sie mich kontaktiert und auf ihre außergewöhnliche Geschichte neugierig gemacht. Schon bald wollten sie, dass ich nach Sylhet komme, wo ihre Firma eine Million *Aquilaria*-Bäume kultivierte, ein Erbe, das Muslahs Familie seit acht Generationen pflegte. Muslah und Damien waren Könige des Adlerholzes.

Muslah zufolge lag etwas Magisches darin, wenn Hussein, sein Destillationsmeister, am Werk war. Hussein holte vorsichtig seine Schüssel heraus und ließ sich im Hof der kleinen Destillerie in der Sonne nieder. Einmal in der Woche füllte er Öl ab, das bei der Destillation von Adlerholz in seinen kleinen Alembiks entstand. Das metallene Auffanggefäß von der Größe eines Eimers war fast voll, die dunkle Oberfläche glänzte in der Sonne. Muslah stand schweigend daneben und beobachtete mich. Zusammen mit Damien sahen wir Hussein dabei zu, wie er den Eimer mit Wasser und Öl hinstellte, seinen kleinen Hocker daneben platzierte und das Stahlgefäß säuberte, in dem er das Öl sammeln würde. Dieses einfache traditionelle Werkzeug in Form einer Sauciere mit Tülle war unentbehrlich, um den seltensten und teuersten Rohstoff der Parfümerie aufzufangen. Mit einem Preis von 30 000 bis 50 000 Dollar pro Liter war das beste Adlerholzöl fünf- bis sechsmal teurer als Rosenöl. Vorsichtig legte Hussein seine Hand auf die Oberfläche der Flüssigkeit im Eimer, als wolle er sie nur ganz leicht berühren, hob sie wieder hoch und strich langsam die wertvolle Flüssigkeit, die an seiner Haut haften geblieben war, am Rand der Sauciere ab. In der Region, aus der der Destillateur stammte, trennte man das Öl schon seit jeher auf diese Weise vom Wasser. Ungerührt führte Hussein die Gesten aus, die er von seinem Vater gelernt hatte, sorgfältig und präzise. Er destillierte seit dreißig Jahren, er kannte jeden Kniff, um genau die Qualität zu erhalten, die Muslah erwartete. Die Sonne brannte, und man hörte nichts als den Gesang der Vögel.

Ganz in Weiß und mit verhülltem Kopf stand Muslah elegant in seiner traditionellen Kleidung aufrecht da, sah Hussein zu und tauschte sich leise mit ihm aus. Er war der Erbe einer großen Familie von Würdenträgern, die sich auf den Sufismus beriefen, eine religiöse und philosophische Strömung des Islam, die in der Region um Sylhet etwa seit dem Jahr 1300 existierte, als der große Sufi-Heilige Shah Jalal sie dort einführte. Das Königreich Assam war lange unabhängig gewesen. Im siebzehnten Jahrhundert sollte es von den Moguln erobert werden, weil es für seine vielen Elefanten und den Reichtum an Adlerholz begehrt war. Seit acht Generationen pflanzte, versorgte und bewirtschaftete Muslahs Familie die Bäume, um das Holz und das Öl zu verwerten. Der junge Mann hatte Hunderte Hektar *Aquilaria*-Plantagen geerbt, Bäume jeglichen Alters, darunter auch einige, die vermutlich bis zu zweihundert Jahre alt waren. Derart alte *Aquilaria* waren so wertvoll, dass man die meisten von ihnen bereits gefällt hatte. Wenn es überhaupt noch welche gab, hatten sie selbstverständlich mythische Bedeutung. Muslah besaß fast eine Million Bäume, ein riesiges Kapital, das er mit einer einfachen Regel verwaltet: so wenig wie möglich wegnehmen, um ein noch größeres Erbe an die Generation seines Sohnes weiterzugeben. Als Hüter des Familienschatzes war er der König der Bäume von Sylhet.

Der Lebenslauf von Damien, den Muslah als einen Bruder ansah, war alles andere als gewöhnlich. Er war sehr stolz darauf, von Tscherkessen abzustammen, einem Volk aus dem Norden des Kaukasus mit einer langen und komplexen Geschichte. Auch darum interessierte er sich für Historisches, und seine Begegnung mit Muslah hatte seine Leidenschaft für Adlerholz entfacht. Er lebte zwischen Frankreich und Bangladesch und hatte in einem sehr engagierten Text[6] das Ergebnis jahrelanger Recherchen über den außergewöhnlichen Aloebaum zusammengetragen. Darin erzählte er von dem aus dem Harz entstehenden Rauch, der im Hinduismus mit dem Göttlichen in Verbindung gebracht wird, im Buddhismus mit Erleuchtung. Man verbrannte das Harz im Tempel von Jerusalem, und es begleitete den Propheten Mohammed. Schon immer war dieses Duftholz so geschätzt, dass das christliche Mittelalter seinen Ursprung im irdischen Paradies sah, und man stellte sich vor, es treibe auf den Flüssen, die in ihm entsprangen. Oud hängt immer ein Zauber an. In China und Japan verehrt, gehört Oud neben Rose und grauer Ambra zu den drei wichtigsten Essenzen der arabisch-muslimischen Welt. Die Könige aller orientalischen Höfe und des mittelalterlichen Europas begehrten es, und Napoleon liebte es, Oud zu verbrennen und die Luft damit

6 *Le Bois du Paradis* von Damien Schvartz, Manuskript.

zu reinigen. Durch seine Recherchen und Übersetzungen alter Texte hatte Damien die Spuren des »Holzes der Könige« in allen Kulturen verfolgt, er war einer der größten Kenner auf diesem Gebiet, ein König der Geschichte des Adlerholzbaumes.

Weit weg von Sylhet regierte Alberto über ein ganz anderes Königreich. Seit mehr als dreißig Jahren war er ein berühmter Maître Parfumeur, der von seinen Berufskollegen einhellig geschätzt wurde, ein Kreateur unzähliger Erfolge, der mit Auszeichnungen überhäuft wurde, von den größten Marken gefragt, stets erfinderisch und fleißig war und immer in Bewegung blieb. Alberto hätte es nicht zugegeben, aber alle wussten es: Sein Vater hatte ihn einst »mein König« genannt, und nun war er der König der Parfümeure seiner Generation geworden und zudem eine außergewöhnliche Persönlichkeit. Er besaß die Natürlichkeit und Authentizität eines Kindes und sah die Schönheit in allen Dingen und in jedem Augenblick, und zwar immer mit Sinn für Humor. Wenn er etwas mochte oder auch nicht, sagte er es laut und deutlich. Er stammte aus Sevilla, und seine blassblauen Augen und der intensive Blick verliehen ihm die natürliche Eleganz eines spanischen »Don«. Er lebt in der Schweiz, wo er leidenschaftlich seinen Garten pflegte, ein wahres Kunstwerk aus weißen Blüten. Alberto betrachtete seine Kreationen als etwas Fließendes, nicht Greifbares. Seine Parfums begeisterten die Menschen, und zwar anhaltend: »Must« von Cartier, »Pleasures« von Estée Lauder, »Flower« von Kenzo, »Acqua di Giò« von Armani, »CK One« von Calvin Klein, »Bloom« von Gucci – all diese Düfte sind Klassiker geworden. Dutzende weitere tragen seine Handschrift, die Kraft und Leichtigkeit miteinander verbindet, indem sie entschieden und behutsam zugleich mit den schönsten Pflanzenrohstoffen spielen. Alberto musste einfach Oud an der Quelle kennenlernen, und ich hatte das Glück, dazu beizutragen, dass sich damit schließlich zwei Könige fanden, die sich gesucht hatten.

Die Geschichte begann 2015 mit meiner ersten Reise nach Bangladesch. Bei meiner Rückkehr hatte ich die Ölproben unseren Maîtres Parfumeurs präsentiert. Einige Monate zuvor hatte Alberto uns alle zum Lachen gebracht, als er gesagt hatte: »Oud, Oud, das ist wie mit Einhörnern … Alle Welt redet davon, aber niemand hat je eines gesehen!« Er nahm damit die Undurchsichtigkeit beim Handel mit dem Holz aufs Korn ebenso wie die unzähligen Produkte, die zwar diesen Namen trugen, deren Herkunft aber unklar und eine Mischung verschiedener Fraktionen mit synthetischen Produkten war. In diesem Wirrwarr fanden sich viele Parfümeure nicht zurecht. Unter dem Namen Oud wurden Öle verkauft, deren Preise sich zwischen 300 und 30 000 Dollar pro Kilo bewegten, man wusste überhaupt nicht mehr, worüber man eigentlich sprach. Angesichts dieses Problems wusste ich genau, dass das Öl von Muslah und Damien seine Wirkung bei Alberto nicht verfehlen würde. Als er an dem Riechstreifen mit der besten Qualität, die ich aus Sylhet mitgebracht hatte, roch, sagte er gar nichts, nickte und stürzte sich auf sein iPad – ein untrügliches Zeichen, dass der Duft ihn sofort erobert hatte und Alberto bereits wusste, was er damit machen wollte.

Ein Jahr später trafen wir uns wieder, als das Parfum »Man Wood Essence« präsentiert wurde, ein wunderschöner maskuliner Duft, den Alberto für Bulgari kreiert hatte – wie einen Fantasiebaum: mit den Wurzeln aus Vetiver, dem Holz der Zeder, Blättern der Zypresse und Kopaivabalsam als dem alles verbindenden Saft. Wir sprachen über die Fülle der holzigen Noten in diesem Parfum, und ich fragte Alberto, wie weit er mit dem Adlerholz sei. »Ich bin tatsächlich gerade dabei, eine ganze Kollektion mit deinem Öl zu gestalten, es macht alle anderen Ingredienzien noch viel schöner, und ich bin sehr zufrieden.« Ein weiteres Jahr später wurde Alberto, der als Parfümeur bereits mit allen Preisen seiner Zunft ausgezeichnet worden war, auch noch zum König des Adlerholzes.

Während meines zweiten Aufenthaltes in Sylhet zeigten Muslah und Damien mir einen Teil ihrer Ländereien, Adompour, ein Wald, der aus jahrzehntelangen Anpflanzungen von Adlerholzbäumen entstanden war. Die Flächen mit den Reisfeldern von Sylhet werden unterbrochen von weiten waldbedeckten Hügeln, die die Einwohner den Dschungel nennen. Die größten Waldgebiete beherbergen noch Tiger und auch die Königskobra, deren ausgehöhlte Nester man manchmal an Hanglagen zu sehen bekommt. Der Dschungel ist geheimnisvoll und wird, weil die Region von Migration geprägt ist, von verschiedenen Ethnien bewohnt. Manche Dörfer sind buddhistisch, andere christlich, aber alle leben friedlich mit der Mehrheitsbevölkerung der islamischen Sufis zusammen, wobei alle auf ihren eigenen Traditionen beharren. Im stillen Wald hörte man nur unsere Schritte auf der dicken Schicht aus trockenem Laub, in dem wir zwischen den unterschiedlich alten Bäumen spazierten. Die Adlerholzbäume ließen sich leicht an ihren glatten Stämmen mit heller Rinde erkennen, auf die Flechten und Pilze gelbe, grüne und orange-braune Figuren gemalt hatten. Einst in Reihen gepflanzt und zehn bis achtzig Jahre alt, waren sie mit der Zeit durcheinandergeraten und bildeten inzwischen einen Hochwald. Manche Baumgruppen sahen seltsam aus, denn auf ihnen traten Reihen aus metallischen Punkten zutage: Nägel. Seit dem achtzehnten Jahrhundert nahmen die Menschen aus Sylhet die Nagelung vor, um die Ausbildung des Adlerholzes im Innern des Baumes zu beschleunigen. Wenn die Bäume fünfzehn bis fünfundzwanzig Jahre alt sind, schlägt man im Abstand von zehn Zentimetern nahezu überall Nägel in den Stamm. Die Nägel lassen den Baum zunächst in der Sonne glänzen, bevor sie rostig werden und schließlich vom wachsenden Holz verschlungen werden. Jede Wunde durch einen Nagel ist ein Punkt, an dem sich das Harz für Oud-Öl bilden kann.

Nachdem wir eine Stunde gelaufen waren, kamen wir bei einem alleinstehenden Baum mit einem imposanten Stamm und großen, weit ausgebreiteten Ästen an, der am Hang eines Hügels stand. »Wir haben dir keine Märchen erzählt, es gibt ihn wirklich, das ist er!«, sagte Muslah. »Er«, das war ein *Aquilaria*, der der Überlieferung des Nachbardorfes zufolge zweihundertfünfzig Jahre alt war. Wir traten näher heran, und ich kostete den besonderen Moment aus. Ich folgte mit meinem Blick den riesigen Ästen, die sich zu einer bemerkenswerten Krone formten, ein komplexes, ruhiges Gebilde mit hunderttausend Blättern. Wenn man sehr alte Bäume eine Weile anschaut, sprechen sie mit einem. Sie kennen Geschichten, die älter sind als wir, und wissen, was mit der Welt geschehen wird, wenn es uns nicht mehr gibt. Alte Bäume scheinen unsterblich zu sein, manche sind es wohl auch. Einen Baum wie diesen gab es vermutlich in ganz Südostasien nicht noch einmal. Bäume dieses Alters sind derart wertvoll, dass sie bereits überall gefällt worden waren, wo man sie entdeckt hatte. Je älter die Bäume sind, desto größer ist die Wahrscheinlichkeit, besondere Stücke darunter zu finden. Es heißt, es gebe Adlerholzstücke, von denen die außergewöhnlichsten je nach Größe, Formgebung und Holzdichte mehrere Millionen Dollar auf dem chinesischen Markt wert sein können. Im Laufe der Jahrhunderte wurde regelrecht Jagd auf Adlerholzbäume in ganz Asien von Jägern und Sammlern gemacht, die ihre Geheimnisse streng wahrten. Als die Bäume seltener wurden, kamen sie auf die Liste der geschützten Arten, ebenso wie Rosenholz. Durch die wachsende Begeisterung für das Holz wurden nun von Indien bis Vietnam seit fünfzehn Jahren immer mehr Plantagen angelegt, Millionen junger Bäume, an denen man alle möglichen Behandlungen ausprobierte, wie Injektionen mit chemischen Produkten, damit sie, sobald sie zehn Jahre alt waren, das wertvolle harzhaltige Holz ausbildeten. Doch hier war es anders, die etwa einhundert alten Bäume, die auf den Waldflächen von Muslah und Damien wuchsen, waren etwas ganz Besonderes. »Wir werden sie niemals fällen. Und wenn doch, dann sagen wir dir Bescheid, damit du uns hilfst«, sagte Muslah schließlich zu mir. Wie war es nur möglich, dass dieser Adlerholzbaum noch lebte, dass er nicht Wilderern zum Opfer gefallen war? Muslah meinte, der Wald werde von den Dorfbewohnern bewacht. »Man sieht sie nicht, aber sie sehen uns und folgen uns. In ihrer Tradition sind Bäume so wichtig, dass ein Schmuggler sofort Aufmerksamkeit erregt, noch bevor er sich nähert, und wenn er sich tatsächlich anschickt, Hand anzulegen, läuft er Gefahr, dass man ihn auf der Stelle tötet.«

Wir waren schon weitergegangen, als eine reglose Silhouette hinter einer Wegbiegung auftauchte. Ein alter, dünner Mann mit klarem Blick und orange gefärbtem Bart beobachtete, wie wir näher kamen, in der einen Hand einen großen Stock, in der anderen seine Machete. Muslah ging voran, um mit dem Waldwächter zu sprechen. Der Mann war ein Veteran des Unabhängigkeitskriegs in Bangladesch von 1971. Er lief barfuß und zeigte uns Wunden an den Beinen, die, wie er erzählte, vom Kampf mit einem Tiger stammten. Er kannte die Bäume und zeigte uns die verheißungsvollsten, indem er mit seinem Stock an die Stämme klopfte. »Geht ihr ins Dorf?«, fragte er schließlich. »Ihr könnt gehen, der Tiger ist nicht da.«

Etwas weiter erschienen wie durch Zauberei von irgendwoher vier kleine Mädchen auf unserem Weg. Sie nahmen uns mit ihren schwarzen Augen genau unter die Lupe. Im Schatten der Bäume waren sie ein wahres Feuerwerk der Farben mit ihren Kleidern in Gelb, Rosa und Rot mit weißen Blumen und den Hosen in Knallgrün und Türkis. Als wir uns näherten, waren sie mit einem Mal verschwunden, als wären sie in die Bäume geflogen. Mit einem Lächeln, aber durchaus ernst, flüsterte Muslah mir zu, das seien Waldfeen. Wir bemerkten sie erneut kurz vor dem Dorf, wo sie mit einem angedeuteten Lächeln ebenfalls sofort wieder verschwanden. Dieses Hin und Her ging so weiter, still und anmutig, ein seltsamer Charme lag darüber, und ich spürte, wie die Feen mich zu ihrem

Schlupfwinkel leiteten. Sie erwarteten uns direkt vor den ersten Häusern, als würden sie uns unseren Besuch gestatten. Jede der kleinen schwarzhaarigen Feen saß auf ihrem eigenen Ast eines alten Baumes mit ernstem Gesicht, neugierigen Augen und durchdringendem Blick, Farbtupfer zwischen den Blättern.

Am nächsten Tag brachen wir auf, um einen Baum zu schlagen, der möglicherweise Oud enthielt. Damien und Muslah hatten die während der Saison zu fällenden Bäume markieren lassen, denn sie wussten, dass man dreißig oder vierzig Bäume bräuchte, um genügend Holz zusammenzubekommen für ein Kilo Öl. Bei meinem ersten Besuch hatten wir vereinbart, dass ihr Öl für uns reserviert wäre, und ich bestätigte ihnen den zunehmenden Bedarf für das laufende Jahr. Wir scherzten darüber, dass ihr Oud zu gut sei, aber die Sache war ernst. Sie hatten ihre Produktion – in Anlehnung an den Wirtschaftsplan ihrer Ressource – begrenzt, und diese Grenze würden sie auf keinen Fall überschreiten. Ende des siebzehnten Jahrhunderts hatte Finanzminister Jean-Baptiste Colbert zur Sicherung der Flotte der königlichen Marine mitten in Frankreich Eichenwälder gepflanzt, die noch heute existieren, und zur selben Zeit schlugen die Vorfahren von Muslah die ersten Nägel in die Bäume in Sylhet. Ich mag diese Gegenüberstellung, weil sie zeigt, wie viel Zeit echte Forstwirtschaft benötigt und welche Kraft die Botschaft weiser Menschen hatte, die im Dienste der Moguln oder des Sonnenkönigs handelten. Der Baum, der an jenem Tag ausgewählt worden war, war sechzig Jahre alt, wie die Dorfbewohner uns sagten, seine verrosteten Nägel waren kaum noch zu erkennen in der Rinde. Nachdem die beiden Holzfäller den zwanzig Meter hohen Baum angeseilt hatten, um das nahe stehende Haus auf keinen Fall zu beschädigen, machten sie sich an die Arbeit. Mit präzisen, sparsamen Gesten ließen sie die Äxte hin- und herschwingen, und der Baum fiel schnell. Schwarze regelmäßige Spuren unten im weißen Holz deuteten darauf hin, dass das Holz stark von dem Pilz befallen war. Nun wurde der Stamm mit Spitzhacken gespalten, die Axt war hier nicht das geeignete Werkzeug, weil man damit die wertvollen, unterschiedlich geformten Oud-Stücke hätte beschädigen können. Unser Baum wurde in Viertel geteilt, die rund um die Reste der Nägel die schwarzen Knollen zum Vorschein brachten. Der Baum enthielt ziemlich viel Harz, Muslah hatte bereits einige Verhärtungen erblickt, die innerhalb der Holzstücke erhalten bleiben sollten. Wenn man die Holzscheite auf Glut legt, erhitzt sich das darin enthaltene Harz und produziert beim Verbrennen den berühmten Rauch, von dem Buddha gesagt haben soll, er beschwöre das Nirwana herauf.

Als wir wieder in Susanagar waren, zeigte uns Hussein, der Destillateur, wo das Holz weiterverarbeitet wurde. In einem großen schattigen Raum saßen etwa zwanzig junge Männer im Schneidersitz vor einem Holzblock und schlugen mit der Machete einzelne Stücke vom Stamm des Adlerholzbaums ab. Alles Holz, das nicht vollkommen weiß war, war von Wert und würde zur Ölproduktion dienen. Die Arbeiter wurden über ein Jahr hinweg ausgebildet, um sehr präzise schneiden zu lernen. Das Ergebnis ihrer Arbeit sortierten sie akribisch in unterschiedliche Körbe. Im Nebenzimmer waren Künstler damit beschäftigt, mit dem Hohleisen weiße gewundene Holzstücke herauszuschneiden, um das gesamte umliegende weiße Holz abzuschneiden. Ein Stück so zu bearbeiten konnte vier oder fünf Stunden in Anspruch nehmen, manchmal, bei den schwierigsten Stücken, sogar einen ganzen Tag. Hussein führte ein strenges Regiment über die Werkstätten und kannte keine Kompromisse im Hinblick auf die Qualität. Die Stücke mussten perfekt sein, um ihren wahren Wert zu entfalten.

Es wurde dunkel, und das dumpfe Geräusch der Macheten auf dem Holzblock verstummte. Hussein holte einen Tisch und ein paar Stühle nach draußen vor die Destillerie. Muslah wollte mir verschiedene Ölqualitäten zeigen. Er bewahrte seine Produktionen in kleinen flachen Glasflaschen auf, die wie kleine Schnapsfläschchen aussahen. Diese Öle müssen auf der Haut gerochen werden. Muslah gab mir einen Tropfen auf die Innenseite des Handgelenkes, rieb ein wenig und ließ mich einatmen. Der Duft nach dunklem, unbekanntem Holz gepaart mit animalischer Wärme war jedes Mal aufs Neue ein olfaktorischer Schock. Der Aspekt von trockenem Leder beim Oud-Öl versetzt einen in Erstaunen, lässt einen ratlos zurück. Manche mögen die »Ziegen«-Note nicht, die an einen Stall oder an Käse denken lässt. Für die meisten Parfümeure aber ist sie eine olfaktorische Krönung.

Damien hatte einen kleinen Topf mit Glut vorbereitet, auf den er ein Stück schwarzes Holz legte. Die Hitze brachte das Harz zum Kochen, das in kleinen Kügelchen zerplatzte, noch bevor das Holz Feuer fing. Der Rauch hüllte uns ein, ich schloss die Augen. Egal ob als Rauch oder als Öl, der Duft von Oud ist so stark, dass er einen ins Taumeln bringen kann und man jegliche Orientierung verliert. Oud nimmt den Geist gefangen und lässt ihn nicht so leicht wieder los, er steigt zu Kopf wie Opium. In der einbrechenden Dunkelheit in Susanagar brachte der kräftige Duft die Bilder des Tages zum Tanzen. Der ewige Baum, der Wächter des Tigers, die Feen mit den leuchtenden Augen, die schwarzen und weißen Holzsplitter, das dunkle Braun des Öls auf der Hand von Hussein, das langsam an der Krümmung des polierten, in der Sonne glänzenden Metalls hinunterrinnt.

Die Zeit verging, wir hatten das Öl von Muslah unseren Parfümeuren vorgestellt, ebenso unseren ausgewahlten Kunden. Am Ende des Winters 2018 begleiteten mich zwei unerschrockene Vertreterinnen der Parfumabteilung einer großen Juweliermarke nach Bangladesch. Meine Geschichten hatten ihnen gefallen, und sie träumten davon, selbst auch glänzende Nägel, Feen, Wächter und narkotischen Rauch zu erleben. Im Mai wollten sie eine von Alberto kreierte Kollektion herausbringen, vier außergewöhnliche Parfums, allesamt mit königlichem Oud im Mittelpunkt.

Die Abendveranstaltung zur Präsentation der Parfums wurde während des Filmfestivals von Cannes auf der Terrasse eines großen Hotels an der Croisette organisiert. Der Gegensatz zwischen dem Wald von Sylhet und den Pailletten in Cannes war extrem. Wie alle großen Parfümeure war auch Alberto ein Stammgast solcher Veranstaltungen. Wenn ein neues Parfum lanciert wurde, gingen damit auch Interviews mit Journalisten einher – meist in einem eleganten, prächtigen Ambiente, wenn der neue Duft prestigeträchtig inszeniert werden sollte. An diesem Tag war ich mit Alberto zusammen eingeladen, um von der einzigartigen Geschichte des Oud-Öls zu erzählen, das er verwendet hatte. Meine Reisebegleiterinnen, die noch immer unter dem Eindruck ihrer Erlebnisse in Sylhet standen, wollten, dass neben den Parfums auch der noble Rohstoff und die Menschen, die ihn herstellten, an dem Abend geehrt würden. Unsere Reise hatte sie tief bewegt, sie hatten großartige Fotos und einen Film davon mit nach Hause gebracht. Auch Damien war eingeladen, es war ihm eine Freude, den Abend und die Gäste zu erleben, aber er fühlte sich wie ein Fisch auf dem Trockenen. Im Publikum mischten sich Leute aus der Parfümerie- und Schmuckbranche, aus Film und Fernsehen, man kannte sich, man beglückwünschte sich. Alberto war überall gefragt und ging von Grüppchen zu Grüppchen, ganz entspannt, ein Glas Champagner in der Hand. Mit seiner feinen Art, seiner Fantasie und seiner Erfahrung war er auch ein Meister der Unterhaltung. Er verstand es, genau die Worte zu finden, die seinem Gegenüber gefielen. Er rief mich zu sich, ich sollte einem interessierten Journalisten vom Wald und dem mit der Hand geschöpften Öl berichten. Er hörte mir lächelnd zu, und ich wusste, dass sich in seinem Kopf meine Erzählungen in Gerüche verwandelten. Damien hatte ein paar Holzstücke mitgebracht und begann sie über Glut zu erhitzen, die ersten Rauchwirbel waberten über die Menge. Nun wurde ein kurzer Film über Sylhet auf Bildschirme projiziert. Währenddessen entfaltete sich der Oud-Duft zwischen Abendkleidern und Champagner.

Als das Kampagnenmodel – die Schauspielerin Sonam, ein großer Bollywood-Star –, das die Marke für die neue

Parfumkollektion ausgesucht hatte, in einem leuchtend gelben Designerkleid auf der Terrasse erschien, richteten sich alle Blicke auf sie. Ein Strahlen ging von ihr aus: von ihrer Schönheit, ihrem Charme, ihrem Lächeln und ihrem tiefgründigen Blick. Ihre Präsenz schlug für mich eine Brücke zwischen Bangladesch und der Nacht in Cannes. Sie betrachtete den Film auf dem Bildschirm, wo Muslah, ganz in Weiß gekleidet, den Gesten von Hussein folgte und der Mann mit dem orange gefärbten Bart mit großen Augen in die Kamera starrte. Hinterher kam Sonam zu mir, sie wollte verstehen, woher der duftende Rauch von Damien kam, und die vier Parfums von Alberto kennenlernen. Nachdem die indische Schauspielerin und der Maître Parfumeur sich begrüßt hatten, wurden die Flakons geöffnet. Mit geschlossenen Augen atmete sie tief ein, legte drei der vier Riechstreifen vorsichtig zur Seite und blieb ganz still. Alberto erläuterte jede der vier Kreationen und erzählte von seiner Inspiration, der Verbindung frischer Noten mit dem intensiven Oud.

Sonam bat mich, ihr von Sylhet zu erzählen, und fächelte sich dabei mit einer langsamen, anmutigen Geste den Rauch des Oud-Holzes zu. Sie behielt den vierten Riechstreifen in der Hand, konnte sich gar nicht davon trennen. Dann wandte sie sich wieder Alberto zu. »Dieses Parfum ist einzigartig, wie haben Sie nur so ein Wunder vollbracht?«, fragte sie und versenkte ihre dunklen Augen in seine blauen. Genüsslich fing Alberto an zu erzählen: »Ja, ich selbst mag es auch ganz besonders. Ich habe es ›Nuit des Rois‹ genannt zu Ehren der arabischen Prinzen im goldenen Wüstenlicht und der schönsten Düfte aus der Natur.« Er zählte die Noten auf, die er in diesem Parfum zusammengestellt hatte, lauter wunderschöne Satelliten, die um den zentralen Stern des »Holzes der Könige« kreisten: Bergamotte, Rose, Patschuli, Benzoe, Sandelholz, Zistrose und Weihrauch. Er hielt den Flakon in der Hand – so viele großartige natürliche Öle in einem einzigen Parfum, das war einmalig. Und während ich die Schauspielerin in ihrem sonnengelben Kleid anschaute, erschien sie mir plötzlich als die große Schwester der kleinen Waldfeen.

Die Aufzählung der von Alberto zusammengestellten Ingredienzien rief in meinem Geist die Bilder meines eigenen Films hervor: Vor mir liefen die Erinnerungen an all meine Reisen im Laufe der Jahre ab. Dreißig Jahre Reisen schienen sich hier auf erstaunlichste Weise zusammenzufügen. Das Parfum »Nacht der Könige« erzählte meine Geschichte, als enthielte der schwere blaue Flakon die unterschiedlichsten Versatzstücke aus meinem Leben.

Die gelbe Fee parfümierte sich mit der »Nacht der Könige«, die Kreationen von Alberto machten zwischen den Champagnerflaschen die Runde, und der Rauch von Damien waberte zwischen den Grüppchen herum. Ich betrachtete Alberto, umschwärmt und lachend, redselig und bezaubernd, und seine Fröhlichkeit rief mir einen Satz ins Gedächtnis, den ich immer sehr gemocht hatte. »Ein König allein ist ein Mann im Elend«, flüsterte ich ihm zu und dachte dabei an Giono und seinen Roman *Ein König allein*. Amüsiert antwortete er mir: »Weißt du, ich vergnüge mich seit dreißig Jahren nur für mich, ich hätte keinen guten König abgegeben!« Aber an diesem Abend war der König Alberto nicht allein und man wollte gerne mit ihm die Begegnung eines großen Künstlers und eines Wunders der Natur feiern: das Holz der Könige.

Die Zeit steht still

Weihrauch aus Somaliland

»Jerusalem … Denn die Menge der Kamele
wird dich bedecken,
die jungen Kamele aus Midian und Epha.
Sie werden aus Saba alle kommen,
Gold und Weihrauch bringen
und des Herrn Lob verkünden.«
Jesaja 60, 6

Eine Reise dorthin, wo Weihrauch wächst, hatte ich schon seit zwanzig Jahren im Sinn. Ich hatte mir oft vorgestellt, dass diese Reise die allerletzte sein würde, das Ende eines Weges, den ich mit der Zistrose in Andalusien begonnen hatte. Irgendwann, das wusste ich, würde ich den Duft von Weihrauch endlich selbst einmal am Baum riechen wollen. Jahrelang wartete ich, bis ich einen Partner vor Ort fand, der diese Reise ermöglichte. Anschließend brauchte ich noch mehrere Monate, um den Aufenthalt an der Küste Somalias am Horn von Afrika entsprechend zu organisieren. Denn das Land ist als gefährlich bekannt, die großen Firmen sorgen sich um die Sicherheit ihrer Mitarbeiter in dieser Gegend. Als ich schließlich nach Somaliland kam, erfasste mich ein Strudel aus Gefühlen, in dem alles Mögliche durcheinanderwirbelte – legendäre Menschen, um die sich Geschichten mit dem Tausende Jahre alten Harz rankten, Rimbaud, der als Kameltreiber Karawanen mit Weihrauch führte, und der Eindruck, nach dreißig Jahren am Ende meiner Reise zu den Quellen der Düfte angelangt zu sein. Die ägyptische Königin Hatschepsut, Salomon und die Königin von Saba, die Heiligen Drei Könige und der Dichter traten in diesen faszinierenden Reigen ein.

Arthur Rimbaud verbrachte die letzten elf Jahre seines Lebens (1880–1891) zwischen Aden auf der Arabischen Halbinsel und Harar in Äthiopien. Die Route, die die beiden Städte damals miteinander verband, begann mit einer Überfahrt nach Zeila, einem kleinen Marktflecken an der afrikanischen Küste, dann mit der Bildung einer Karawane für einen fünfzehn- bis zwanzigtägigen Marsch. Die alte, rätselhafte Stadt Harar ist eine der vier heiligen Städte des Islam. 1880 war es erst dreißig Jahre her, dass der erste Europäer die Stadt betreten hatte. Für die Händler aus Aden sprach vor allem der Zugang zu Kaffee, zum Mokka der Hochplateaus in Äthiopien, dafür, sich in Harar niederzulassen, aber auch, dass man hier an die Produkte aus dem Hinterland gelangte. Als Verantwortlicher der Niederlassung einer französischen Firma in Harar ließ Rimbaud sich einen Stempel mit dem Namen »Abdo Rimb« anfertigen, was so viel hieß wie »Weihrauch-Träger«. »Ich kaufe auch viele andere Sachen: Harz, Weihrauch, Straußenfedern, Elfenbein, Leder, Gewürznelken etc.«, schrieb er an seine Mutter. Eine großartige Aufzählung, denn sie hatte sich quasi nicht verändert, seit Königin Hatschepsut knapp dreieinhalbtausend Jahre vorher zu ihrer Expedition nach Punt aufgebrochen war, zu diesem rätselhaften Ziel, das man heute in Eritrea am Ende des Roten Meeres verortet. Äthiopischer Weihrauch war auch in den etwa zehn Karawanen enthalten, die Rimbaud zusammenstellte und von Harar nach Zeila führte. Damals, Ende des neunzehnten Jahrhunderts, also gar nicht so weit von unserer Zeit entfernt, waren Karawanen ein großes Abenteuer, denn es gab regelmäßig Überfälle, die französische, italienische und griechische Händler, Missionare und Forscher das Leben kosteten. Ich hatte darüber gelesen und das Buch *Rimbaud l'Africain*[7] im Gepäck, als ich ins Land des Weihrauchs fuhr.

Bei Myrrhe und Weihrauch geht es nicht nur um den Geruch, die Düfte bekommen Bedeutung im Zusammenhang mit antiker Geschichte, Legendenfiguren, Sagen, Karawanen und verschwundenen Zivilisationen. Und so wird der Duft zum Orientierungspunkt in einer Vergangenheit, die sich unserer Kenntnis zum großen Teil entzieht.

Als Königin Hatschepsut etwa 1500 vor Christus mit einer Flotte Richtung Punt aufbrach, existierte der Seehandel zwischen Ägypten, dem Horn von Afrika und der Arabischen Halbinsel bereits seit fast eintausend Jahren – atemberaubend aus heutiger Sicht … Er konzentrierte sich auf Elfenbein, Gold und Raubkatzenfelle, aber auch, und vielleicht sogar vorrangig, auf Harze: Myrrhe und Weihrauch.

7 *Rimbaud l'Africain* von Claude Jeancolas, Éditions Textuel, 2014.

Der Ursprung von Weihrauch verliert sich in grauer Vorzeit, Weihrauch begleitet die Menschheit seit viertausend Jahren in Afrika, Arabien, Mesopotamien und im östlichen Mittelmeerraum. Im alten Ägypten war Myrrhe unerlässlich für die Einbalsamierung, sie war verbunden mit der Vorbereitung der Reise ins Jenseits. Das härtere Weihrauchharz eignete sich zum Räuchern.

Der kräftige Geruch des Rauches hielt Einzug auf Altären bei Opfergaben und der Götteranbetung. Nach wie vor stammen die Harze von denselben Quellen wie damals: Der Myrrhenbaum der Sorte *Commiphora* und der Weihrauchbaum der Sorte *Boswellia* wachsen in einer Zone, die sich vom Westen Omans und vom Norden des Jemen bis nach Eritrea und Äthiopien über die gesamte Nordküste des Horns von Afrika bis nach Kenia erstreckt. Myrrhe und Weihrauch sind Gummiharze, es handelt sich dabei um natürliche Absonderungen angeritzter Bäume, die teilweise in Wasser, teilweise in Alkohol löslich sind. Die Weihrauchproduktion, die für die Parfümerie verwendet wird, stammt hauptsächlich aus Somaliland, einem Land, das es gar nicht gibt …

Denn das ehemalige Britisch-Somaliland, heute Somaliland, wartet seit seiner Unabhängigkeitserklärung 1991 auf die Anerkennung durch die UNO. Das offiziell seit dem Ende des Sezessionskrieges von Somalia getrennte Land am Horn von Afrika liegt gegenüber vom Jemen und hat heute eine Grenze mit der somalischen Region Puntland, die berüchtigt ist für ihre Seepiraterie … Und so erregt Somaliland dasselbe Misstrauen wie sein Nachbar, was ihm einen schlechten Ruf verschafft und das Land isoliert.

Die Geschwister Zahra und Guelle, die mich eingeladen hatten, holten mich direkt am Flugzeug auf dem winzigen Flughafen von Hargeisa ab, der Hauptstadt Somalilands, die lediglich Flugverbindungen mit Dubai und Addis Abeba unterhielt. Sie verschafften mir Zugang zu dieser extrem verschlossenen Gegend. Seit zehn Jahren betrieben Zahra und ihr Bruder mit Ausdauer ihr Unternehmen. Sie sind Pioniere in der Region, weil sie sich für eine ethische Nutzung von Quellen einsetzen, die so transparent wie möglich ist angesichts der komplizierten Lage vor Ort. Ich kaufte ihnen Gummiharz von Myrrhe und Weihrauch ab, das sie sammelten, verlasen und exportierten. Mich als Besucher zu empfangen war alles andere als selbstverständlich und ein großer Vertrauensbeweis. Sie geleiteten mich durch die Zollkontrolle, um sicherzugehen, dass die Behörden meinen Pass nicht stempelten, denn ein Hinweis auf einen Aufenthalt in ihrem Land hätte eine spätere Einreise in die USA erschweren können.

Auf dem Weg in die Stadt endete die asphaltierte Straße schon bald, es gab nur noch Sand. Das Stadtzentrum begrenzte sich auf ein paar niedrige Gebäude rund um einen Markt sowie ein Hotel für die Geschäftsleute aus den Emiraten und die Mitarbeiter von NGOs. Aber kaum hatte man sich ein wenig davon entfernt, herrschten die traditionellen Wohnungen der Somalis vor. Hargeisa hatte praktisch keine Wasserversorgung, der größte Teil der Stadt wurde mit Wassertanks auf Lastwagen versorgt. Entlang den sandigen, staubigen Straßen reihten sich Tunnelzelte. Sie waren aus Holzbögen gebaut, über die ein buntes Patchwork aus Stoffresten, Plastiktüten, Blechstücken und Decken gebreitet war. Mit dieser ungewöhnlichen Wohnweise widerstand das Nomadenvolk der Sesshaftwerdung, selbst in der Stadt.

Die großen, dünnen Somalis in Hargeisa liefen barfuß. Die verhüllten und verschleierten Frauen trugen knallige Farben, und die Kinder schienen verstört beim Anblick weißer Besucher, die es hier nicht häufig gab. Willkommen also in dem Land, das Dromedar- und Schafherden züchtete, um sie ins benachbarte Arabien zu exportieren, und das vorrangig vom Geld der großen, gut organisierten und aktiven Diaspora lebte. Zudem gingen die Menschen in Somaliland einer Tätigkeit nach, die tief in ihrer Geschichte verankert war: Sie produzierten Gummiharz und exportierten es in den Rest der Welt.

Zahra und Guelle ließen sich von ihren Werten und Überzeugungen leiten und legten großen Wert auf Rückverfolgbarkeit und ethisches Handeln. Sie hatten sich zunächst ein wenig allein gelassen gefühlt angesichts des Misstrauens der Verwerter bei allem, was ihr Land betraf. Doch inzwischen war der Westen bereit, höhere Preise dafür zu bezahlen, dass er von einer zuverlässigen und nachhaltigen Branche beliefert wurde, die mit den einzelnen Akteuren in der Lieferkette einen respektvollen Umgang pflegte, selbst wenn vieles unübersichtlich blieb zwischen Somaliland und Somalia. Zahra und ihr Bruder hatten viel Geduld gebraucht, und der Weg war noch lang. Guelle lebte zwischen Hargeisa und Dubai, er kümmerte sich um die Produktion und sammelte sie ein. Seine Schwester Zahra lebte in Europa, wo sie die Firma vertrat und die Produkte verkaufte.

Als ich Zahra in Paris zum ersten Mal gesehen hatte,

hatte sie mit ihrem stolzen, eleganten Auftreten wie die Königin von Saba auf mich gewirkt! Sie hatte in Djibouti studiert, bevor sie jahrelang für NGOs in Lagern für Geflüchtete aus Kriegsgebieten auf der ganzen Welt gearbeitet hatte. Ob in Burundi, Sierra Leone oder Bosnien – Zahra hatte im Zuge dieser Konflikte menschliches Leid in all seinen Facetten erlebt. Als sie direkt nach dem Genozid in Ruanda gewesen war, hatte sie Angst um ihr Leben gehabt und beschlossen, sich der Entwicklung ihres eigenen Landes zu widmen. Zahras Stimme ist bedächtig und ruhig, die schlimmen Erfahrungen haben sie stark und entschlossen gemacht.

In den Texten, die die Begegnung der Königin von Saba mit König Salomon kurz nach dem Jahr 1000 vor Christus schildern, hat sich – egal ob wahr oder unwahr – ein Bild durchgesetzt: das der Königin von Saba, einer Herrscherin aus Äthiopien mit dunkler Haut, die durch die Rätsel, die sich um die Schätze ihres Landes ranken, den König von Jerusalem verführt. Zahra kannte die Geschichte selbstverständlich. Und auch wenn sie darüber lachte, gefiel es ihr, dass sie mich daran erinnerte, wie wichtig das Harz – Spezerei genannt – bei der Begegnung des berühmten Paares war:

»Und sie gab dem König hundertzwanzig Zentner
Gold und sehr viel Spezerei und Edelsteine. Es kam
nie mehr so viel Spezerei ins Land, wie die Königin
von Saba dem König Salomo gab.«
(1. Buch der Könige 10, 10)

Bevor wir uns auf den Weg zu den mythischen Bäumen machen würden, wollten Zahra und Guelle mir den Hafen von Berbera zeigen, von dem aus sie ihr Gummiharz exportierten. Wir fuhren vier Stunden auf einer der beiden asphaltierten Straßen des Landes bis zu dem Hafen, der Somaliland mit der Welt verband. Rund um den Fischerhafen gab es noch ein paar alte Straßen, wo hübsche alte arabische Häuser langsam verfielen. Guelle war nervös, denn die Atmosphäre am Eingang zum Hafengelände war äußerst angespannt. Wir versuchten, auf ein Schiff zu gelangen, das gerade mit ihrem Gummiharz beladen wurde, doch in der Nähe des Gittertors waren die Gesichter feindselig, man zeigte mit dem Finger auf mich, und der Ton wurde schärfer. Es ging um die Rolle von Ausländern beim angekündigten Umbau des Hafens. Äthiopien, der große dynamische und ehrgeizige Nachbar, suchte nach einem Zugang zum Meer, den es seit der Unabhängigkeit Eritreas nicht mehr gab, und hatte Berbera ausgewählt, das mit den Vereinigten Arabischen Emiraten verbündet war. Die Chinesen bauten eine neue Straße zwischen Addis Abeba, Hargeisa und Berbera, und der Hafen wurde gerade den Emiraten für einen großen Investitionsplan überlassen. Alle Menschen aus dem Westen wurden wie potenzielle Experten angesehen, die gekommen waren, um die lokalen Angestellten aus dem Weg zu räumen. Am schärfsten agierten die Jungs, die unter dem Einfluss von Khat standen, der traditionellen Droge, deren Blätter eine amphetaminähnliche Wirkung haben. Ein Großteil der Jugend hatte keine Aufgabe und kaute den ganzen Tag lang Khat, was bei manchen zu großer Aggressivität führte. Eine Gruppe Jugendlicher näherte sich mir und brüllte mich an. Guelle bat Zahra, mich schnell zum Auto zurückzubringen. Er verhandelte eine Stunde lang, bis man uns schließlich einließ. Die am Kai festgemachten Fischerboote lagen Seite an Seite mit alten Frachtern. Neben einem davon stapelten Arbeiter Säcke mit Weihrauch und Myrrhe von Guelles Firma in Container. Am nahe gelegenen Strand liefen Dromedarherden hin und her, bevor sie auf ein Schiff nach Saudi-Arabien geladen wurden. Die Beladung der Säcke, die über Djibouti oder Dubai nach Marseille gelangen sollten, die Dromedare, die langsam hintereinander am Strand entlangliefen – an diesem Nachmittag erinnerte der Hafen von Berbera an die Zeiten von Karawanen und mit Harz beladenen Dauen.

Von Anfang an teilte sich die Produktion und das Sammeln von Weihrauch zwischen der arabischen und der afrikanischen Küste auf. Schon sehr früh wurde eine Art Seeverbindung zwischen beiden Ufern etabliert: mithilfe von Flößen, die von Lederschläuchen getragen wurden. Das Harz aus Afrika wurde in die Häfen des heutigen Jemen verschifft, von wo aus es auf dem Landweg weitertransportiert wurde.

Um das Jahr 1000 vor Christus entstanden mit der Domestizierung von Dromedaren Karawanen. Eintausend Jahre lang sollte nun die Gewürzroute auf dem Landweg die Schiffe auf dem Roten Meer ausstechen. Im siebten Jahrhundert vor unserer Zeit war die Weihrauchstraße nach Ägypten bereits gut etabliert. Die Karawanen wurden für einen Marsch von fünfundsechzig bis siebzig Tagen gebildet. Sie starteten in Schabwat und legten Etappen von jeweils dreißig bis vierzig Kilometern pro Tag zurück entlang der Westküste Arabiens über Medina bis nach Petra und Gaza. Petra war damals ein wichtiger Handelsplatz mit mindestens 20 000 Einwohnern, ein Punkt, an dem sich alle Karawanenrouten des Südens kreuzten und von wo aus die Waren Richtung Westen, Norden und Osten weiterverteilt wurden. Dabei sorgte vor allem der Handel mit Gummiharzen für den Reichtum der Stadt. Und es waren ebenfalls die Weihrauchkarawanen, die den Aufstieg der Zivilisation Nabatäas ermöglichten, bevor eine weitere wichtige Entwicklung den Niedergang der Stadt mit sich brachte. Im ersten Jahrhundert unserer Zeitrechnung bedeutete es einen entscheidenden Fortschritt, als man begriff, wie die vom indischen Monsun abhängigen Winde funktionierten. Denn das eröffnete die Möglichkeit, gen Osten zu segeln, um im Süden Indiens an der Küste Keralas mit ihren Gewürzen anzulegen und bis nach Pondicherry hinaufzufahren. Griechen und Römer stürzten sich auf diese neue Route für Gewürze, Holz und Harz aus dem Orient. Auf dem Rückweg legten sie in Arabien an, um Myrrhe und Weihrauch zu laden. Dieser äußerst profitable Handel war der Anfang vom Ende der Karawanen und läutete eine neue Geschichte ein.

Als wir zurück in Hargeisa waren, musste Guelle die letzten Dinge für unsere Rundreise zu den Bäumen organisieren. Offizielle Genehmigungen waren nötig, und die Polizei musste zwei bewaffnete Wachleute bereitstellen, die uns begleiteten, um uns zu beschützen und eventuell auch zu überwachen. Während wir auf Antwort warteten, zeigte Guelle mir seine kleine ganz neue Destillerie. Aus den funkelnden indischen Alembiks floss ein schönes, goldgelbes Weihrauchöl. Guelles Augen leuchteten vor Stolz, als er mir das zeigte, was noch vor Kurzem undenkbar gewesen war: die industrielle Verarbeitung in einem Land, in dem es quasi nichts gab. Hier musste man sich um alles selbst kümmern, alles selbst herstellen, denn es gab keinerlei Infrastruktur. Es gab lediglich drei Straßen und ein Netz von Pisten, keine höhere Schulbildung, keine Techniker und keine Ingenieure.

Nach den Alembiks schaute ich mir das Lager an. Das Gebäude war voller Säcke mit Weihrauch, die aus sämtlichen Sammelstellen kamen, die quer über das Land verteilt waren, Säcke voll mit Rohharz, das am Baum geerntet worden war. Nun musste sortiert werden: die schönen durchsichtigen oder hellgelben Harztropfen mussten von der zweiten Wahl mit dem farbigeren Harz getrennt werden, von den kleinen graueren Kügelchen und den Rindenstückchen. Eine junge Frau war für diesen wichtigen Schritt verantwortlich. Sie nahm eine große Schale, um es uns vorzuführen, und innerhalb von wenigen Minuten verwandelte sie mit schnellen, präzisen Handgriffen einen Haufen gemischter Stücke in kleine gleichmäßige Häufchen. Zahra erklärte mir, wie sie der Frau in der Firma hatten Lesen und Schreiben beibringen müssen, die Ausbildung ihrer Angestellten begann meistens bei der Schulbildung.

Der phänomenale Erfolg der Aromatherapie in den Vereinigten Staaten seit 2010 brachte eine unerwartete Weihrauch-Nachfrage mit sich. Im somalischen Puntland und in Somaliland bewirkte dieser plötzliche Anstieg eine Art Erdbeben in der Branche. Innerhalb von wenigen Jahren konnte man beobachten, wie sich die traditionellen Industriezweige auflösten und die Ernte der besonders leicht zugänglichen Bäume wild und exzessiv betrieben wurde. Es kursierten immer mehr alarmierende Medienberichte, die Weihrauch als ein Produkt darstellten, das durch die übermäßige Nutzung der Bäume bedroht war.

Guelle hatte sich damit abgefunden und konnte nur darüber lachen, denn all die Aufregung deckte sich nicht mit seinen Erfahrungen vor Ort. Es gab einen riesigen Baumbestand in Somaliland. Myrrhe wuchs großflächig überall im Land, und er wollte uns mitnehmen und uns zeigen, wie er neue Sammelplätze einrichtete, an denen er den Dorfbewohnern beibrachte, wie man das Harz von Bäumen erntete, die noch nie genutzt worden waren. Beim Weihrauch war es schwieriger. Der Baum mochte Höhenlagen, felsige Abhänge und Steilhänge. Es gab Weihrauchbäume im Überfluss, allerdings verstreut in den Bergen, die sich von Erigavo im Osten bis zur äthiopischen Grenze im Westen ziehen. Hier waren ganze Gebiete noch nie genutzt worden, und ihre Erschließung würde einige Zeit in Anspruch nehmen.

Auf die Frage, wie es um die Ressourcen in Puntland stand, erklärte Guelle mir, dass niemand wirklich wusste, was dort passierte, wie das Gummiharz geerntet wurde, von wem und unter welchen Umständen. Puntland war genau wie Somalia ein rechtsfreier Raum geworden. Es drohten Gefahren und Verbote, jedenfalls konnte man nicht dorthin. Um Harz aus Puntland zu sehen, musste man sich mit den Lagern der Exporteure in Dubai begnügen. Der gesamte Handel mit dem Harz lief hier zusammen. In Dubai ging es nicht mehr um Somaliland, Puntland oder den Jemen, sondern nur noch ums Geschäft, um die Lagerung und um Preisangebote bei den Wiederverkäufern und den Agenten. Intransparenz und geheime Machenschaften waren die Regel.

Am späten Nachmittag zeigte Zahra mir all ihre verschiedenen Qualitätsklassen von Myrrhe und Weihrauch. Die Düfte erfüllten den Raum und wurden von der aufkommenden Brise noch intensiviert. Wir tranken Tee, und es war einer jener genüsslichen Momente, in denen der Duft überall präsent war, ohne greifbar zu sein, verführerisch und verborgen, er kam und ging mit dem Luftzug des anbrechenden Abends. Myrrhe riecht immer warm und balsamisch, dunkel und sinnlich, aber Sommer-Myrrhe hat einen deutlich anderen Duft als Winter-Myrrhe. Weihrauch ist aromatisch, eine Mischung aus Terebinthe- und Zitrus-Noten, komplex und warm, er duftet schon nach Rauch, noch bevor man ihn angezündet hat. Manche Weihrauchsorten kommen aus dem Norden des Jemen, nahe der Grenze zu Oman, weit weg von den Kriegsgebieten. Üblicherweise kamen Sammler aus Somaliland dorthin zur Erntekampagne, darunter auch solche, die für Guelle arbeiteten. Ich verstand nun besser die starke Verbindung zwischen den beiden Ufern am Golf von Aden, als wenn im Zuge dieser alten Nachbarschaft die Dauen in ihrem Kielwasser einen Duft zwischen Afrika und Arabien begründet hätten, der ewig anhielt.

In Begleitung von zwei Fahrzeugen mit jeweils einem bewaffneten Wächter machten wir uns auf die Suche nach Myrrhe und fuhren dazu über einhundertfünfzig Kilometer Piste in den Norden von Hargeisa. Offiziell als Sicherheitsmaßnahme deklariert, beinhaltete die Verpflichtung zur Begleitung auch eine Gebühr, eine Möglichkeit zu kleinen Einnahmen für die Veteranen aus dem Unabhängigkeitskrieg. Meine beiden Wächter in Drillich und mit Waffe waren sympathisch und stolz. Im Laufe der Tage, die wir miteinander verbrachten, erzählten sie von den Jahren im Widerstand, zunächst als Flüchtlinge hinter der äthiopischen Grenze, dann in der Offensive gegen die somalischen Truppen aus Mogadischu, schließlich als Sieger. Aus diesem Krieg hatte der eine noch einen Metallsplitter im Kopf.

Direkt hinter den Vorstädten von Hargeisa begann die Wüste zunächst sandig, es war kein Ende in Sicht. Überall standen verschiedene Akaziensorten in der Landschaft, die nie sehr hoch waren, mit der typischen schirmähnlichen, flachen Baumkrone. Es war das Ende der Trockenzeit, die ersten Regengüsse waren bereits gefallen. Der Regen hatte hier in der Wüste, in der alle Bäume sonst vor allem lange Stacheln hatten, ganz kleine grüne Blätter zum Vorschein gebracht. Die Samen der Akazie, harte weiße, spitze Kapseln, die man leicht für Blüten halten konnte, glänzten in der Sonne wie Tausende kleine Dolche. Eine neue Welt tat sich vor mir auf.

Unter den Bäumen war Wüste: gelber und ockerfarbener Sand. Mitten im Nirgendwo hüteten junge Schäfer Dromedarherden, die es schafften, die Triebe der Blätter zwischen den Stacheln abzuweiden. Wir begegneten auch Ziegen und hübschen weißen Somaliaschafen mit schwarzem Kopf. Hier und da gab es ein Dorf rund um einen Brunnen. Die Zelte waren eher mit gewebten Stoffen und mit weniger Plastik bedeckt als in der Stadt. Jede Behausung war auf dem Boden von einem Kranz aus Zweigen umgeben, der als stachelige Barriere diente, ein gefährlicher Pflanzenwall, der vor wilden Tieren und möglichen Eindringlingen schützte.

Der Weg war nun nicht mehr sandig, sondern steinig. Eine Mondlandschaft, in der dennoch weiterhin Bäume wuchsen. Unsere Piste führte aufwärts, und schon bald waren wir oben am Pass, der den Blick auf ein ergreifendes Panorama mit einer ockerfarbenen, roten und violetten Bergkette freigab. Unten waren Spuren von Grün auszumachen, dort, wo ein *wadi* floss, einer jener Flüsse, deren Flussbett weite Steinfelder offenbarte, bevor der Regen kam und sie wieder bedeckte. Als wir wieder hinunterfuhren, ging es durch einen dichten Wald, nach wie vor ohne Blätter, wobei wir mehrere Gazellen- und Antilopenherden aufscheuchten.

Während der mehrstündigen Fahrt erklärten Guelle und Zahra mir das uralte und in Clans organisierte System der somalischen Gesellschaft. Die Zugehörigkeit zu einem Clan und seinen Unterfamilien bestimmte das Leben ganz entscheidend. Man arbeitete mit seinem Clan und für ihn. Die für einen Fremden unsichtbaren Grenzen bestimmten alles – von den Wahlen über die Aufteilung der Bereiche, in denen Harz gesammelt wurde, bis hin zu der Frage, in wessen »Besitz« welcher Baum war.

Im Dorf Damal hatte Guelle mit seinem Team eine neue Sammelstelle für Myrrhe eingerichtet. Seit einigen Kilometern waren die ersten Myrrhebäume in der Landschaft aufgetaucht: kleine Bäume, kaum größer als drei Meter, sehr verzweigt und mit Dornen übersät. Der Myrrhebaum wächst schnell, wird selten älter als vierzig Jahre, und das wenig resistente Holz ist sehr weich. Bei unserer

Ankunft strömten die Dorfbewohner um den weißen Besucher und die Soldaten zusammen. Die jungen Mädchen blieben schamhaft auf der Schwelle der Häuser stehen. Die Männer wollten mir alle die Myrrhebäume zeigen, über die sie gerade gelernt hatten, wie man sie nutzte.

Das Sammeln der Wintersaison war gerade zu Ende gegangen, wir liefen zu einer Gruppe von Bäumen, die ausgewählt worden war, um daran das Anzapfen zur Harzgewinnung zu demonstrieren. Der Harzsammler nimmt dafür an ausgewählten Stellen am Stamm und an den Hauptästen auf einer Fläche von einigen Zentimetern an der Oberfläche Rindenstücke ab. Das Werkzeug, das man dafür benötigt, ist ein *mangaf*, ein einfacher Holzgriff mit zwei Schneiden, der die Hand bedeckt, um sie vor Stichen durch die Dornen zu schützen. Das Harz tritt sehr schnell an der Wunde hervor, und der Harzsammler kommt nach zwei Wochen zurück, um das Exsudat zu ernten. In den vier Sommermonaten, der produktivsten Saison, wird das Prozedere wiederholt, ein weiteres Mal im Winter, und von März bis Juni ruht der Baum sich aus.

Guelle hatte ein kleines Geschäft bauen lassen, um die ersten Ernten des Dorfes zu lagern, eines von dreißig solcher Zentren, die er innerhalb mehrerer Jahre aufgebaut hatte. Gut geschützt im Schatten eines Zimmers standen mehrere Säcke mit frischer Myrrhe aufgereiht gegen die Wand gelehnt. Darin befand sich ein weiches, glänzendes Harz, dessen Farbe braun, beinahe rot war und das klebte. In dem kleinen Raum ballte sich sein kräftiger Geruch. Ich beugte mich über die Säcke, umschlossen von dem Duft, und dachte natürlich an die Heiligen Drei Könige. Ich versuchte mich zu erinnern, welcher von ihnen, Melchior, Kaspar oder Balthasar, derjenige gewesen war, der die Myrrhe nach Bethlehem gebracht hatte. Nach einer mehrwöchigen Trocknungszeit würde die Myrrhe hart und braun werden und Haufen aus einzelnen Stücken ausbilden, die unter Wärmeeinwirkung zu Blöcken zusammenschmelzen würden. Mit den Fingern im Harz verstand ich die alten Texte besser, die davon berichteten, dass Myrrhe »ölig« sei und in Ledertaschen transportiert werden müsse.

Nach der Wüste mit den Myrrhebäumen war es schließlich an der Zeit, sich auf den Weg zum Weihrauch zu machen. Am Tag davor sah ich, wie Guelles Gesichtszüge sich verzerrten, während er telefonierte: Plötzlich gab es Anordnungen der Polizei, die uns verboten, Richtung Osten in die große Weihrauchregion zu fahren, in die wir eigentlich wollten. Dabei hatte Guelle unsere Reisepläne im Vorfeld angekündigt, er hatte die Genehmigungen, aber solche unvorhersehbaren Dinge geschahen ständig, erklärte Zahra mir. Guelle gab sich alle Mühe und ließ seine Beziehungen spielen. Unverständnis, Palaver, Termine mit Regierungsvertretern – die Zeit drängte. Ich wurde ganz traurig bei dem Gedanken, dass ich die Weihrauchbäume nun doch nicht sehen würde, obwohl ich so kurz vor dem Ziel stand – damit zerbrach ein Traum. Im letzten Augenblick erlaubten uns die Behörden auf Zahras Vorschlag hin schließlich doch noch den Besuch einer anderen Zone. Wir würden also die Piste Richtung Zeila und Djibouti nehmen und uns Richtung Westen auf die Suche nach Weihrauch machen. Große Erleichterung und ebenso große Aufregung.

Zusammen mit Zahra und Guelle schaute ich mir die Karten für die Rundreise am nächsten Tag an. Ich legte die Karten aus meinem Buch daneben – kein Zweifel, Zahra bestätigte mir, dass wir unsere Bäume exakt auf den Spuren der alten Karawanenpisten von Harar nach Zeila suchen würden. Ich war ergriffen, und während ich unserer Königin von Saba zuhörte, wusste ich schon, dass mich dieses Gefühl auf unserer Fahrt begleiten würde. Ich erzählte ihnen von Rimbaud in Äthiopien, dem »Mann mit den Sohlen aus Wind«, dem leidenschaftlichen Läufer, der alle Sprachen sprach, der Weihrauchhändler und verzweifelt auf der Suche nach einem neuen Leben war, nachdem er mit zwanzig Jahren das Schreiben aufgegeben hatte. Sein *Trunkenes Schiff* hatte mich auf den Flüssen Südamerikas begleitet. Konnte es tatsächlich sein, dass wir nun hier die Spuren des Karawanenführers nach Harar kreuzen würden?

Noch ein wenig Asphalt am Stadtrand von Hargeisa, dann folgte rasch die Piste entlang der äthiopischen Grenze. Auch hier die Landschaft mit Akazien, Zeltdörfern, Schäfern und Dromedaren. Wir waren mit einem Bauern aus Guelles Netzwerk von Sammlern verabredet, der uns zu seinen Bäumen begleiten sollte. Nach fünfstündiger Fahrt stand er plötzlich am Wegrand, aufgetaucht aus dem Nichts. Der dünne Mann trug ein abgewetztes T-Shirt, Flip-Flops und eine Plastiktüte in der Hand und setzte ein strahlendes Lächeln auf. Er stieg ins Auto, und wir fuhren weiter. Palaver, Unschlüssigkeit, Umwege … schließlich fuhren wir das Bett eines ausgetrockneten Flusses hinauf, wobei immer klarer wurde, dass wir uns im Kreis bewegten. An der Art und Weise, wie der Harzsammler sich umsah, begriff Guelle, dass er im Auto jegliche Orientierung verloren hatte, sich aber nicht traute, es zu sagen. Schließlich bat er darum, wieder hinunterzufahren. Er würde uns zu Fuß führen. Beim Gehen schien er wieder aufzuleben und begann mit ausladenden Gesten vor dem Auto herzulaufen, um uns den Weg zu weisen, den er endlich wiedergefunden hatte.

Das Flussbett wurde enger, und es ging nur schwer voran. Zwischen zwei Felsen fuhren wir über ein Feld mit Steinen, die immer größer wurden. Schließlich stiegen wir aus und folgten dem Mann zu Fuß. Wo waren die Bäume, und wie lange würde es noch dauern, um dort anzukommen? Gesten und ein breites Lächeln waren die einzige Antwort. Für den somalischen Bauern war die Vorstellung von Zeit und Entfernung eine andere. Wir gingen zu den Bäumen, das war alles.

Nach einer Stunde Marsch über die Steine fanden wir uns am Fuß eines steilen, schroffen Hangs wieder. Zahra war erschöpft, sie wollte nicht weitergehen, sie glaubte nicht mehr an die Bäume, die der Bauer uns versprochen hatte. Ein Wachmann blieb bei ihr. Unser Führer hingegen lief weiter und zeigte auf den Gipfel des Hügels. Begeistert ging er flotten Schrittes voran und trieb Guelle und mich sowie den zweiten bewaffneten Wachmann zu dem langen Aufstieg an. Er kletterte wie eine Gämse, wir kamen gar nicht hinterher. Jeder Baum, den wir am Abhang erreichten, war eine Enttäuschung, Guelle bestätigte, dass es noch immer kein *Boswellia* war, als ich plötzlich kleine Bäume an der Felswand entdeckte, in deren Nähe unser Führer wild gestikulierte. Da waren sie. Endlich. Junge Weihrauchbäume, beinahe unerreichbar, dort ganz oben.

Der Aufstieg geriet zur Kletterpartie, um den schmalen Felsabsatz zu erreichen. Außer Atem und mit klopfendem Herzen hielt ich mich schließlich an dem Baum fest, auf den ich so lange gewartet hatte.

Mein Baum hatte keinerlei Ähnlichkeit mit anderen mir bekannten Bäumen. Sein grauer, weicher Stamm war von einer feinen Rinde geschützt. Er war hübsch verzweigt und schien noch jung, sein Fuß verschwand zwischen zwei Felsplatten, als stieße er seine Wurzeln mitten in den Berg hinein. Weihrauchbäume lieben Felsen. Ganz unten war das Tal zu sehen, das Flussbett, wild und spektakulär. Ich ließ den Blick über die Landschaft schweifen, und mir wurde schwindelig. Ich begriff, dass das, was ich hier sah, die Piste war, die auch Rimbaud vor einhundertdreißig Jahren genommen hatte. Bruchstücke des Buches tauchten lawinenartig vor meinem inneren Auge auf, und ich klammerte mich am grauen Stamm fest. Jetzt im März hatten die Zweige keine Blätter mehr. Es kam Wind auf. Unser Harzsammler war mit Guelle zu mir herübergekommen und erklärte mir, ein so junger Baum von vielleicht zehn Jahren sei noch nie angezapft worden. Er holte ein *mangaf* hervor, legte es mir in die Hand und zeigte mir, wo ich die erste Kerbe setzen sollte. Der Wind wurde stärker, es war kalt in der abnehmenden Sonne, meine Hand zitterte. Ich löste ein Stück Rinde, und sofort perlten kleine Kugeln einer weißen Milch aus dem rohen Holz. So nah am Stamm bekam ich den Geruch von frischem Weihrauch direkt ins Gesicht geblasen, intensiv und schon so deutlich zu erkennen. Mein Begleiter zeigte mir die Felsen gegenüber und Eingänge im Gestein. In diesen Grotten lagerte er seine Weihrauchernte über mehrere Wochen, bevor er die Ladung auf dem Rücken eines Esels zu seinem Hof brachte. Ich wollte wissen, wie lange er schon Harz sammelte. Guelle übersetzte meine Frage. Der Mann schwieg und sagte schließlich, immer noch lächelnd: »Das machen wir hier schon immer.« Weihrauch verwies uns stets auf die Zeit. Seit undenklichen Zeiten suchte man Weihrauch und handelte damit, unendlich viel Zeit des Herumirrens in den Bergen von Somaliland.

Die Sonne ging unter, ein ganz besonderer Moment, auf den ich schon lange gewartet hatte, und meine Gedanken schweiften ab. Ich befand mich also auf den Spuren dieses ruhelosen Genies, das versessen darauf gewesen war, ein erfolgreicher Karawanenhändler zu werden, und dafür zehn Jahre Abenteuer und Leid in Kauf genommen hatte. Eine verzweifelte und vergebliche Suche nach einem anderen Leben in einer anderen Welt. April 1891, Rimbaud war siebenunddreißig Jahre alt, als er Harar sehr krank verließ, um sich in Frankreich behandeln zu lassen. Mit seinem vom Krebs befallenen Bein konnte er nicht laufen und wurde zehn Tage lang von sechzehn Männern bis nach Zeila getragen – seine allerletzte Karawane, ein paar Monate später starb er. Festgeklammert an meinen Baum suchte ich die Umgebung mit den Augen ab und sah nun deutlich die Karawane, die auf der Piste langsam vorwärtskam, unter den Weihrauchbäumen. Und während ich sie vorbeiziehen sah, zogen die Gedichte von Rimbaud in meinem Kopf vorbei. Die Zeit des Weihrauchs bei Königin Hatschepsut unterschied sich nicht von der bei Arthur Rimbaud. Für den Harzsammler neben mir war sie schon immer dieselbe gewesen. Ich ließ die Karawane weiterziehen und sich entfernen im Duft der kleinen Perlen, die mich noch immer zittern ließen. Hier hatte sich nichts verändert. Der Himmel, die Steine, die Wege und die Felsen, in denen die Bäume wuchsen. Aus ihnen tropfte nach wie vor das Harz.

Die Zeit stand still.

Epilog

Reise in die Alchimie

Die Reise in die Welt der Düfte ist glücklicherweise nicht zu Ende. Gartenrose, Orangenblüte, Ylang-Ylang, Zeder, Styrax, Iris, Guajak … es gibt noch so viele Geschichten, die ich schon jetzt bereue nicht erzählt zu haben. Ich bin immer wieder beeindruckt von der Vielfalt und den Verbindungen der Düfte untereinander, von den Wüsten in Afrika bis hin zu den Tiefen der Wälder Amerikas und Asiens, vom Mittelmeer bis zu den Tropen. Ich kann nicht genug bekommen von den Begegnungen und der Arbeit mit den Menschen der Düfte. Blütensammler in Bulgarien oder Indien, Labdanum-Kocher in Andalusien, Harzsammler in El Salvador oder Laos, Landwirte, die Patschuli oder Bergamotte anbauen, Besitzer von Sandelholzplantagen, Destillateure von Vetiver oder Lavendel. So viele einfache und komplizierte, archaische und moderne Berufe, so viele notwendige Schritte auf dem Weg zur Kreation eines Parfums. Überall auf der Welt bin ich fasziniert davon, wie selbstverständlich das Wissen in den Gemeinschaften und Familien weitergegeben wird. Das Fortleben von Harz und Balsam, die eiserne Entschlossenheit der Landwirte und die Leidenschaft, mit der sie sich dafür einsetzen, dass die Düfte weiterhin wie seit Jahrhunderten über das Land wehen – all diese Wunder begeistern mich.

Wenn die Produzenten sich darüber Gedanken machen, was aus ihrem Wissen und ihren Unternehmen wird, fragen sie sich: Werden sie in der Welt von morgen weiterhin die Düfte produzieren können, die es schon immer gab? Was wird aus ihnen und ihren Naturprodukten werden, wenn sich die Welt und die Landschaft weiterhin in schwindelerregendem Tempo verändern? Die Lebensweise der traditionellen ländlichen Gemeinschaften wird von allen Seiten infrage gestellt. Die mit Klimaextremen, Entwaldung und Bodenverarmung konfrontierten Landwirte sehen auf ihren Monitoren Bilder aus den heutigen Städten. Die Anziehungskraft eines Lebens, das man sich weniger hart und vielversprechend vorstellt, ist für Tausende von Landwirten und ihre Kinder unwiderstehlich. Werden die Höfe, die Bäume, die Destillerien, die Berufe rund um das Parfum, mit denen ich zu tun habe, attraktiv genug und ausreichend bezahlt sein, um diese Menschen zurückzuhalten? Vermutlich zum ersten Mal, seitdem in der Antike Weihrauch gesammelt wurde, ist der Fortbestand natürlicher Düfte nicht mehr selbstverständlich. Zu dieser Verunsicherung kommt hinzu, dass die Anforderungen der Industrie immer höher werden. Die Suche nach Allergenen in ätherischen Ölen hat sich extrem verstärkt, viele Öle dürfen nur noch sehr begrenzt in die Kompositionen einfließen. Die Naturstoffe, die eigentlich besonders attraktiv und verlockend sind, müssen nun ihre Unbedenklichkeit beharrlich verteidigen. Müssen wir uns darauf einstellen, dass die natürliche Palette der Parfümeure in Zukunft immer kleiner wird?

Paradoxerweise war die Anziehungskraft für westliche Konsumenten durch die Ingredienzien aus der »Welt der

Natur« noch nie so groß wie heute. Wir wollen natürliche Extrakte und Aromen für unsere Gesundheit in Kosmetikprodukten, für unser Wohlbefinden in der Aromatherapie und für Vielfalt und Authentizität in unseren Parfums. Gleichzeitig fordern wir mehr Informationen und Transparenz über die Herkunft dieser Extrakte, über die Auswirkungen ihrer Produktion auf die Umwelt und über den ethischen Umgang mit den Landwirten. Die Parfümeure und die Parfummarken sehen sich einem nie da gewesenen Problem gegenüber, das ebenso neu wie anspruchsvoll ist: Die Nachfrage nach den Produkten weitet sich im selben Maße aus wie die Normen, die ihre Verwendung begrenzen. Die Beschaffung natürlicher Riechstoffe bleibt unsicher und kompliziert, während die internationalen Standards immer mehr bewährte Verfahren fordern.

Die Parfumindustrie organisiert sich, um auf die Erwartungen der Öffentlichkeit zu reagieren. Sie führt Verordnungen für »ethischen Konsum« ein, Systeme zur Rückverfolgbarkeit, Projekte zur Unterstützung der Gemeinschaften, Löhne, die für Qualität und einen respektvollen Umgang stehen. Auch wenn das Thema komplex und die Aufgabe schwierig ist, entstehen seit einigen Jahren viele gute Projekte: Brunnen, Schulen und Einrichtungen für ein soziales Notfallsystem. Außerdem Ausbildungsstätten in der Landwirtschaft, um die Jugendlichen darauf vorzubereiten, dass sie tatsächlich in ihren Dörfern leben können. Die Technologie findet in unterschiedlichster Form Einzug in ein traditionell geprägtes Umfeld. Wasser sparende Landwirtschaft, Begrenzung von Pestiziden und Düngemitteln, Datenspeicherung in den Smartphones der Landwirte. Die Gemeinschaften, die lange

Zeit nicht beachtet und gering geschätzt wurden, werden heute wiederentdeckt und genießen Ansehen. Die echte Revolution, die im Gange ist, ist vermutlich die Zusammenarbeit zwischen den vier Akteuren in der Kette der Parfumherstellung: Landwirte, Destillateure, Parfümeure und Marken. Die Geheimniskrämerei in der Parfümerie ist langsam auf dem Rückzug und macht Platz für Transparenz und Ethik. Endlich!

Schon lange bin ich davon überzeugt, dass die Zukunft von Naturparfums in den Händen meiner Freunde liegt, die diese Düfte produzieren. Filip, Gianfranco, Raja, Gigi, Francis, Elisa, Zahra und all die anderen Meisterinnen und Meister ihres Fachs. Es hat mir große Freude gemacht, sie kennenzulernen und mit ihnen gemeinsam Möglichkeiten zu entwickeln, die ihnen und ihren Kindern Mut machen, ihren Beruf weiter auszuüben. Der Wert, den die Parfümerie Weihrauch, Benzoe oder Rose beimisst, wird über die Zukunft dieser Menschen entscheiden. Sind wir bereit, die Extrakte aus natürlichen Rohstoffen als Luxusprodukt einzustufen, was sie verdienen – ein Privileg, das momentan nur für die Parfums gilt, in die sie einfließen?

Am Ende meiner Geschichten tritt für mich noch einmal der einzigartige, beinahe magische Charakter der Düfte hervor – die Alchimie, die ich im Zuge meiner jahrelangen Reise kennengelernt habe: Sie fängt die aromatische Substanz der Erde ein und verfeinert sie, bevor diese in der Luft verweht. Gleich einem Instrument, das den Atem des Musikers in eine Melodie verwandelt, kondensiert der Alembik den Dampf in Parfum – wie durch Zauberei. Der Atem und der Dampf entweichen aus dem

Blech(blas)instrument, um zu Musik oder Parfum zu werden und von der Schönheit der Erde zu künden.

Tausende Blüten, Zweige, Rindenstücke und Harzkörnchen gelangen mitsamt ihren eigenen Geschichten aus der Natur in die Alembiks, sie werden zu Elixieren destilliert, zusammengetragen und enden schließlich hochkonzentriert in einem Flakon. Beim Öffnen bricht der Duft hervor, und während er entweicht, setzt er nach und nach die Geschichten wieder zusammen, die sich ihm eingeschrieben haben. Er bahnt sich seinen Weg, verweilt kurz auf unserer Haut und hinterlässt für ein paar Stunden eine starke Aura. Dann entfernt er sich sanft und verflüchtigt sich in der Luft, um ihr all das zu erzählen, was die Erde ihm anvertraut hat.

Glossar

Absolue: Der in Alkohol lösliche Teil des Concrète, der von Parfümeuren verwendet werden kann.

Alembik: Gerät zur Herstellung von Blütenwasser und ätherischen Ölen.

Anzapfen: Das Einschneiden eines Baumes, um die Produktion von Balsam, Gummi oder Harz anzustoßen.

Ätherisches Öl/Essenz: Ergebnis der Destillation einer Pflanze durch Wasserdampf. Da es wasserlöslich und leichter als Wasser ist, lässt es sich von diesem trennen.

Balsam: Duftendes, flüssiges Exsudat.

Concrète: Wachsartige, duftende Paste, die durch Extraktion einer Pflanze mithilfe eines Lösungsmittels entsteht.

Destillation: Verfahren zur Gewinnung von ätherischem Öl, bei dem Wasserdampf durch die Pflanzen oder eine Mischung aus Wasser / Pflanzen strömt.

Enfleurage: Traditionelles Verfahren, bei dem der Duft der Blüten eingefangen wird, indem man sie auf einer Fettschicht ausbreitet.

Exsudat: Jegliche Substanz, die aus der Wunde eines Baumes austritt.

Extrakt / Resinoid: Erzeugnis, das durch Alkoholextraktion einer Pflanze gewonnen wird.

Extrakteur: Gerät zur Herstellung von Concrètes und Resinoiden.

Extraktion: Verfahren zur Gewinnung von Concrète / Absolue mithilfe verschiedener Lösungsmittel.

Florentiner Vase: Gefäß, mit dessen Hilfe sich das auf dem kondensierten Wasser abgesetzte Öl abscheiden lässt.

Gummi / Harz: Exsudat eines Baumes, das an der Luft hart wird und in Wasser (Gummi) oder in Alkohol (Harz) löslich ist.

Kondensat: Gemisch aus Wasser und ätherischem Öl, nachdem der Dampf der Destillation in den flüssigen Zustand übergegangen ist.

Rosenwasser / Rosenhydrolat: Parfümiertes Wasser, das bei der Destillation der Blüten entsteht.

Dank

Meinem Freund Laurent, der mich daran gehindert hat, dieses Buch nicht zu schreiben.

An Garance und Victor in Erinnerung an Eure Mutter und an Andalusien, danke, dass Ihr mir Lust aufs Erzählen gemacht habt.

An Éliane, der Text verdankt Dir und Deinem Talent sehr viel: einen treffenden Blick, gute Ideen und eine wohlmeinende Korrektur. Tausend Dank.

An Marie-Hélène, die mich durch die anfänglichen Untiefen geleitet hat, und an Aurélie, unermüdliche Leserin und wichtige Ratgeberin, die Erfahrung hat auf diesem Gebiet.

An Xavier, Fachmann in Sachen Parfum und beständiger Freund, und an Pierre, meinen unermüdlichen Begleiter und Weltenbummler mit Talent.

Ein tief empfundener Dank an alle, die in diesem Buch vorkommen, dafür, dass sie mir ein Stück ihres Lebens offenbart haben, und ein herzlicher Gruß an all meine Freunde von Naturals Together, die zwischen den Zeilen dabei sind.

Danke an Damien Schvartz, dass er mich sein Manuskript hat lesen lassen.

Danke an alle Parfümeure, denen zu begegnen ich die große Freude hatte, ganz besonders an die aus diesem

Buch: Fabrice Pellegrin, Jacques Cavallier, Olivier Cresp, Harry Frémont, Marie Salamagne und Alberto Morillas.

Meine Dankbarkeit gilt Dominique Coutière und Jean-Noël Maisondieu, die mir bei Biolandes die Tür zu meinem Beruf geöffnet haben.

Patrick Firmenich, Armand de Villoutreys, Boet Brinkgreve und Gilbert Ghostine – danke für das Vertrauen bei Firmenich, die Freundschaftsbekundungen und die wertvolle Unterstützung auf unserer gemeinsamen Reise zur Quelle.

Herzliche Grüße an meine Weggefährten von früher und von heute in Gedanken an die schönen Begegnungen während meiner Jahre in den Landes – Benoît de Le Sen, José Carlos und Susana, Philippe in Marokko, Siamak, Vessela und all die anderen.

An Yannick in Grasse und Émilie in Perth. An Jordi und Gemma, an Bernard von Livelihoods und an die Freunde der IFEAT.

An meine Unterstützer in Indien, Marc und Sarah, und an Benoît, meinen Vanille-Kameraden. An Helen und Lu Yan, die mir in China so viel bedeuten.

An Julien, Anael und Bastien, die talentierten Heiligen Drei Könige der Bilder.

Europäisches Nordmeer
Lavendel, Jasmin
Frankreich
Rose
Bulgarien
Zistrose
Spanien
Bergamotte
Italien
Rose
Marokko
ATLANTISCHER OZEAN
Golf von Mexiko
Vetiver
Haiti
Karibisches Meer
Perubalsam
El Salvador
Tonkabohne
Venezuela
Rosenholz
Guayana
Äquator
Golf von Guinea
ATLANTISCHER OZEAN
PAZIFISCHER OZEAN
Kap Hoorn